H. Österle, W. Brenner, K. Hilbers
Unternehmensführung
und Informationssystem

Informatik und Unternehmens- führung

Herausgegeben von
Prof. Dr. Kurt Bauknecht, Universität Zürich
Dr. Hagen Hultzsch, Volkswagen AG Wolfsburg
Prof. Dr. Hubert Österle, Hochschule St. Gallen
Dr. Wilhelm Rall, McKinsey & Company, Stuttgart

Die Informatik ist die Basis unserer 'Informationsgesellschaft'.
In vielen Wirtschaftszweigen bildet sie mittlerweile eine strategische
Größe – sei es als externer Faktor, der zur strukturellen Veränderung
einer Branche beiträgt, oder sei es als aktives Instrument im
Wettbewerb. Das Management der Informatik wird somit zuneh-
mend zur Führungsaufgabe. Deshalb wendet sich diese Reihe in
erster Linie an Führungskräfte der mittleren und oberen Leitungs-
ebene aus Wirtschaft und Verwaltung, die im Rahmen ihrer Tätigkeit
zunehmend den Herausforderungen der Informatik begegnen
müssen. Die Beiträge sollen dem besseren Verständnis der
Informatik als wertvolle Ressource einer Organisation dienen.
Die Autoren wollen neuere Strömungen im Grenzbereich zwischen
«Informatik und Unternehmensführung» sowohl anhand praktischer
Fälle erläutern, wie auch mit Hilfe geeigneter theoretischer Modelle
kritisch analysieren. Der interdisziplinären Diskussion zwischen
Informatikern, Wirtschaftsfachleuten und Organisationsexperten,
zwischen Praktikern und Wissenschaftlern, zwischen Managern
aus Industrie, Dienstleistungsgewerbe und öffentlicher Verwaltung
soll dabei breiter Raum eingeräumt werden.

Unternehmensführung und Informationssystem

Der Ansatz des St. Galler Informationssystem-Managements

Von Prof. Dr. rer. pol. Hubert Österle,
Dr. oec. Walter Brenner,
Institut für Wirtschaftsinformatik, Hochschule St. Gallen
und Dr. oec. Konrad Hilbers,
Bertelsmann AG, Gütersloh

2., durchgesehene Auflage

Springer Fachmedien
Wiesbaden GmbH 1992

Walter Brenner, Dr. oec. HSG
Geboren 1958 in Schwäbisch Gmünd (Deutschland); 1978 bis 1982 Studium der Betriebswirtschaftslehre an der Hochschule St. Gallen; 1982 bis 1985 Promotion und Assistent an der Hochschule St. Gallen; 1985 bis 1989 Tätigkeit in der chemischen Industrie in Basel, zuletzt als Leiter der Anwendungsentwicklung der Lonza AG, Basel; seit 1989 Habilitand und Leiter des Kompetenzzentrums »Informationsmanagement 2000« an der Hochschule St. Gallen.

Konrad Hilbers, Dr. oec. HSG
Geboren 1963 in Ibbenbüren (Deutschland); 1983 bis 1988 Studium der Betriebswirtschaftslehre an der Westfälischen Wilhelms-Universität, Münster; 1988 bis 1989 Tätigkeit im Controlling der Deutschen Genossenschaftsbank, New York; 1989 bis 1992 Promotion und Assistent an der Hochschule St. Gallen, Institut für Wirtschaftsinformatik, ab 1992 Referent für strategische Projekte bei der Bertelsmann AG, Gütersloh.

Hubert Österle, Prof. Dr. rer. pol.
Geboren 1949 in Dornbirn (Österreich); Studium der Betriebswirtschaftslehre in Innsbruck und Linz, Promotion in Nürnberg und Habilitation in Dortmund; Systemberater bei der IBM Deutschland GmbH; seit 1980 Professor für Wirtschaftsinformatik an der Hochschule St. Gallen; seit 1989 geschäftsführender Direktor des Instituts für Wirtschaftsinformatik an der Hochschule St. Gallen; Schwerpunkt der Forschungs-, Lehr- und Praxistätigkeit auf den Gebieten des Informationsmanagements und der Systementwicklung.

Die Deutsche Bibliothek – CIP-Einheitsaufnahme

Österle, Hubert:
Unternehmensführung und Informationssystem : der Ansatz des St. Galler Informationssystem-Managements / von Hubert Österle, Walter Brenner und Konrad Hilbers.
(Informatik und Unternehmensführung)
ISBN 978-3-519-12184-8   ISBN 978-3-663-10978-5 (eBook)
DOI 10.1007/978-3-663-10978-5
NE: Brenner, Walter:; Hilbers, Konrad:

© Springer Fachmedien Wiesbaden 1991
Ursprünglich erschienen bei B. G. Teubner Stuttgart 1991
Softcover reprint of the hardcover 2nd edition 1991

Gesamtherstellung: Präzis-Druck GmbH, Karlsruhe
Einbandgestaltung: Peter Pfitz, Stuttgart

Vorwort

Warum werden Informationssystem-Architekturen nicht umgesetzt? Diese einfache Frage stand am Anfang des Projekts UISA ("Umsetzung von Informations system-Architekturen"), aus dem dieses Buch entstanden ist.

Ein paar grundlegende Aussagen dominieren die Theorie und Praxis des Informationsmanagements seit einigen Jahren:

- Informationssysteme helfen einem Unternehmen, Wettbewerbsvorteile aufzubauen.

- Die Unternehmen sollen die Ressourcen der Systementwicklung nach der strategischen Bedeutung der Informationssysteme zuordnen.

- Die Architektur des Informationssystems muss die kritischen Erfolgsfaktoren unterstützen.

- Eine unternehmensweite Informationssystem-Architektur ist die Voraussetzung für ein wettbewerbsfähiges Informationssystem.

Obwohl diese Vorstellungen weitgehend akzeptiert sind, erzeugt ihre fortwährende Wiederholung zumindest in der Praxis geradezu eine Abwehrhaltung. Viele Unternehmen haben in den achtziger Jahren (meist mit externen Beratern) die Potentiale der Informationstechnik für ihre Geschäftspolitik untersucht, unternehmensweite Informationssystem-Architekturen mit grossem Aufwand entwickelt und stehen heute vor einer kaum veränderten Situation: einem Anwendungsrückstau, unzufriedenen Fachabteilungen, einer erdrückenden Ressourcenbindung durch die Wartung bestehender Applikationen, ständig steigenden Informatikkosten und langen Entwicklungszeiten. Dazu kommt die Enttäuschung, dass die Informationssystem-Architektur die Probleme nicht gelöst hat.

Warum wird die Informationssystem-Architektur nicht wirksam? Die Antwort lautet: Weil das Management der Systementwicklung nicht funktioniert. Genauso wie eine Finanzplanung ohne die Konkretisierung in der Budgetierung und ohne kontrollierendes Rechnungswesen praktisch wirkungslos bliebe, wird eine Informationssystem-Architektur ohne ein damit verbundenes Managementsystem nicht umgesetzt.

Am Institut für Wirtschaftsinformatik an der Hochschule St. Gallen läuft in Zusammenarbeit mit 16 Partnerunternehmen aus Deutschland und der Schweiz das Forschungsprogramm "Informationsmanagement 2000". Es betreibt vier sogenannte Kompetenzzentren auf strategischen Gebieten des Informationsmanagements.

Im Rahmen des Forschungsprogramms entschlossen sich 1989 elf Unternehmen [vgl. Tabelle], zusammen mit dem Institut für Wirtschaftsinformatik nach Wegen zur Umsetzung von Informationssystem-Architekturen zu suchen. Sie bildeten die Arbeitsgruppe UISA und brachten ihr Wissen und ihre Erfahrung mit dieser Thematik ein.

Unternehmen	Branche	Vertreter in Arbeitsgruppe
AGI, Arbeitsgemeinschaft für Informatik der Kantonalbanken	Bankeninformatik	R. Brechbühl, W. Gabathuler
Mettler-Toledo AG	Gerätebau	K. Frommenwiler, R. Schmidt
Oerlikon-Bührle Rechenzentrum AG	Industrie	Dr. O. Müller, K. Rubli
Informatikdienste PTT	Post	J. Calcio, H. Rehmann, H. Schlatter
Schweizerische Bankgesellschaft	Bank	P. Dysli, U. Rymann
Schweizerischer Bankverein	Bank	Dr. A. Meier, U.P. Meier
Schweizerische Kreditanstalt	Bank	R. Bachmann, F. Klein
Schweizerische Lebensversicherungs- und Rentenanstalt	Versicherung	I. Csajka, E.-R. Patzke
Gebrüder Sulzer AG	Maschinenbau	Dr. R. Henzi, Dr. H.-P. Koch
Swissair	Luftfahrt	Prof. Dr. P. König, P. Sturzenegger
Telekurs AG	Bankeninformatik	Dr. P. Eisner, M. Gehring

Das Ergebnis dieser Zusammenarbeit liegt nun in Form dieses Buchs vor. Teile des vorgestellten Konzepts sind in einigen Unternehmen bereits im Einsatz. Wir hoffen, aus den Erfahrungen der Unternehmen sowie aus Reaktionen auf diese Publikation das Modell überprüfen und weiterentwickeln zu können.

Der Dank der Autoren gilt in erster Linie den Vertretern der Unternehmen in der Arbeitsgruppe. Sie haben den Rohstoff in das Projekt eingebracht und die Praktikabilität der Ergebnisse überprüft. Danken möchten wir weiter K. Barthmes, C. Brenner, Dr. Th. Gutzwiller, M. Heym, T. Hüttenhain, Dr. O. Jacob, Dr. M. Lehmann-Kahler, P. Lindtner, H. Rubner, R. Saxer und H.-J. Steinbock für ihre inhaltliche Kritik und Anregungen, A. Glaus für die stilistische und orthographische Qualitätssicherung sowie E. Österle für die graphische Gestaltung.

St. Gallen, im Mai 1991   W. Brenner, K. Hilbers, H. Österle

Vorwort zur zweiten Auflage

Praxis und Wissenschaft haben uns zur ersten Auflage vielfältige Rückmeldungen gegeben. Die Autoren danken dafür. In der Kürze der Zeit war es nicht möglich, alle Anregungen einzuarbeiten. Die zweite Auflage beschränkt sich deshalb auf die Aufnahme der dringlichsten Änderungen.

St. Gallen, im Juni 1992   W. Brenner, K. Hilbers, H. Österle

Inhaltsverzeichnis

Abkürzungsverzeichnis

AD	Aussendienst
BSP	Business Systems Planning
CAD	Computer Aided Design
CASE	Computer Aided Software Engineering
CAx	"Computer Aided" - Technologien
CC	Kompetenzzentrum
CIM	Computer Integrated Manufacturing
CUA	Common User Access
DB	Datenbank
dez.	dezentral
DV	Datenverarbeitung
EDIFACT	Electronic Data Interchange For Administration, Commerce and Transport
EDV	Elektronische Datenverarbeitung
FiBu	Finanzbuchhaltung
F&E	Forschung und Entwicklung
GuV	Gewinn- und Verlust- (Rechnung)
IB	Integrationsbereich
IBM	International Business Machines, Inc.
IM2000	Informationsmanagement 2000 (Forschungsprogramm)
IS	Informationssystem
ISA	Informationssystem-Architektur
ISM	Informationssystem-Management
IWI	Institut für Wirtschaftsinformatik
MJ	Mannjahre
MM	Mannmonate
MT	Manntage
Oe	Organisationseinheit
Org	Organisation
PC	Personal Computer
PPS	Produktionsplanungs- und -steuerungssystem

SAA	System Application Architecture
SG ISM	St. Galler Informationssystem-Management
UB	Unternehmensbereich
UDM	Unternehmensweites Datenmodell
UISA	Umsetzung von Informationssystem-Architekturen
zent.	zentral

1. Grundlagen des Informationssystem-Managements

1.1. Unternehmer und Informationssystem

Was erwartet der Unternehmer vom Informationssystem?

Der Unternehmer erwartet vom Informationssystem *Unterstützung für das Geschäft.*

Die Architektur des Informationssystems, die Integration der Applikationen oder der Grad der Dezentralisierung der Systementwicklung sind für ihn sekundäre Fragen. Er will sie dem Informatikbereich (EDV/Org) des Unternehmens überlassen und sich auf seine unternehmerischen Belange konzentrieren.

Wann und in welcher Form aber ist der Unternehmer oder allgemeiner das Fachbereichsmanagement (Management ausserhalb der Abteilung Informatik) mit dem Informationssystem oder der Systementwicklung konfrontiert? Folgender praktischer Fall möge dies veranschaulichen. Dieser beschreibt nicht ein konkretes Unternehmen, sondern fasst typische Probleme aus mehreren Unternehmen zusammen [vgl. auch Goodhue e.a. 1992].

Die "INSURA"-Versicherung

Anlässlich eines Investitionsantrags des Informatikchefs zum Ausbau der Hardware stellt sich die Geschäftsleitung eines Versicherungsunternehmens die Frage, ob die hauseigene Informatik effizient arbeitet.

- *Die Informatikkosten haben in den letzten Jahren 5.5 % der Verwaltungskosten und damit die Höhe des ausgewiesenen Gewinns erreicht. Das Fachbereichsmanagement will wissen, ob beispielsweise ein Wechsel zu einer dezentralen Architektur kostengünstiger wäre.*

- *Die Markteinführung eines neuen Produkts unter der Bezeichnung "Studentenversicherung" verzögert sich seit eineinhalb Jahren. Die Informatikabteilung ist nicht in der Lage, mit den vorhandenen Applikationen das neue Produkt zu administrieren, da es verschiedene Bestandteile aus heute getrennt arbeitenden Versicherungsbranchen kombinieren muss (Krankheit, Unfall, Hausrat, Fahrzeug usw.).*

- *Die Generalagenturen haben vor drei Jahren ein dezentrales Agentursystem auf Basis eines kleinen Mehrplatzsystems gekauft und eingeführt. Mittlerweile hat sich herausgestellt, dass die Schnittstelle zum zentralen Computer schwerfällig und teuer ist, da sie viele manuelle Eingriffe erfordert und die getrennten Datenbestände zu Fehlern führen.*

- *Das gleiche Problem tritt zwischen dem Beratungssystem und dem Agentursystem auf. Das Beratungssystem steht den Versicherungsinspektoren auf portablen Computern zur Verfügung und soll die Qualität der Kundenbetreuung verbessern.*

- *Die vorhandenen Applikationen liefern nützliche Führungsinformationen. Sobald aber eine Frage gestellt wird, die von den vorgesehenen Auswertungen abweicht, dauert die Datenaufbereitung mehrere Tage.*

- *Die Informatikabteilung hat vor fünf Jahren zusammen mit einem externen Berater sowie zahlreichen Mitarbeitern aus den Fachabteilungen ein Projekt unter der Bezeichnung "UDM" (unternehmensweites Datenmodell) angefangen und vor drei Jahren erfolgreich beendet. Es sollte den Rahmen aller zukünftigen Informatikprojekte liefern und insbesondere die heutigen Schnittstellenprobleme beseitigen. Zumindest aus der Sicht des Fachbereichsmanagements haben sich die hohen Erwartungen an das Projekt nicht im entferntesten erfüllt. "Es hat sich nichts geändert."*

- *Die laufenden Entwicklungsprojekte kommen nur langsam voran; Termine werden nicht eingehalten. Die Informatik argumentiert, dass die Wartung der bestehenden Applikationen 70 Prozent der Entwicklungskapazität belegt und dass die Fachbereiche immer wieder mit Ad-hoc-Projekten die verbleibenden Entwicklungskapazitäten belasten.*

Erschwerend tritt hinzu, dass das Unternehmen in diesem Jahr einen Mitbewerber gekauft hat. Diese Tochtergesellschaft soll künftig das Unternehmensgeschäft betreiben, während die Mutter sich auf das Privatkundengeschäft konzentriert. Die Portefeuilles sollen binnen zweier Jahre dementsprechend aufgeteilt werden. Die Informatikabteilungen beider Unternehmen sollen bis auf weiteres selbständig bleiben.

Schwerwiegender als die bisher aufgetretenen Probleme sind unter Umständen die Themen, die nicht diskutiert werden, da sie als Probleme noch nicht erkannt oder verdrängt werden. Es handelt sich um die Nutzung der unternehmerischen Potentiale der Informationstechnik und die Umsetzung in konkrete Projekte. Beispiele sind:

- *Die bereits erwähnte Studentenversicherung ist nur ein Vorbote einer neuen Generation von Versicherungsprodukten. Diese gehen auf die Bedürfnisse von Kundengruppen oder sogar einzelnen Kunden ein und verbinden versicherte Objekte und Deckungen aus verschiedenen Branchen. In der Prämienbemessung berücksichtigen sie die spezifischen Risikomerkmale.*

   Das vorhandene computerunterstützte Informationssystem ist nicht in der Lage, kundenspezifische Produkte rasch und wirtschaftlich zu administrieren. Die Programme, die Datenbanken und die Organisation richten sich nach den Branchen und Tarifen der Versicherungsverbände.

   Voraussetzung für branchenübergreifende Produkte ist eine feinkörnige Datenhaltung, d. h. das Informationssystem muss die bisherigen branchenbezogenen Versicherungsprodukte in ihre Bestandteile auflösen (atomisieren), um daraus dann eine kundenspezifische Risikoabdeckung zusammenstellen zu können.

- *Der heutige Vertrieb der Versicherung läuft in erster Linie über ein unternehmenseigenes Agenturnetz, das fast ausschliesslich eigene Versicherungsprodukte verkauft. In Zukunft spielen alternative Vertriebswege, wie etwa der Verkauf von Versicherungen als Nebenleistungen anderer Produkte oder Versicherungsmakler, eine grössere Rolle.*

   Die bestehenden Applikationen sind weder auf der Ebene des Beratersystems oder des Agentursystems noch auf der Ebene des Zentralrechners maklerfähig.

- *Ein elektronisches Versicherungsnetzwerk ist am Horizont erkennbar. Beteiligte sind Versicherungsnehmer (vor allem Unternehmen), Vermittler (Reisebüros, Banken oder Transporteure), Versicherer (z. B. zur Abrechnung von Mitversicherungen) und Rückversicherer. Die INSURA arbeitet an den Standardisierungsbemühungen auf dem Weg zum Versicherungsnetzwerk, die seit zwei Jahren laufen, nicht mit und hat sie in ihre Entwicklungspläne nicht aufgenommen.*

Eine Änderung und Erweiterung des Ist-Systems um derartige Anforderungen bedeutet in der Regel, mehr als 50 Prozent des Informationssystems neu zu entwickeln. Dies nimmt auch bei hohem Mitteleinsatz Jahre in Anspruch. Es besteht also die Gefahr, dass das Unternehmen die neuen unternehmerischen Optionen der Konkurrenz überlassen muss.

Warum werden die Erwartungen des Unternehmers nicht erfüllt?

Die Unternehmen der Arbeitsgruppe UISA [vgl. Vorwort] sind sich darin einig, dass das Informationssystem-Management einen der schwächsten Punkte der Informatik darstellt. Dies entspricht auch der Erfahrung aus zahlreichen Fällen, in welchen die Autoren in der Praxis mitgearbeitet haben. Typische Probleme - veranschaulicht am Beispiel der INSURA - sind:

- Unklare Aufgabenverteilung

  Das Fachbereichsmanagement kümmert sich um die falschen Probleme. Die technische Realisierung des Informationssystems (zentrale oder dezentrale Computerarchitektur) hat zwar durchaus Auswirkungen auf die Fachlösung, hat aber mit den aufgeworfenen Problemen praktisch nichts zu tun.

  Die individuelle Datenverarbeitung, die Dezentralisierung generell, Firmenzukäufe, die Restrukturierung in Holding-Organisationen und die Internationalisierung haben in den letzten Jahren die Zuständigkeiten in der Systementwicklung zusätzlich kompliziert.

- Distanz zwischen Geschäft und Informatik

  Die *Unternehmensstrategie* und die Entwicklung des *Informationssystems* sind nicht ausreichend aufeinander abgestimmt. Die Fachbereiche der INSURA betrachten ihr Informationssystem noch immer als eine Angelegenheit der Informatikabteilung. Die sogenannte Benutzerinvolvierung in Form der Delegation von Fachbereichsmitarbeitern in Informatikprojekte löst das Problem nicht.

  Die Fachbereiche erkennen die geschäftlichen Möglichkeiten der Informationstechnik nicht, während die Informatik den Versicherungsmarkt zu wenig versteht und sich ausserdem nur allzu leicht von der Informations-

technik anstatt von unternehmerischen Bedürfnissen leiten lässt. Trotzdem
gibt die Informatik die Kompetenz für das Informationssystem nicht gerne
an den Fachbereich ab, da sie zu Recht einen Verlust an Bedeutung befürch-
tet. Die Folge ist, dass unternehmerische Chancen verpasst werden.

- Mangelhafte Planung und Umsetzung

Das Fachbereichsmanagement sollte sich mit der Entwicklung seines Informationssystems nicht nur anlässlich von Beschaffungsanträgen, sondern
anhand der *langfristigen Zielsetzung des Informationssystems,* des daraus
resultierenden Migrationsplans und des jährlichen Budgets beschäftigen.

Die Prioritäten von Informatikprojekten richten sich in vielen Unternehmen
nach den Machtverhältnissen und nicht nach den unternehmerischen Bedürfnissen. Mechanismen zur Objektivierung im Sinne der Unternehmensziele
fehlen weitgehend. Dies wird in der Wartung besonders augenfällig: Fehlt
ein allgemein akzeptiertes Vorgehen zur Behandlung von Wartungs-
anforderungen, so tut sich die Informatikabteilung schwer, Wünsche der
Fachabteilungen abzulehnen.

Das Projekt "UDM" der INSURA sollte einen langfristigen Entwicklungs-
rahmen bereitstellen. Wie in vielen Unternehmen misslang aber der Schritt
von der Architektur des Informationssystems zu konkreten Projekten. Das
Unternehmen schaffte es nicht, Wartung, dringende Ad-hoc-Projekte und
langfristige Entwicklung zu koordinieren. Informationssystemstudien - ein
Schlagwort der achtziger Jahre - blieben in den meisten Fällen wirkungslos.

Die Gefahr ist gross, dass die vorhandenen Applikationen und Datenbanken
ein veraltetes Unternehmenskonzept zementieren. Dieses war richtig, als vor
fünf bis zehn Jahren die heutigen zentralen Applikationen neu entwickelt
wurden, deckt aber die künftigen Marktbedürfnisse nicht mehr ab.

- Integrationshindernisse

Die Integration der Insellösungen kommt nicht voran. Die INSURA hat vor
einigen Jahren die Systementwicklung teilweise dezentralisiert. So hat sie
beispielsweise die Entwicklung bzw. Einführung des mobilen Beratungssystems und des Agentursystems aus der zentralen Informatik in die Ver-
kaufsorganisation ausgelagert. Damit konnte sie dringende Bedürfnisse viel
schneller als über die zentrale Informatik befriedigen.

Heute steht sie aber vor den erwähnten Schnittstellenproblemen. Eine Integration der isolierten Teilsysteme ereignet sich nicht von selbst, sondern ist das Ergebnis mühsamer Koordinationsprozesse. Die dezentralen Bereiche konzentrieren sich auf ihre eigenen Bedürfnisse und stellen bereichsübergreifende Interessen zurück. Das Unternehmen verliert Synergieeffekte, weil es Integrationspotentiale nicht erkennt oder nicht umsetzen kann.

Unternehmer und Informationssystem
- Probleme -

* Unklare Aufgabenverteilung zwischen Unternehmer und Informatik (EDV/Org)

* Distanz zwischen Geschäft und Informatik

* Mangelhafte Planung und Umsetzung

* Integrationshindernisse

Bild 1.1./1: Unternehmer und Informationssystem - Probleme -

Der Zustand des Informationssystem-Managements bestimmt den Zustand des Informationssystems. Nimmt ein Unternehmen diese Aufgabe nicht richtig wahr, so vergeudet es personelle und finanzielle Ressourcen, die es durch noch so gute Entwicklungswerkzeuge - vom Datenbanksystem bis zu den Werkzeugen des Computer Aided Software Engineering (CASE) - nicht mehr wettmachen kann. Nicht selten führt dies de facto zu einem Entwicklungsstillstand. Es ist Aufgabe der Unternehmensführung, in Zusammenarbeit mit der Informatikabteilung für ein funktionierendes Informationssystem-Management zu sorgen.

1.2. Aufgaben des Unternehmers in der Informationsverarbeitung

Welche unternehmerischen Entscheidungen braucht das Informationssystem?

Das Informationssystem ist gleichsam eine Produktionsanlage zur Herstellung von Informationen aus anderen Informationen. Sie umfasst Maschinen ("Programme"), Materialien ("Daten"), Logistik ("Datenfluss") und vor allem Menschen mit dem Know How des Fertigungsprozesses (der "Informationsverarbeitung"). Vom Management eines Maschinenbauunternehmens wird beispielsweise erwartet, dass es seine Produkte, Produktstrukturen, Fertigungsprozesse, Maschinen und die eingesetzte Technologie versteht. Verkauf, Entwicklung und Produktion arbeiten eng zusammen. Das Wissen um die Produkte und die Fertigung sind kritische Erfolgsfaktoren des Unternehmens.

Ganz anders stellt sich heute die Situation auf dem Gebiet der Informationsverarbeitung dar. Das Informationssystem wird an die Informatik "delegiert". Viele Führungskräfte des Fachbereichs wollen das Informationssystem wie das Telefonnetz verwenden, ohne über seine Auslegung nachdenken zu müssen. Sie betonen sogar noch, dass sie von ihrem Informationssystem, also ihrer Produktionsanlage, nichts verstehen.

Um welche Aspekte des Informationssystems müssen sich die Führungskräfte und Spezialisten der Fachbereiche kümmern?

Generell ist zu fordern, dass das Unternehmenskonzept und das Informationskonzept aufeinander abgestimmt sind. Die "Produktionsanlage" muss auf die Bedürfnisse des Marktes, auf die auf ihr zu fertigenden Produkte, auf das Auftragsvolumen, auf das verfügbare Know How usw. ausgelegt sein. Wenn der Kunde von der Konkurrenz eine auf ihn zugeschnittene Lösung zu akzeptablen Preisen erhält, muss auch das eigene Unternehmen reagieren. Wenn die eigene Produktionsanlage bestimmte Produkte nicht wirtschaftlich herstellen kann, muss das Unternehmen auf andere Produkte oder Märkte ausweichen.

Im Detail muss sich das Fachbereichsmanagement mit den folgenden *Merkmalen des Informationssystems* auseinandersetzen:

- Funktionalität

    Das Informationssystem soll die funktionalen Anforderungen des Geschäfts effizient, aber minimal erfüllen. Es klingt banal, keine Maschinen zu beschaffen, deren Funktionalität nicht gebraucht wird. Die Kluft zwischen Informatik und Fachbereich führt jedoch in der Praxis tatsächlich dazu, dass die Informatik viel Funktionalität auf Vorrat entwickelt und andererseits trotzdem dringend benötigte Funktionalität nicht bieten kann.

- Granularität

  Die Granularität, also der Detaillierungsgrad der Daten, nimmt von Jahr zu Jahr zu, da die damit verbundenen Datenvolumina heute wirtschaftlich gespeichert und verarbeitet werden können und unternehmerisch erforderlich sind.

  Die höhere Granularität hilft, die Komplexität des Geschäfts besser zu beherrschen. Im Versicherungsbeispiel reichte in der Vergangenheit eine Differenzierung der Produkte nach Branchen aus; in Zukunft braucht das Unternehmen eine Detaillierung bis auf versicherte Objekte und Deckungen.

- Strukturierung

  Die Fachbereiche hätten am liebsten ein Informationssystem, das auf alle zukünftigen Entwicklungen des Geschäfts passt. Flexibilität kostet aber Geld, in der Entwicklung wie im Betrieb des Informationssystems. Die Maklerfähigkeit des Informationssystems einer Versicherung zum Beispiel bedeutet erheblichen Zusatzaufwand. Ein in jeder Hinsicht flexibles Informationssystem kann es nicht geben. Das Unternehmen muss seine zukünftig benötigten Strukturen früh genug erkennen und entwickeln.

- Integration

  Die Technik erlaubt eine zunehmende Integration zwischen bisher getrennten Medien (Text, Daten, Sprache, Bild), zwischen bisher getrennten Bereichen des Unternehmens (Entwicklung, Lager, Produktion, Vertrieb oder auch örtlich und organisatorisch getrennten Unternehmensteilen) und zwischen rechtlich getrennten Unternehmen (z. B. zwischen Automobilherstellern und Zulieferern). Die Grenze der Integration bilden einerseits die Komplexität, die wir in der Systementwicklung und im Betrieb beherrschen können, andererseits die Inflexibilität, die wir durch die Verbindung bisher selbständiger Einheiten in Kauf nehmen. Das Fachbereichsmanagement hat die Aufgabe, auf der Basis des Vergleichs von Integrationskosten und Integrationsnutzen seine Integrationsbedürfnisse zu bestimmen.

Die Antworten auf die genannten Fragestellungen können nicht die Informatiker, sondern müssen die Spezialisten und Führungskräfte der Fachbereiche liefern. Die Analogie zwischen Informationssystem und Telefonanlage ist falsch; das Bild der Produktionsanlage und Produktstruktur entspricht der Wirklichkeit des Informationssytems viel besser.

Mit welchen Massnahmen erreicht der Unternehmer das notwendige Informationssystem?

Das Fachbereichsmanagement muss sein Informationssystem mitgestalten und dazu Managementprozesse installieren, die diese Mitwirkung festschreiben.

Als erstes muss das Fachbereichsmanagement dafür sorgen, dass es mit den richtigen Fragen konfrontiert wird. Das sind Fragen zum Inhalt und zur Struktur des Informationssystems, wie sie gerade besprochen wurden. Fragen der technischen Realisierung sind davon zu trennen und vom Fachbereichsmanagement fernzuhalten.

Das Fachbereichsmanagement muss weiter über die Realisierung von Informatikvorhaben seines Bereiches in Zusammenarbeit mit der Informatikabteilung entscheiden. Es muss also auch die Kosten- und Nutzenverantwortung für sein Informationssystem übernehmen, so wie es diese auch für seine Ressource "Personal" oder seine Produktionsanlage und seine Produkte hat. Das bedeutet, dass der Fachbereich die Prioritäten in der Entwicklung von Computerapplikationen mit den anderen Fachbereichen aushandelt.

Informationssystem-Management *- unternehmerische Aufgaben -*	
Mitwirkung in der Gestaltung seines Informationssystems • Funktionalität des Informationssystems • Granularität der Information • Struktur des Informationssystems • Integrationsbedürfnisse	Managementprozess • Verantwortung für die Wirtschaftlichkeit des Informationssystems • Ressourcenzuteilung • Organisation des Informationssystem-Managements

Bild 1.2./1: Informationssystem-Management - unternehmerische Aufgaben -

Schliesslich ist diese Mitwirkung und Verantwortung des Fachbereichsmanagements zu institutionalisieren. Gremien, Zuständigkeiten, Planungs- und Kontrollmechanismen sowie Dokumente (Organisation des Informationssystem-Managements) sind zu vereinbaren.

1.3. Informationssystem-Management

Was bedeutet Informationssystem-Management?

Informationssystem-Management erstreckt sich auf die Entwicklung und den Betrieb des Informationssystems von Unternehmen.

In allen Unternehmen existiert eine Diskrepanz zwischen dem benötigten und dem verfügbaren Informationssystem. Diese wird auch in Zukunft bestehen. Das Informationssystem-Management muss versuchen, den Abstand zwischen Soll und Ist klein zu halten. Es sieht sich zwei gegensätzlichen Forderungen gegenüber:

- Das Informationssystem-Management soll Entwickler und Anwender möglichst wenig einschränken, so dass diese rasch und kreativ neue Applikationen einführen können.

- Das Informationssystem-Management muss die Entwicklung und Anwendung so koordinieren, dass Doppelarbeit, Insellösungen und umständliche Abläufe vermieden werden, dass das Informationssystem längerfristig entwicklungsfähig bleibt und dass Informationssystem und Geschäftsstrategie zusammenpassen.

In diesem Sinne hat das Informationssystem-Management folgende *Aufgaben* zu erfüllen:

- Architekturplanung

  Die Architektur legt die Grobstruktur der Organisation, der Geschäftsfunktionen, der Daten, der Applikationen und der Datenbanken fest.

- Integration

  Integration erfordert das Erkennen von Synergien zwischen organisatorisch getrennten Bereichen.

- Einbindung in die Unternehmensführung

Das Informationssystem ist Teil des Unternehmenskonzepts. Das Informationssystem muss die Bedürfnisse des Geschäfts erfüllen und das Geschäft muss sich bis zu einem gewissen Grad nach den Möglichkeiten des Informationssystcms richten.

- Einbindung des Fachbereichs

Das Informationssystem-Management muss den Fachbereich dazu bringen, sich mit den Möglichkeiten der Informationstechnik zu beschäftigen, und muss ihm helfen, sein Informationssystem zu gestalten.

Informationssystem-Management
- Aufgaben -

- Architekturplanung
- Integration
- Einbindung in die Unternehmensführung
- Einbindung des Fachbereichs
- Dezentralisierung
- Verbindung von Organisation und IS
- Projektportfolio-Management
- Änderungsmanagement
- Umsetzung

Bild 1.3./1: Informationssystem-Management - Aufgaben -

- Dezentralisierung

Die Systementwicklung ist soweit zu dezentralisieren, dass IS-Entwicklung und -Anwendung möglichst nahe zusammenkommen, aber noch arbeitsfähige Entwicklungseinheiten verbleiben.

- Verbindung von Organisation und IS

  Funktionen, Daten und Organisation sind drei Seiten desselben Gegenstands, des Informationssystems, und demzufolge gemeinsam zu betrachten.

- Projektportfolio-Management

  Ein grosses Unternehmen muss ein Projektportfolio führen, das die Projekte nach unternehmerischen Kriterien ordnet und Projekte und Ressourcen
  aufeinander abstimmt. Es muss den Entscheidungsprozess, der zum Projektportfolio führt, allen Beteiligten transparent machen.

- Änderungsmanagement

  Das Informationssystem-Management muss die Ressourcenbindung durch
  die Wartung auf das Wirtschaftliche begrenzen.

- Umsetzung

  Das Informationssystem-Management muss die Umsetzung der Pläne kontrollieren.

Was behandelt das St. Galler ISM nicht?

Das *Informationsmanagement* ist das Management des Informationsverarbeitung
eines Unternehmens. Es ist grundsätzlich dafür verantwortlich, dass das Unternehmen das Potential der Ressource Information und der Informationstechnik erkennt, in den unternehmerischen Lösungen - vom Produkt bis zum Absatzkanal -
umsetzt und dass es die Computerapplikationen entwickelt, einführt und betreibt.
Es umfasst vielfältige Aufgaben, von der Analyse neuer Produkte der Informationstechnik über die Informatikausbildung von Mitarbeitern bis zum Management
des Kommunikationsnetzwerkes. Wir unterscheiden drei Aufgabenbereiche des
Informationsmanagements [vgl. Bild 1.3./2].

- Informationsbewusste Unternehmensführung

  Informationsbewusste Unternehmensführung bedeutet Erkennen der
  Potentiale der Informationstechnik und das Umsetzen in neue Geschäfts-
  lösungen. Beispiele sind etwa eine Kostenreduktion durch eine EDIFACT-

Kommunikation mit Kunden und Lieferanten, ein spezifisches Versicherungsprodukt für Studenten oder die Verringerung von Maschinenstillständen durch eine integrierte Materialdisposition.

Informationsbewusste Unternehmensführung ist Aufgabe der Fachbereiche und repräsentiert die unternehmerische Sicht auf die Informatik. Ihr Ergebnis sind unternehmerische Lösungen.

• Informationssystem-Management

Das Informationssystem-Management sieht die Informationsverarbeitung aus einer logisch-konzeptionellen Sicht. Es konzentriert sich auf die Entwicklung und den Betrieb des Informationssystems. Es beschränkt sich auf die Daten, die Funktionen, die Kommunikation und die organisatorischen Regeln für das Informationssystem, vernachlässigt also andere unternehmerische Dimensionen wie die Führung des Personals oder die Produktgestaltung und technische Dimensionen wie das Netzwerk.

Die Ergebnisse des Informationssystem-Managements sind die Architektur des Informationssystems sowie die Entwicklungsplanung und -kontrolle. Die Verantwortung dafür haben die Führungskräfte und Spezialisten der Fachbereiche.

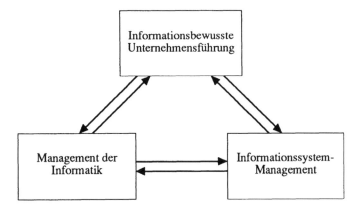

Bild 1.3./2: Drei Teilbereiche des Informationsmanagements

• Management der Informatik

Das Management der Informatik betrachtet das Informationssystem aus der Sicht der personellen und technischen Infrastruktur zur Entwicklung und zum Betrieb des Informationssystems. Es sorgt u. a. für die Rekrutierung von Informatikmitarbeitern, für die Hardware, das Netzwerk und die Systemsoftware sowie für den Betrieb der Rechner. Das Management der Informatik ist Aufgabe des Informatikbereichs bzw. von Informatikmitarbeitern in den Fachabteilungen.

Die Ziele dieser Dreiteilung sind besser überschaubare und damit beherrschbare Teilaufgaben des Informationsmanagements und klare Aufgabenzuweisungen an die Fachbereiche und die Informatik. Ähnliche Aufteilungen finden sich auch bei [Ward/Griffiths/Whitmore 1990, S. 438] sowie [Earl 1990].

Das SG ISM deckt den zweiten Aufgabenbereich, das Informationssystem-Management, ab. Neben den Kernaufgaben des Informationssystem-Managements beschreibt es auch die Berührungspunkte zu den beiden anderen Aufgabenbereichen. Es sind dies einzelne Aspekte der informationsbewussten Unternehmensführung, soweit diese eng mit der logisch-konzeptionellen Sicht zusammenhängen, und Aspekte des Managements der Informatik wie z. B. die Personalplanung im Informatikbereich.

Das SG ISM ist eine Methodik für das Management des Informationssystems. Es schliesst bewusst bestimmte Aspekte aus:

• "Weiche" Managementkonzepte

Das SG ISM versucht, das Informationssystem-Management so weit wie möglich zu operationalisieren. Es behandelt Aspekte wie etwa organisatorisches Lernen höchstens am Rande. Das birgt die Gefahr einer mechanistischen Simplifizierung. So behandelt der Abschnitt Projektportfolio-Management beispielsweise nicht den Einfluss eines schwachen Projektleiters auf die Priorisierung eines Projekts oder die Arbeitszufriedenheit bei der Zuordnung von Mitarbeitern zu Projekten.

Die Arbeitsgruppe hat diese Komponente eines Managementsystems weggelassen. Sie hat keine gravierenden Besonderheiten des Informationssystem-Managements etwa im Vergleich zum Marketing festgestellt und deshalb keinen Bedarf für eigene Ansätze gesehen [vgl. zu diesen Ansätzen Bleicher 1990, Gomez 1981].

Das SG ISM liefert ausserdem einen umfassenden Rahmen für das Management, der es ohne weiteres gestattet, sogenannte "weiche" Konzepte wie beispielsweise Methoden der Organisationsentwicklung aufzunehmen.

- Methoden

  Das SG ISM strukturiert das Informationssystem-Management grob. Es bietet keine eigenen Methoden auf Detailebene wie etwa für den Datenentwurf an, sondern verweist auf entsprechende Literatur.

- Rechnerunterstützung

  Das SG ISM ist nicht computerunterstützt. Mächtige Werkzeuge wie z. B. Data-Dictionaries (Repositories) oder Entwicklungswerkzeuge (CASE-Tools) unterstützen einzelne Funktionen des Informationssystem-Managements. Eine alles umfassende, integrierte Lösung ist heute nicht in Sicht.

- Typen von Informationssystemen

  Das SG ISM zielt auf administrative Transaktionssysteme, die heute den weitaus grössten Teil der Entwicklungskapazität in Grossunternehmen binden. Es bietet keine Hilfe für die evolutionäre Entwicklung des Einsatzes von Endbenutzerwerkzeugen im Büro (individuelle Datenverarbeitung) und für die Mikroprozessor-Entwicklung für technische Produkte. Der Zielbereich des SG ISM schliesst aber Kommunikationssysteme, wie etwa zwischenbetriebliche Verbindungen, Value Added Networks oder CAx-Applikationen (Entwurf und Maschinensteuerung im Industriebetrieb), und Führungsinformationssysteme (Executive Support Systems) ein. Auch der Einsatz von Standardanwendungs-Software ist in die Konzepte eingeflossen.

Was kostet das Informationssystem-Management?

Informationssystem-Management bedeutet Planung, Kontrolle, Koordination, Dokumentation usw. Informationssystem-Management bedeutet also bis zu einem gewissen Grad Bürokratie und Verwaltung. Solche Verwaltungstätigkeiten müssen sich wirtschaftlich rechtfertigen.

Die Kosten der Informationsverarbeitung von Grossunternehmen werden heute je nach Branche mit bis zu 10% der Wertschöpfung angegeben [vgl. Lühti e. a.

1990]. Auch eine Erhebung innerhalb der Arbeitsgruppe UISA bestätigt, dass zwischen 5 und 10% der Mitarbeiter der Unternehmen in der Informatik beschäftigt sind.

Von den Mitarbeitern, die die Informationsverarbeitung sicherstellen, sind jeweils die Hälfte in der System-Entwicklung (und Wartung) und im System-Betrieb (Rechenzentrum, Systemprogrammierung etc.) beschäftigt. In der System-Entwicklung entfallen ca. 40-50% der Arbeitszeit auf projektübergreifende Arbeiten (Planung, Datenmodellierung, Standards etc.), also das Kerngebiet des SG ISM.

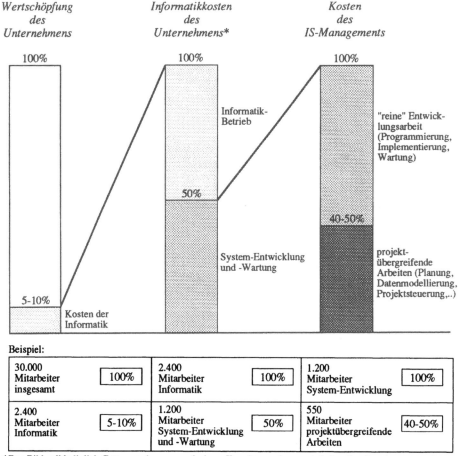

Bild 1.3./3: Informationsmanagement - Kosten heute -

Diese Verhältniszahlen bedeuten z. B. für ein Unternehmen der Dienstleistungs-branche mit ca. 30.000 Mitarbeitern, dass das Informationssystem-Management für den effizienten Einsatz von 1.200 Mitarbeitern verantwortlich ist. Die Kosten für diese Führung fallen auch schon heute an. Das SG ISM soll diese Kosten nicht erhöhen, sondern die Effizienz des Einsatzes dieser Mitarbeiter verbessern und für eine verbesserte Erreichung der Ziele des Informationssystem-Manage-ments sorgen. Es fordert also keine zusätzlichen Stäbe und Abteilungen, sondern will einen effizienten Einsatz der vorhandenen Mittel. Vor allem aber soll es die Leistungen des Informationssystems für das Unternehmen, also seine Effektivität, verbessern.

1.4.   Entstehung und Verwendung des St. Galler ISM

Wie entstand das St. Galler Informationssystem-Management?

Angesichts dieser Bedeutung des Informationssystem-Managements konstituierte sich Anfang 1989 die Arbeitsgruppe UISA im Forschungsprogramm IM2000 [vgl. Vorwort sowie Österle 1989a]. Sie hatte die Aufgabe, ein allgemein gülti-ges, praktisch anwendbares Vorgehensmodell für die *Umsetzung von Informa-tionssystem-Architekturen* in Grossunternehmen zu entwickeln. Das Ziel war nicht nur eine Beschreibung, sondern eine Verbesserung des Informationssystem-Managements in den beteiligten Unternehmen.

Beratungshaus:	Ansatz:
Arthur Andersen	Strategic Information Planning
Arthur D. Little	Business Information Management [vgl. Brandes e. a. 1990, Zillessen 1989]
A.T. Kearney	Information Management [vgl. auch Meyer-Piening 1987]
IBM	Information Systems Management [vgl. IBM 1988]
McKinsey & Co.	Strategische Planung und Controlling des Informa-tionsmanagements [vgl. auch Hoch 1988]
Nolan, Norton & Co.	Managing the Benfits of IT [vgl. auch Nolan/ Mulryan 1987, Norton 1987]
Price Waterhouse	Strategic Information Systems Planning

Bild 1.4./1: Untersuchte Ansätze von Beratungshäusern

Ein Forscherteam, dessen Mitglieder selbst über umfangreiche Praxiserfahrung verfügen, sammelte und analysierte Managementkonzepte aus der Literatur und von Beratungshäusern [vgl. Bild 1.4./1].

Die Vertreter der Partnerunternehmen erhoben den Stand des Informationssystem-Managements in ihren Unternehmen. In sieben Workshops (ein- und zweitägig) und zwei Besprechungsrunden (Diskussion der Konzepte) in den Unternehmen analysierte die Arbeitsgruppe die Probleme und Lösungen der Praxis sowie die Ansätze aus der Theorie. Bild 1.4./2 zeigt den Zeitplan der Arbeitsgruppe.

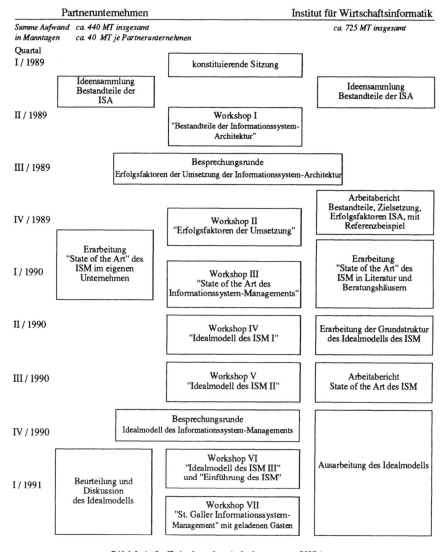

Bild 1.4./2: Zeitplan der Arbeitsgruppe UISA

Die Arbeitsgruppe UISA hat diese Arbeiten im Frühjahr 1991 abgeschlossen. Die
Partnerunternehmen beginnen nun ihr unternehmensindividuelles ISM anhand des
SG ISM zu überprüfen und die Ideen des SG ISM selektiv in ihr Unternehmen zu
übertragen. Im Vordergrund stehen dabei die Ausbildung, die Redefinition und
Systematisierung der Zusammenarbeit von zentraler und dezentraler Informationssystem-Entwicklung und der Architektur-Entwicklung sowie die Sensibilisierung
des Fachbereichsmanagements für das ISM.

Forschungsmethodische Grundlagen des St. Galler ISM

Informationsmanagement ist eine *angewandte Wissenschaft*. Sie ist durch folgende Eigenschaften charakterisiert [vgl. Ulrich 1984, S. 178 f.]:

•   Ihre Probleme entstehen in der Praxis,

•   sie ist interdisziplinär,

•   ihr Forschungsziel ist das Gestalten der betrieblichen Wirklichkeit (Hand-
     lungsanweisungen für die Praxis),

•   ihre Aussagen sind wertend und normativ und

•   ihr Fortschrittskriterium ist die praktische Problemlösungskraft ihrer
     Modelle und Handlungsanweisungen.

Auf der Grundlage dieser Charakteristika einer angewandten Wissenschaft
definieren wir einen *Forschungsprozess*, der zu neuen Erkenntnissen im Informationsmanagement führt. Wir unterscheiden fünf Schritte:

•   Praxis und Wissenschaft definieren gemeinsam die Problemstellungen.

•   Die Wissenschaft strukturiert die Probleme und entwickelt Vorschläge für
     die Gestaltung der betrieblichen Wirklichkeit. Sie bringt hier theoretisches
     Wissen und eigene Erfahrungen mit ein.

•   Gemeinsam mit der Praxis werden die Vorschläge überprüft und weiter
     verfeinert. Falls notwendig werden Prototypen erstellt.

•   Die Praxis wendet die Vorschläge an, d. h. sie gestaltet die betriebliche
     Wirklichkeit entsprechend den gemeinsam mit der Wissenschaft erarbeiteten
     Vorschlägen.

- Praxis und Wissenschaft überprüfen gemeinsam die Ergebnisse und entwickeln die Vorschläge weiter.

Die Zusammenarbeit mit der Praxis ist konstitutiv für die wissenschaftliche Beschäftigung mit dem Informationsmanagement. Laborversuche sind unmöglich. Die Komplexität der Unternehmen kann nicht simuliert werden. Einzig die Erprobung in der betrieblichen Wirklichkeit kann zeigen, ob die Vorschläge in der Lage sind, die realen Probleme zu lösen.

Das Forschungsprogramm IM2000 an der Hochschule St. Gallen basiert forschungsmethodisch auf diesen fünf Schritten. Sie werden jeweils an die bearbeiteten Problemstellungen angepasst. Es entstehen konkrete Arbeitspläne [vgl. Bild 1.4./2].

Wir grenzen damit die wissenschaftliche Beschäftigung mit dem Informationsmanagement von reiner Schreibtischforschung und empirischen Vorgehensweisen [vgl. Friedrichs 1973, S. 119f., Kromrey 1980, S. 30ff.] ab. Empirie beschränkt wissenschaftliches Arbeiten auf das Erkennen und Erklären von Phänomenen, Formulieren von Hypothesen und das Überprüfen von Hypothesen an der Wirklichkeit [vgl. Popper 1982]. Diese beiden Arten des Vorgehens sind nur in Teilgebieten des Informationsmanagements in der Lage, den Zielen einer angewandten Wissenschaft (Entwickeln von Vorschlägen für die Gestaltung der betrieblichen Wirklichkeit) und ihrem Fortschrittskriterium (Problemlösungskraft der Vorschläge) zu entsprechen.

Welche weiteren Publikationen sind im Umfeld des St. Galler ISM erschienen?

Die Ergebnisse der Arbeitsgruppe sowie angrenzender Forschungsarbeiten sind in den folgenden Publikationen zusammengefasst:

- Brenner, W., Hilbers, K., Österle, H., "State of the Art" des Informationssystem-Managements, Arbeitsbericht Nr. IM2000/CCIM2000/4, Institut für Wirtschaftsinformatik an der Hochschule St. Gallen, St.Gallen, 1990

- Hilbers, K., Informationssystem-Architekturen: Zielsetzung, Bestandteile, Erfolgsfaktoren, Arbeitsbericht Nr. IM2000/CCIM2000/1, Institut für Wirtschaftsinformatik an der Hochschule St. Gallen, St. Gallen, 1989a

- Hilbers, K., Referenzbeispiel Informationssystem-Architekturen, Arbeitsbericht Nr. IM2000/CC IM2000/1.1, Institut für Wirtschaftsinformatik an der Hochschule St. Gallen, St. Gallen, 1989b

- Lehmann-Kahler, M., Konzept für ein rechnergestütztes Dokumentationsmodell im Informationsmanagement, Dissertation der Hochschule St. Gallen, Difo, Bamberg, 1990

- Österle, H., Forschungsprogramm Informationsmanagement 2000, Konzeption und Stand der Kompetenzzentren, Arbeitsbericht Nr. IM2000/CCIM2000/2, Institut für Wirtschaftsinformatik an der Hochschule St. Gallen, St. Gallen, 1989a

- Österle, H., Wettbewerbsfähigkeit durch Informationssystem-Architekturen, Management Summary, Arbeitsbericht Nr. IM2000/CCIM2000/1.2, Institut für Wirtschaftsinformatik an der Hochschule St. Gallen, St. Gallen, 1989b

- Österle, H., Brenner, W., Hilbers, K., Information Management 2000 Research Program: The Implementation of Information Systems Architectures, Arbeitsbericht Nr. IM2000/CCIM2000/6, Institut für Wirtschaftsinformatik an der Hochschule St. Gallen, St. Gallen, 1990

- Österle, H., Brenner, W., Hilbers, K., Forschungsprogramm IM2000: Umsetzung von Informationssystem-Architekturen, Arbeitsbericht Nr. IM2000/CCIM2000/7, Institut für Wirtschaftsinformatik an der Hochschule St. Gallen, St.Gallen, 1991

Wie ist das Buch zu verwenden?

Das erarbeitete Modell berücksichtigt die von der Gruppe als wesentlich herausgestellten Konzepte des ISM und bietet eine geschlossene Systematik von Funktionen und Dokumenten sowie der Organisation des ISM. Die *grundlegenden Konzepte* werden im zweiten Teil des Buchs (Kapitel 2) sequentiell dargestellt. Der dritte Teil (Kapitel 3 und 4) beschreibt das entwickelte Modell im Detail mit *Funktionen*, *Dokumenten* und *Beispielen*. Das Kapitel *Organisation* enthält *Stellenbeschreibungen* der wichtigsten organisatorischen Einheiten und Ausschüsse im

ISM. Kapitel 5 schliesslich stellt einige Aspekte der Einführung des SG ISM in die Unternehmen dar.

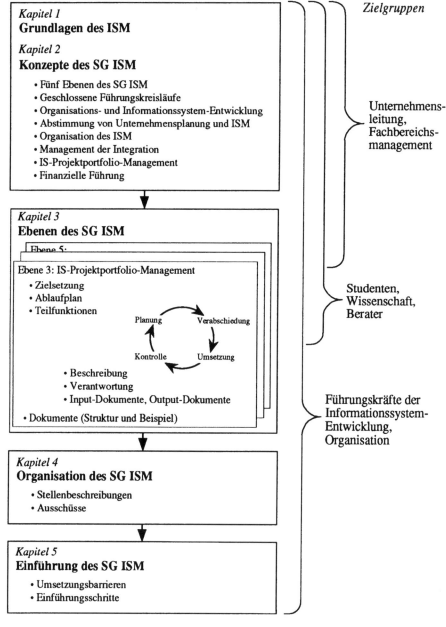

Bild 1.4./2: Zielgruppen des SG ISM

Das Buch bietet durch die Trennung der Konzepte (Kapitel 2) und die Detailbeschreibung (Kapitel 3 und 4) einerseits einen Überblick über die wichtigsten Grundlagen des ISM und einen Einstieg in die Konzepte, andererseits durch die Darstellung der Funktionen, Dokumente und der Organisation des ISM eine Hilfestellung bei Detailfragen des Informationssystem-Managements in der Praxis.

Das Buch wendet sich entsprechend dieser Zweiteilung einmal an Leser, die einen Überblick über das ISM suchen. Es sind dies die *Führungskräfte in der Unternehmensleitung* und in den *Fachbereichen*. Wir empfehlen diesem Interessentenkreis die Lektüre des zweiten Kapitels. Zusätzlich gibt das Buch den Fach- und Führungskräften der Informatikabteilungen ein detailliertes Vorgehensmodell des ISM. Mit diesem Vorgehensmodell können die Vollständigkeit der eigenen Vorgehensweise überprüft und Änderungsanforderungen an das eigene ISM entwickelt werden. Die ausführlichen Beispiele geben Anregungen für den Aufbau und den Inhalt von Plänen, Entwurfsdokumenten und Berichten. Für den Leserkreis mit einer solchen Zielsetzung empfehlen wir nach der Lektüre der ersten beiden Kapitel das Studium der *grundlegenden Systematiken* auf dem Beiblatt. Der Leser kann danach vertiefend über die Referenzen zu den Funktionen, den Dokumenten und den Organisationseinheiten die speziellen Teile des Buchs finden.

Der dritten Zielgruppe (Studenten, Wissenschaft und Berater) empfehlen wir ebenfalls die Lektüre des Kapitels 2 sowie den an Interessensschwerpunkten orientierten vertiefenden Einblick in das Kapitel 3.

2. Konzepte des St. Galler ISM

Das folgende Kapitel erklärt die acht wesentlichen Konzepte des St. Galler Informationssystem-Managements:

- Gliederung des ISM in fünf Ebenen
- Geschlossene Führungskreisläufe
- Verbindung von Organisations- und Informationssystem-Entwicklung
- Abstimmung der Unternehmensplanung und IS-Planung
- Organisation des ISM
- Management der Integration
- IS-Projektportfolio-Management
- Finanzielle Führung

Bild 2./1: Acht Konzepte des St. Galler ISM

2.1. Fünf Ebenen des ISM

Die Arbeitsgruppe UISA ermittelte fünf Ebenen des Informationssystem-Managements [vgl. Bild 2.1./1].

Das *IS-Konzept* ist die Grundlage für die Entwicklung integrierter Informationssysteme. Es enthält Standards und Grundsätze für die Arbeit im Informationssystem-Management und in der IS-Entwicklung [vgl. Fried 1988, S. 3, Berenbaum/ Lincoln 1990, S. 15, Hansen/Riedl 1990, Umbaugh, R. 1984]. Das IS-Konzept legt die Vorgehensweise im ISM fest, d. h. den Zeitablauf sowie die verantwortlichen Stellen und Ausschüsse für die Funktionen des ISM. Es ist langfristig orientiert (fünf bis acht Jahre), hat unternehmensweite Geltung und kann von den dezentralen Bereichen weiter verfeinert werden.

Die Nutzung von Telekommunikation, der Aufbau computerunterstützter Verbindungen zu Marktpartnern und die Auflösung bestehender Insellösungen zugunsten integrierter Gesamtlösungen erhöhen die Komplexität der IS-Entwicklung. Ohne einen übergreifenden Plan ist eine geplante Weiterentwicklung des Informa-

tionssystems nicht mehr möglich. Die Ebene *Architektur* im SG ISM ist der
"Bebauungsplan" für die IS-Entwicklung. Wir erweitern den klassischen Begriff
der Informationssystem-Architektur [vgl. Zachman 1987, Krcmar 1990a], der
Daten und Funktionen der elektronischen Informationsverarbeitung umfasst, um
die Dimension "Organisation" [vgl. Schwarze 1990, S. 109]. Die Arbeitsgruppe
UISA ist der Meinung, dass die gleichgewichtige Behandlung der Organisation,
Daten und Funktionen (Fachlösung) in Zukunft Grundlage der Informations-
systemplanung und -entwicklung sein wird.

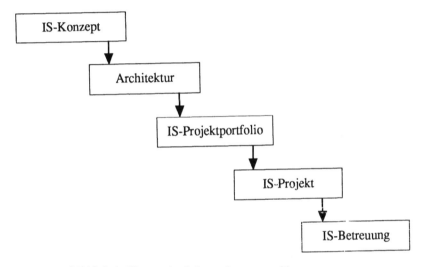

Bild 2.1./1: Ebenen des Informationssystem-Managements

Die Ebene Architektur zeigt die Zusammenhänge im Überblick. Detailarbeiten,
wie z. B. eine ausführliche Datenmodellierung, bleibt den Projekten vorbehalten.
Auf der Ebene Architektur sieht das SG ISM zwei Konzepte vor:

- Integrationsbereiche für die Realisierung bereichsübergreifender Applikationen und Datenbanken und die

- IS-Architekturen als Grundlage der Informationssysteme abgeschlossener,
  überschaubarer Bereiche eines Unternehmens.

Integrationsbereiche realisieren Synergiepotentiale in der Informationsverarbeitung über mehrere Bereiche, wie z. B. Geschäftsbereiche oder Divisionen, hinweg. Sie führen zu Applikationen und Datenbanken, die Geschäftsfunktionen
übergreifend über organisatorisch getrennte Unternehmensteile unterstützen.

Dezentrale Unternehmensbereiche entwickeln eigene *IS-Architekturen*. Die Architekturen werden erstmalig in einem eigenen Projekt erstellt und laufend weiterentwickelt. Alle fünf bis sieben Jahre konzipiert der IS-Bereich die IS-Architektur von Grund auf neu. Eine detaillierte, unternehmensweite, über alle Divisionen und Funktionalbereiche des Unternehmens reichende Daten- und Funktionsmodellierung schliesst die Arbeitsgruppe UISA als unrealistisch aus.

Auf der Ebene des *IS-Projektportfolios* werden aufgrund unternehmerischer Bewertungen der unterschiedlichen Vorhaben und der betrieblichen Abhängigkeiten zwischen ihnen die Reihenfolge der Projekte festgelegt und die Ressourcen der Systementwicklung verteilt. Im SG ISM entscheidet der Fachbereich aufgrund von Machbarkeitsstudien über IS-Projekte.

Die Ebene des *IS-Projekts* umfasst die Entwicklung der organisatorischen Lösungen, Applikationen und Datenbanken. Im Rahmen des SG ISM gehen wir nicht ausführlich auf das Management von IS-Projekten ein [vgl. dazu beispielsweise Zehnder 1986]. Wir konzentrieren uns auf die Einbindung der IS-Projekte in das Gesamtkonzept.

In der Ebene *IS-Betreuung* fassen wir die Funktionen "Änderungsmanagement", "IS-Monitoring", "IS-Schulung" und "Benutzersupport" zusammen. Wir integrieren die Betreuung bestehender Applikationen in das Informationssystem-Management.

Der Aufbau des SG ISM beruht auf dem Prinzip der *schrittweisen Verfeinerung*. Das IS-Konzept wird in der Architektur, die Architektur im Projektportfoliomanagement und in Projekten weiter verfeinert. Langfristig erfolgreich kann diese Vorgehensweise aber nur sein, wenn man die Erkenntnisse aus der Planung von "oben nach unten" (Top-Down) mit Ergebnissen aus der Realisierung von "unten nach oben" (Bottom-Up) verbindet.

2.2. Geschlossene Führungskreisläufe

Kaum einen Begriff verwendet die betriebswirtschaftliche Literatur und in der jüngeren Vergangenheit auch die Literatur zur Informatik vielfältiger als den Begriff "Management". Wir verstehen unter Management das Gestalten, Lenken und Weiterentwickeln produktiver sozialer Systeme [vgl. Ulrich 1984, S. 114]. Die

Funktionen des Managements sind: Entscheiden, In-Gang setzen und Kontrollieren [vgl. Ulrich/Krieg 1974, S. 30, Wöhe 1990, S. 97, Staehle 1985, S. 41, Hoch 1988, S. 1].

Das St. Galler Informationssystem-Management geht grundsätzlich von diesem Regelkreis des Managements aus und formuliert einen Führungskreislauf mit den vier Teilfunktionen *Planung* (Ziele setzen, Pläne entwickeln), *Verabschiedung* (Entscheiden), *Umsetzung* und *Kontrolle* (Kontrolle der Zielerreichung) [vgl. Bild 2.2./1]. Es behandelt also Umsetzungs- und Kontrollaspekte gleichwertig mit Planungsaspekten.

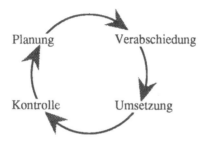

Bild 2.2./1: Führungskreislauf

Die Teilfunktionen des Führungskreislaufs sind eng miteinander verknüpft. Jede Tätigkeit innerhalb einer Teilfunktion führt zu Aktivitäten in anderen Teilfunktionen.

Planung umfasst in erster Linie die Entwicklung von Plänen, also die Zusammenfassung von Basisdaten der Problemanalyse, die Suche nach Alternativen und die Sammlung von Daten für die Bewertung von Alternativen [vgl. Schierenbeck 1983, S. 74]. Planung ist in der Regel eine Aufgabe von Stäben und von spezialisierten Fachabteilungen. Das SG ISM betont dagegen die Verantwortung und die Mitwirkung der Fachbereiche.

Verabschiedung ist im Führungskreislauf des ISM von der Planung getrennt. Wenn auch während der Planung zahlreiche "Vor"-entscheidungen fallen, wird die Verabschiedung der Pläne von der eigentlichen Planungsfunktion institutionell getrennt [vgl. Schierenbeck 1983, S.74]. Das St. Galler Informationssystem-Management ordnet die Funktion "Verabschiedung" Ausschüssen zu. Sie setzen sich aus Vertetern der Fachbereiche und des IS-Bereichs zusammen. Die Fachbereiche sind selbst für Entscheidungen über ihr Informationssystem verantwortlich.

Umsetzung eines IS-Konzepts, von Integrationsbereichen oder von Architekturen bedeutet, Projekte durchzuführen. Für die *Umsetzung* sind im SG ISM einzelne Personen direkt verantwortlich. So überträgt z. B. die Unternehmensleitung dem zentralen IS-Leiter die Umsetzung eines unternehmensweiten IS-Konzepts. Wir streben eine erfolgsorientierte Bezahlung der Führungskräfte an. Nur wenn deren persönliche Ziele mit denen ihrer Stelle übereinstimmen, ist gewährleistet, dass Ziele erreicht und Pläne umgesetzt werden [vgl. Wunderer/Grunwald 1980 S. 305ff.].

Die *Kontrolle* der Umsetzung von Plänen liegt bei den Stellen und Gremien, welche für ihre Verabschiedung zuständig waren. Die Kontrollmechanismen im SG ISM sind so gestaltet, dass nach Abschluss jeder Aktivität, z. B. eines Projekts, im Sinne eines Soll-Ist Vergleichs überprüft wird, ob die gesetzten Ziele erreicht wurden. Die Erfahrungen aus diesen Vergleichen fliessen in die weitere Planung ein. Diese Kontrolle ist Motor eines kontinuierlichen Lernprozesses. Der Führungskreislauf wird zum Lernkreislauf.

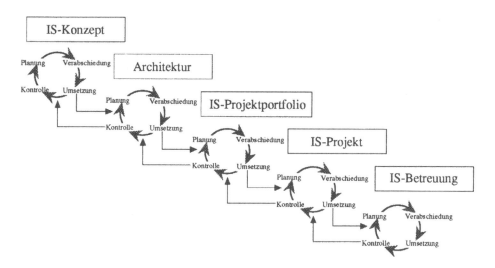

Bild 2.2./2: Systematik des Informationssystem-Managements

Die Arbeitsgruppe UISA fordert, dass auf jeder Ebene ein vollständiger Führungskreislauf eingerichtet wird [vgl. Bild 2.2./2]. Aus ihm resultieren Funktionen und Dokumente [vgl. Bild 2.2./3]. Kapitel 3 beschreibt diese Funktionen und Dokumente im Detail und ergänzt sie mit Beispielen.

Ebene des ISM	Funktionen des ISM	Dokumente des ISM
IS-Konzept	Planung des IS-Konzepts Verabschiedung des IS-Konzepts Umsetzung des IS-Konzepts Kontrolle des IS-Konzepts	IS-Konzept Zielsetzung Standards Methoden
Architektur	Planung von Integrationsbereichen Verabschiedung von Integrations- bereichen Umsetzung von Integrationsbereichen Kontrolle von Integrationsbereichen Planung der IS-Architektur Verabschiedung der IS-Architekur Umsetzung der IS-Architektur Kontrolle der IS-Architektur	Integrationsbereich Globale Geschäftsfunktionen Abgrenzung des Integrationsbereichs Statusbericht zum Integrationsbereich IS-Architektur Organisation Ablauforganisation Aufbauorganisation Geschäftsfunktionen Geschäftsfunktionenkatalog Applikationen Daten/logische Datenbanken Geschäftsobjektkatalog Entitätstypenkatalog Konzeptionelles Datenmodell Logische Datenbanken Kommunikation/Verteilung Datenfluss Zugriff von Applikationen auf Datenbanken Statusbericht zur IS-Architektur
IS-Projekt-portfolio	Entwicklung von IS-Anträgen Bewertung der IS-Anträge Ausarbeitung Machbarkeitsstudie IS-Entwicklungsplanung IS-Entwicklungskontrolle	IS-Antrag Machbarkeitsstudie Unternehmerische Rangfolge der Projekte Betriebliche Reihenfolge der Projekte IS-Entwicklungsplan Statusbericht zur Umsetzung des IS- Entwicklungsplans
IS-Projekt	Vorstudie/Initialisierung Konzept Realisierung Systemtest Einführung	Projektführungsdokumente Dokumente der Systementwicklung
IS-Betreuung	Änderungsmanagement IS-Schulung IS-Monitoring Benutzersupport	Änderungsplan Schulungsangebot Applikationsübersicht Übersicht der Transaktionen einer Applikation Übersicht der Transaktionen pro Benutzer

Bild 2.2./3: Funktionen und Dokumente des Informationssystem-Managements

2.3. Verbindung von Organisations- und Informationssystem-Entwicklung

Das SG ISM verbindet die Gestaltung des Informationssystems und der Organisation. Im Vordergrund steht die Fachlösung. Sie verbindet Organisation, Daten und Funktionen miteinander [Bild 2.3./1].

Die Organisation umfasst die *Strukturierung der Aufgaben* im Unternehmen. Sie schafft Regeln, nach denen die Aufgaben des Unternehmens vollzogen werden [vgl. Hill/Fehlbaum/Ulrich 1981, S. 17]. Damit legt sie auch die Struktur und das Programm der manuellen (vom Menschen ausgeführten) Informationsverarbeitung fest. Die Bilder 3.2.3.2.1./2 bis /4 (S. 156/157) verdeutlichen die Zusammenhänge zwischen Organisation, Daten und Funktionen im Detail.

Organisation ist eine Aufgabe aller Führungskräfte. Eine spezialisierte Abteilung "Organisation" im Unternehmen unterstützt die Führungskräfte. Aufgaben und Ergebnisse des Organisierens sind:

* Organisatorische Einheiten

   Die Bildung von Stellen und Abteilungen ordnet die Geschäftsfunktionen organisatorischen Einheiten (Aufgabenträgern, Prozessoren) zu. Ein Ergebnis sind beispielsweise Stellenbeschreibungen.

* Berichtswege

   Berichtswege definieren den Informationsfluss zwischen Organisationseinheiten. Organigramm und Stellenbeschreibung sind wichtige Dokumente für die Darstellung von Berichtswegen.

* Arbeitsanweisungen

   Detaillierte Ablaufvorschriften, z. B. Arbeitspläne in der Fertigung, besitzen grosse Ähnlichkeiten mit Computerprogrammen. Auch generelle Anweisungen, wie z. B. die Zeichnungsberechtigung oder Regelungen für die Urlaubsvertretung, haben den Charakter von Programmen für einen Betrieb.

* Daten

   Formulare, Pläne, Berichte, Handbücher, Verzeichnisse und andere Dokumente repräsentieren die Daten der manuellen Informationsverarbeitung.

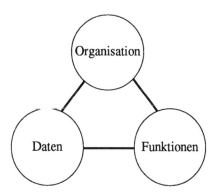

Bild 2.3./1: Verbindung von Organisations- und Informationssystem-Entwicklung (Fachlösung)

Die Organisation legt die Grundsätze der Informationsverarbeitung fest, bestimmt die globale Struktur (Aufbauorganisation) und schafft generelle Regelungen. Die Softwareentwicklung verfeinert die Organisation weiter, indem sie die formalisierbaren Teile der Organisation computerisiert. Die Informatik hat die Aufgabe, die Vorstellungen der Organisation zu realisieren.

Die Realität in der Praxis sieht häufig anders aus. In vielen Fällen gilt: "Structure follows software." Das augenfälligste Beispiel ist der Einsatz von Standardanwendungs-Software. Die Entscheidung für ein bestimmtes Softwarepaket ist eine Entscheidung für die organisatorische Lösung, die es vorgesehen hat. Die Unternehmen passen aber oft ihre Organisation der Software nicht an. Ergebnis ist, dass die Nutzenpotentiale, die vom Einsatz der Standardanwendungs-Software ausgehen könnten, nicht realisiert werden.

Die Bedeutung der Organisation in den Unternehmen nimmt wieder zu. Diese *Renaissance der Organisation* geht einerseits darauf zurück, dass - wie bereits bemerkt - die Informatik den manuellen Teil der Informationsverarbeitung vernachlässigt hat, andererseits stellen computerisierte neue Applikationen nicht nur bestehende betriebliche Abläufe, sondern auch die Struktur eines Unternehmens in Frage. Der Nutzen vieler zukünftiger Anwendungen liegt in neuen Organisationsformen.

Die Integration von Organisation und Entwicklung computerunterstützter Applikationen drängt sich also auf. Entscheidend ist, dass dieselben Personen (Teams) eine integrale organisatorische Lösung entwerfen und nicht die Organisatoren eine Lösung für die manuelle Informationsverarbeitung und der IS-Bereich eine Lösung für die computerisierte Informationsverarbeitung entwickeln. Das SG

ISM berücksichtigt Organisation, Daten und Funktionen gleichwertig und schafft damit eine Voraussetzung für diese Verbindung.

2.4. Abstimmung von Unternehmensplanung und IS-Planung

Eine geschlossene Logistikkette, die Schnelligkeit der Auftragsabwicklung und die Erhöhung des Kundennutzens durch verbesserte Information sind Beispiele für Erfolgsfaktoren, die durch das Informationssystem des Unternehmens beeinflusst werden. Entsprechend der unternehmerischen Bedeutung des Informationssystems entstand in den achtziger Jahren eine Vielzahl von Ansätzen zur Entwicklung "strategischer Informationssysteme" oder zur "strategischen Informationssystem-Planung" [vgl. z. B. Ives/Learmonth 1984, Parsons 1983, Benjamin e. a. 1984, McFarlan 1984, Wiseman 1985, Kruse 1987, Mertens/Plattfaut 1986, Atkinson/Montgomery 1990, ein Vergleich verschiedener Ansätze findet sich bei QED 1989, Bergeron/Buteau/Raymond 1990].

Die Nutzung der geschäftlichen Potentiale von Informationssystemen erfordert eine Verbindung von Unternehmensführung und Informationssystem-Management [vgl. Henderson/Venkatraman 1989, Krcmar 1990b].

Die Integration der Unternehmensplanung und der Informationssystem-Planung ist erreicht, wenn einerseits die Unternehmensstrategie durch die Potentiale des Informationssystems bestimmt ist und andererseits das Informationssystem die Unternehmensstrategie in optimaler Weise unterstützt [vgl. Lucas/Turner 1982, S. 26].

Die Informationssystem-Planung ist nicht nur auf strategischer Ebene in der Unternehmensplanung zu berücksichtigen, sie ist auch ein wichtiges Element der mittelfristigen und kurzfristigen Planung. Bild 2.4./1 zeigt die Informationssystem-Planung als einen Teil der Unternehmensplanung.

Das SG ISM berücksichtigt zur Abstimmung von ISM und Unternehmensplanung die folgenden Konzepte :

•   Entwicklung von *Basisstrategien* für den IS-Bereich des Unternehmens

- Analyse der *Wertketten* eines Unternehmens als Grundlage des benötigten Informationssystems

- Identifikation *kritischer Erfolgsfaktoren* zur Ermittlung der optimalen Unterstützung durch das Informationssystem

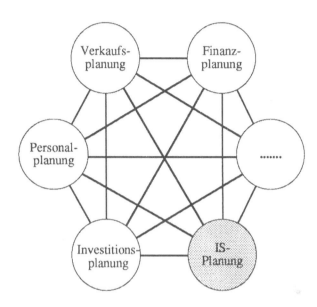

Bild 2.4./1: Abstimmung von Unternehmensplanung und IS-Planung

Basisstrategien

Porter schlägt für die Erhaltung der Wettbewerbsposition eines Unternehmens die grundsätzliche Ausrichtung an drei Basisstrategien vor: Kostenführerschaft, Differenzierung gegenüber der Konkurrenz und Konzentration auf Schwerpunkte [vgl. Porter 1989, S. 32]. Wiseman sieht zusätzlich die Basisstrategien: Innovationsstrategie, Wachstumsstrategie und strategische Allianzen [vgl. Wiseman 1985, S. 56].

Es ist Aufgabe der Unternehmensführung, die Basisstrategien im Rahmen der strategischen Unternehmensplanung festzulegen. Ein Unternehmen kann sich in unterschiedlichen Geschäftsfeldern für unterschiedliche Basisstrategien entscheiden. Die Informationssystem-Planung setzt die Basisstrategien aus der Unternehmensplanung in eine Basisstrategie für den IS-Bereich um. Auf der Ebene des IS-Konzepts legt der IS-Ausschuss die "Positionierung des IS-Bereichs" im

Unternehmen fest. Eine mögliche Ausprägung dieser Positionierung ist beispielsweise: "Wir wollen durch eine konsequente Nutzung innovativer Lösungen im
Bereich Informationstechnologie eine Strategie der Differenzierung gegenüber der
Konkurrenz erreichen. Der IS-Bereich hat die Aufgabe, aktiv nach Möglichkeiten
der Differenzierung von der Konkurrenz zu suchen und das Informationssystem
zukunftsgerichtet zu konzipieren".

Wertkettenanalyse

Der Einsatz neuer Informationstechnologien verändert die Ablaufstrukturen von
Unternehmen. Mit Hilfe der Wertkettenanalyse kann der Einfluss der Informationsverarbeitung auf Ablaufstrukturen im Unternehmen sichtbar gemacht werden
[vgl. Porter 1989, S. 66ff., Porter/Millar 1985, S. 150]. Ähnliche Vorgehensweisen und Ergebnisse der Funktionenanalyse bieten die Methode BSP (Business
Systems Planning) der IBM [vgl. IBM 1984, Martin 1982] oder die Strategic
Value Analysis [vgl. Curtice 1987].

Die Wertkette zeigt die Geschäftsfunktionen eines Unternehmens entlang der
Entstehung des Produkts auf [vgl. Bild 2.4./2]. Hinzu kommt die Betrachtung
des "Wertsystems", d. h. die Analyse der Wertketten von Lieferanten, Kunden
und sonstigen Marktpartnern. Aufgabe der Unternehmensplanung ist es, die
einzelnen Aktivitäten entsprechend der gewählten Basisstrategie zu gestalten.

Das Informationssystem des Unternehmens bestimmt sowohl die Struktur des
Ablaufs einzelner Funktionen als auch die Verbindungen zwischen internen
Aktivitäten und Aktivitäten von Geschäftspartnern ausserhalb des Unternehmens.
Jede Aktivität benötigt und erzeugt Informationen.

Das SG ISM versucht, durch die Anwendung der Wertkettenanalyse auf der
Ebene der Architektur Interdependenzen zwischen den einzelnen Aktivitäten des
Unternehmens sichtbar zu machen (Integrationsbereiche).

Analyse der kritischen Erfolgsfaktoren

Ein kritischer Erfolgsfaktor ist die Eigenschaft oder Fähigkeit eines Unternehmens, im Vergleich zur Konkurrenz langfristig überdurchschnittliche Ergebnisse

zu erzielen [vgl. Pümpin 1982, S. 34]. Kritische Erfolgsfaktoren sind Elemente des Unternehmens, welche die ständige Aufmerksamkeit des Managements erfordern. Beispiele für Erfolgsfaktoren, die durch den Einsatz der Informationstechnik beeinflusst werden, listet Bild 2.4./3 auf.

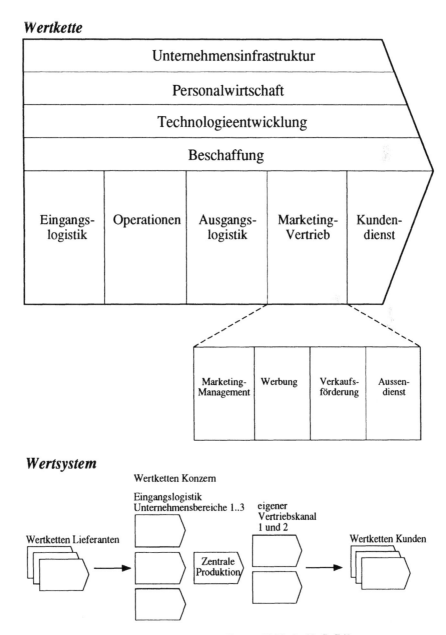

Bild 2.4./2: Wertkette und Wertsystem [Porter 1989, S. 60, S. 74]

- Kosten

- Optimierung des Ressourceneinsatzes (z. B. Mitarbeiter, Liquidität)

- Geschwindigkeit (z. B. der Produktinnovation, der Auftragsabwicklung)

- Qualität (z. B. der Produkte, Dienstleistungen, Informationen)

- Flexibilität (z. B. bei der Produktgestaltung, Organisation, Führung)

- Sicherheit

Bild 2.4.13: Erfolgsfaktoren

Qualität und Zeit haben in den vergangenen Jahren in vielen Unternehmen als Erfolgsfaktor an Bedeutung gewonnen [vgl. Crosby 1986, Stalk/Hout 1990].

Der Beitrag, den IS-Projekte zu diesen Erfolgsfaktoren leisten, ist ein Beurteilungsmassstab für ihre Auswahl. Kritische Erfolgsfaktoren werden zu Steuerungsinstrumenten.

In der Informationssystem-Planung wurde das Konzept der kritischen Erfolgsfaktoren zunächst eingesetzt, um die wesentlichen Informationsbedürfnisse des Managements zu identifizieren [vgl. Rockart 1979, S. 85]. Später kam die Beurteilung des Beitrags ganzer Informationssysteme zu diesen Erfolgsfaktoren hinzu [vgl. Rockart/Crescenzi 1984, S. 5]. Das SG ISM verwendet das Konzept der kritischen Erfolgsfaktoren bei der Identifikation von Integrationsbereichen, bei der Entwicklung von Informationssystem-Architekturen und bei der Verteilung von Ressourcen im IS-Projektportfolio-Management.

2.5. Organisation des ISM

2.5.1. Verantwortung des Fachbereichs für das Informationssystem

Informationssysteme werden in Zusammenarbeit der Fachbereiche und des IS-Bereichs entwickelt. Die Organisation des SG ISM sieht vor, dass der Fachbereich selbst über sein Informationssystem entscheidet und dafür verantwortlich ist. Die Fachbereiche können weder Entscheidungen über ihr Informationssystem noch die Verantwortung für die Entwicklung und den Betrieb delegieren. Der IS-

Bereich unterstützt den Fachbereich und bringt das Informatikwissen ein [vgl. zur
Übernahme von Verantwortung durch den Fachbereich auch Rockart 1982].
Entscheidungen über die Gestaltung seines Informationssystems trifft der Fachbereich in erster Linie als Mitglied von Ausschüssen des ISM und als Projektver-
antwortlicher für die Realisierung des Informationssystems.

2.5.2. Organisatorischer Kontext

In der betrieblichen Praxis reicht das Spektrum organisatorischer Strukturen von
zentralen funktionsorientierten Modellen bis zur völlig dezentralen Organisation,
die nur eine Holding-Gesellschaft zusammenhält. Die Gestaltung der grundsätzlichen Führungsorganisation eines Unternehmens ist von der Unternehmenskultur, Grösse und anderen Faktoren abhängig [vgl. Hill/Fehlbaum/Ulrich 1981,
S. 333ff.].

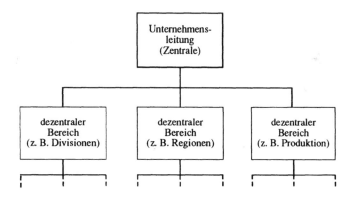

Bild 2.5.2./1: Organisatorischer Kontext

Organisatorische Strukturen sind zudem nie stabil. Aufgrund der daraus resultierenden Vielfalt ist es schwierig, sich für eine organisatorische Struktur als Basis
der Implementierung des SG ISM zu entscheiden.Wir legen für die weiteren
Betrachtungen ein typisches Grossunternehmen zugrunde und entwickeln eine
idealtypische Organisation des ISM [vgl. Bild 2.5.2./1].

Diese idealtypische Organisation unterscheidet zentrale und dezentrale Bereiche.
Es kommt nicht darauf an, ob diese "dezentralen Bereiche" Divisionen im Sinne
einer divisionalen Organisation sind oder ob es sich um funktional strukturierte

Niederlassungen auf verschiedenen Kontinenten handelt [vgl. zur Bildung "dezentraler Bereiche" auch Gomez 1981, S. 110f.]. Auch die Funktionsbereiche der Zentrale, wie z. B. "zentrale Finanzen" oder "zentrales Personal", betrachten wir als dezentrale Bereiche. Ihre Anforderungen aus Sicht des ISM entsprechen denen dezentraler Bereiche.

Das dezentrale organisatorische Modell unterscheidet zwei Ebenen der organisatorischen Implementierung des Informationssystem-Managements:

- ISM auf der zentralen, bereichsübergreifenden Ebene

- ISM in den dezentralen Bereichen

Wir sind mit der Unterscheidung von zwei Ebenen in der Lage, die wesentlichen Koordinationsprobleme des Informationssystem-Managements abzudecken [vgl. auch eine empirische Analyse der Aufgabenverteilung im IS-Bereich, die auf der gleichen Annahme beruht, bei Benjamin/Dickenson/Rockart 1986, Trauth 1989, S. 266, Rockness/Zmud 1989]. Für die Implementierung der Aufgaben des ISM ist es wichtig, dass das ISM nicht nur von einer zentralen Stelle betrieben wird, sondern dass es die Zusammenarbeit verschiedener organisatorischer Stellen des Unternehmens erfordert.

In der betrieblichen Praxis existieren oft mehr als zwei Ebenen. Ein Bereich kann deshalb je nach Sichtweise zentral und dezentral zugleich sein; dezentral aus übergeordneter Sicht, zentral aus untergeordneter Sicht. Wir beschränken uns im SG ISM auf ein Grundmodell, das nur zwei Ebenen unterscheidet. An dieser exemplarischen Struktur lassen sich die Koordinationsprobleme darstellen. Unser Modell kann aber leicht an komplexere Organisationen mit mehr als zwei Ebenen angepasst werden.

Die Arbeitsgruppe UISA hat sich auf das ISM grosser Unternehmen konzentriert. Grundsätzlich gelten die Aussagen des SG ISM für Unternehmen jeder Grösse. Bei der Übertragung auf kleinere Unternehmen sind an einigen Stellen Vereinfachungen vorzunehmen. Unser idealtypisches organisatorisches Modell schliesst keine Tätigkeitsgebiete (Branchen) aus. Die Arbeiten der Arbeitsgruppe UISA haben gezeigt, dass die getroffenen Aussagen gleichermassen für Unternehmen des Dienstleistungsgewerbes wie auch für Industrieunternehmen gelten.

2.5.3.   Gremien und Stellen des ISM

Drei Kategorien von organisatorischen Einheiten sind an den Funktionen des ISM beteiligt:

• Fachbereiche

• Stellen des IS-Bereichs

• Ausschüsse

Der Fachbereich ist für Gestaltung und Weiterentwicklung seines Informationssystems verantwortlich.

Wir benötigen für die *organisatorische Implementierung des SG ISM* nicht alle Stellen einer (üblichen) Informatikabteilung [vgl. Mertens 1985, S. 59ff.]. Das SG ISM berücksichtigt die Stellen nicht, die sich mit Hardware, Systemsoftware oder dem Betrieb von Netzwerken beschäftigen [vgl. Bild 1.3./2]. Die Funktionen des Informationssystem-Managements werden von denen des Managements der Informatik (Rechenzentren, Netze, Ressourcen) getrennt. Die Informatikabteilung ist entsprechend zu organisieren. Die Leitung der gesamten Informatikabteilung und des IS-Bereichs kann in Personalunion wahrgenommen werden.

Unterstellen wir IS-Bereiche auf zentraler und dezentraler Ebene [vgl. Bild 2.5.2./1], ergibt sich eine Verteilung der Stellen auf ein Unternehmen wie in Bild 2.5.3./1 dargestellt. Die Trennung der Funktionen des ISM und des Managements der Informatik ist durch die Bezeichnung der Stelle "IS-Bereich" für das ISM und die Aufnahme der Abteilung "Informatik-Dienste" für das Management der Informatik angedeutet.

Von üblichen Gliederungen der Informatikabteilung unterscheidet sich unsere Struktur des IS-Bereichs vor allem durch die Zusammenfassung der drei Bereiche Daten-, Funktionsmanagement und die Organisation zu einer Stelle "Architektur-Entwicklung". Sie ist für die inhaltliche Planung und Gestaltung des betrieblichen Informationssystems verantwortlich. Mit der Zusammenfassung der drei Aufgabengebiete betonen wir eine gesamtheitliche Sicht auf die Architektur. Die Aufgabengliederung innerhalb der "Architektur-Entwicklung" kann sowohl nach den drei benannten Aufgabengebieten als auch nach betrieblichen Bereichen erfolgen.

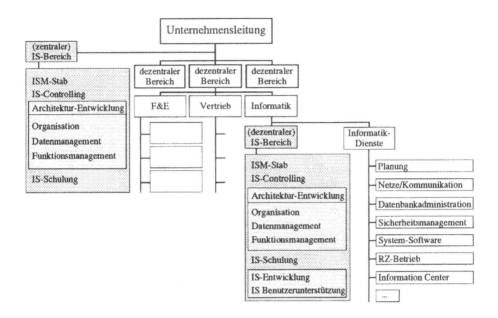

Bild 2.5.3./1: Organisation des ISM

Um die Verteilung der Aufgaben auf die beiden Ebenen transparent darzustellen, gehen wir auf zentraler, bereichsübergreifender Ebene nur auf die Koordinationsaufgaben zwischen den dezentralen IS-Bereichen ein. Die Systementwicklungsarbeit ordnen wir den dezentralen IS-Bereichen zu. Wir sind uns aber bewusst, dass in vielen Unternehmen auf zentraler Ebene Applikationen entwickelt werden. Die Aussagen zur Systemenentwicklung auf dezentraler Ebene sind in diesen Fällen auf die zentrale Systementwicklung übertragbar.

Ausschuss	Hauptfunktion	Vorsitz	Vertreter des Fachbereichs aus:	Vertreter der Informatik aus:
zentraler IS-Ausschuss	Verabschiedung unternehmensweites IS-Konzept, Integrationsbereiche	Mitglied der obersten Geschäftsleitung	oberste Unternehmensleitung Leitung dezentraler Unternehmensbereiche	zentraler IS-Leiter dezentrale IS-Leiter
dezentraler IS-Ausschuss	Ressourcenverteilung eines dezentralen Unternehmensbereichs	Leiter des Unternehmensbereichs	mittlere Führungsebene des dezentralen Unternehmensbereichs	dezentrale IS-Leiter Leiter ISM-Stab
Projektausschuss	Entscheidungen bei der Projektarbeit	mittlere Führungsebene	mittlere Führungsebene des dezentralen Unternehmensbereichs	mittlere Führungsebene dezentraler IS-Bereiche

Bild 2.5.3./2: Ausschusstypen

Gremien und Ausschüsse institutionalisieren die Zusammenarbeit zwischen Fachbereichen und IS-Bereich. Die Mitglieder der Ausschüsse rekrutieren sich aus dem Management der Fachbereiche und des IS-Bereichs [vgl. Kay e. a. 1980, S. 182]. Wir unterscheiden im ISM drei Typen von Ausschüssen: den unternehmensweiten "zentralen IS-Ausschuss", den "dezentralen IS-Ausschuss" zur Steuerung des ISM der dezentralen Bereiche des Unternehmens und den "Projektausschuss" zur Lenkung der IS-Projekte. Bild 2.5.3./2 zeigt die wichtigsten Aufgaben der drei Ausschusstypen und gibt Hinweise auf ihre Besetzung und ihren Vorsitz.

2.5.4. Fachliche Führung

In einem dezentralen organisatorischen Kontext, wie er hier zugrunde liegt, sind verschiedene Formen der Zusammenarbeit zwischen dem zentralen, bereichsübergreifenden und den dezentralen Bereichen möglich. Das Spektrum bei den in der Arbeitsgruppe UISA vertretenen Unternehmen reicht von grosser Autonomie bis zu einer ausschliesslich zentralen Abwicklung des Informationssystem-Managements.

Grundsätzlich sind in einer dezentralen Organisation die dezentralen Bereiche in ihren Entscheidungen unabhängig. Dem zentralen Bereich obliegt die bereichsübergreifende Koordination, um gemeinsame Ziele des gesamten Unternehmens zu erreichen und um Synergien zu nutzen. Diese Koordination führt zu Eingriffen in die Autonomie der dezentralen Bereiche.

Die Arbeitsgruppe UISA geht vom Prinzip der "fachlichen Führung" aus [vgl. Bild 2.5.4./1]. Es lehnt sich an das "dotted-line" Prinzip aus der Organisation des Controllings grosser Unternehmen an [vgl. Horváth 1990, S. 781ff.].

Fachliche Führung bedeutet, dass es für Stellen in den dezentralen Bereichen zwei Unterstellungsverhältnisse gibt:

- disziplinarische Unterstellung entlang der organisatorischen Linie des dezentralen Bereichs

- fachliche Unterstellung in bereichsübergreifenden Angelegenheiten unter den zentralen Bereich [vgl. gestrichelte Linie in Bild 2.5.4./1]

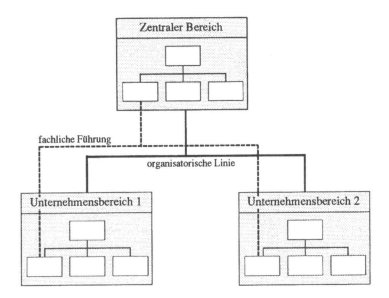

Bild 2.5.4./1: Fachliche Führung

Der zentrale Bereich nimmt im Rahmen der *fachlichen Führung* Einfluss auf die dezentralen Bereiche. Fachliche Führung bezieht sich ausschliesslich auf inhaltliche Angelegenheiten. Die Form der Zusammenarbeit reicht von der einfachen jährlichen Berichterstattung über die Festlegung bereichsübergreifender Methoden und Schnittstellen bis zur Einführung fertiger, unternehmensweiter Applikationen in jedem dezentralen Bereich.

Die Form der Zusammenarbeit hängt

• vom Führungskonzept des Unternehmens (Kultur) und

• von der fachlichen Kompetenz des zentralen Bereichs ab.

Das Ausmass der Dezentralisierung der Verantwortung wird im Unternehmenskonzept festgeschrieben. Die Erfahrung hat gezeigt, dass IS-Bereiche in einem dezentralisierten Unternehmen nur im Einklang mit den grundsätzlichen Führungsrichtlinien geführt werden können, auch wenn aus rein fachlicher Sicht andere Entscheidungen notwendig wären.

Fachliche Führung ist nur möglich, wenn der zentrale Bereich genügend fachliche Kompetenz besitzt und er die dezentralen Bereiche vom Sinn bereichsübergreifender Vorhaben überzeugen kann. Dies bedeutet nicht, dass der zentrale Bereich im Rahmen fachlicher Führung alle Angelegenheiten, die unternehmensweit koordiniert werden müssen, selbst bearbeitet. In einem grossen dezentralen Unternehmen ist Expertenwissen, das dem ganzen Unternehmen nützen kann, häufig in erfolgreichen, fortschrittlichen dezentralen Bereichen vorhanden. Fachliche Führung durch den zentralen Bereich bedeutet dann, den Nutzen für das Unternehmen zu erkennen und eine Organisation zu schaffen, welche die Nutzung der Synergien ermöglicht.

2.5.5. Verteilung der Funktionen auf Fachbereiche, Stellen und Ausschüsse

Das SG ISM sieht Management als einen Führungskreislauf. Bei der Verteilung der Kompetenzen institutionalisieren wir soweit wie möglich einen internen Kontrollmechanismus. Wie in Bild 2.5.5./1 dargestellt, trennen wir bei der Implementierung des Führungskreislaufs die Stelle, die für die Verabschiedung und Kontrolle verantwortlich ist, von der oder den Stellen, die für Planung und Ausführung verantwortlich sind. Damit gibt es bei der Ausführung einer Funktion immer eine Stelle, die Ziele setzt und deren Erfüllung kontrolliert (Verabschiedung und Kontrolle) und eine oder mehrere andere Stellen, welche die gesetzten Ziele verfolgen (Planung und Umsetzung).

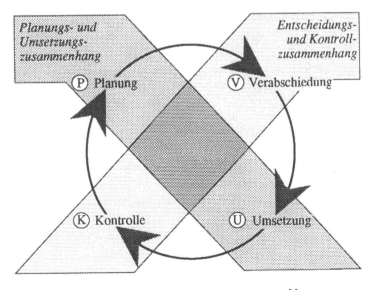

Bild 2.5.5./1: Interne Kontrolle im Informationssystem-Management

Die Verantwortung für die Umsetzung von Plänen kann grundsätzlich nur ein Linienverantwortlicher des Fach- oder IS-Bereichs tragen. Ausschüsse überwachen die Beschlüsse der Linieninstanzen. Die Zuweisung des Entscheidungs- und Kontrollzusammenhangs an Ausschüsse, die sich aus Vertretern des Fach- und IS-Bereichs zusammensetzen, ist ein Teil der Verantwortung des Fachbereichs für sein Informationssystem [vgl. Benjamin/Dickenson/Rockart 1986, Henderson 1990, Martiny/Klotz 1989, S. 107ff.].

Bild 2.5.5./2 zeigt ein Funktionendiagramm für das Informationssystem-Management.

Der *zentrale IS-Ausschuss* verabschiedet und kontrolliert das unternehmensweite IS-Konzept und legt die bereichsübergreifenden Integrationsbereiche innerhalb des Unternehmens fest [vgl. Nolan 1982, S. 76].

Der *dezentrale IS-Ausschuss* ist für die Verabschiedung und Kontrolle der Informationssystem-Architektur sowie für die Ressourcensteuerung in seinem dezentralen Unternehmensbereich zuständig. Diese Ressourcensteuerung betrifft sowohl Neuentwicklungen als auch Änderungen.

Der *Projektausschuss* entscheidet über die Projektarbeit. Er nimmt die Projektplanung und die Phasenabschlussberichte ab und ist dem dezentralen IS-Ausschuss für die ordnungsgemässe Projektabwicklung verantwortlich.

Der *Projektleiter* ist als Leiter des Projektteams für das Erreichen der Projektziele verantwortlich. Er führt die Projektplanung durch und berichtet in Statusberichten über den Stand des Projekts.

Die *Unternehmensleitung* (Konzernleitung, Generaldirektion etc.) ist über ihre Teilnahme in IS-Ausschüssen am ISM beteiligt. Mitglieder der Unternehmensleitung übernehmen den Vorsitz in Projektausschüssen, die Integrationsbereiche realisieren.

Die *mittlere Führungsebene* nimmt im Rahmen des ISM in erster Linie Aufgaben als Projektleiter oder -mitarbeiter wahr.

Die *Fachmitarbeiter* sind Mitglieder der Projektteams bei der Entwicklung von Applikationen und logischen Datenbanken oder bei Reorganisationsprojekten.

Die Hauptaufgabe des *zentralen IS-Leiters* besteht in der Umsetzung des IS-Konzepts. Er hat die Aufgabe, bereichsübergreifende Standards und Vereinbarungen im ISM durchzusetzen und einmal jährlich dem IS-Ausschuss einen Statusbericht zum IS-Konzept abzugeben.

Ausschuss / Stelle	Ebene des ISM →	IS-Konzept	Architektur	Integrationsbereiche	IS-Architektur	IS-Projektportfolio	IS-Projekt	IS-Betreuung	Änderungsmanagement	IS-Schulung	IS-Monitoring	IS-Benutzersupport
Ausschüsse	zent. IS-Ausschuss	V K		V								
Ausschüsse	dez. IS-Ausschuss	M			V K	V K	K		V K		M	
Ausschüsse	Projektausschuss			K			V					
Ausschüsse	Projektteam				M		P U			M		
Fachbereich	Unternehmensleitung	M		U	M	M						
Fachbereich	mittl. Führungsebene				M	M	U			M		
Fachbereich	Fachmitarbeiter				M	M	M			M		
Zentraler IS Bereich	IS-Leiter	U P		M								
Zentraler IS Bereich	ISM-Stab	M		M								
Zentraler IS Bereich	IS-Controlling	M										
Zentraler IS Bereich	Datenmanagement				P	M						
Zentraler IS Bereich	Funktionsmanagement				P	M						
Zentraler IS Bereich	Organisation	M			P	M						
Zentraler IS Bereich	IS-Schulung	M						M		P U		
Dezentraler IS Bereich	IS-Leiter	M			M	U	U		U	V K	V K	V K
Dezentraler IS Bereich	ISM-Stab				M	P			P		P U	
Dezentraler IS Bereich	IS-Controlling					M	M		M			
Dezentraler IS Bereich	Datenmanagement				M	P	M	M				
Dezentraler IS Bereich	Funktionsmanagement				M	P	M	M				
Dezentraler IS Bereich	Organisation				M	P	M	M			M	
Dezentraler IS Bereich	IS-Entwicklung						M	M				
Dezentraler IS Bereich	IS-Schulung						M			P U		
Dezentraler IS Bereich	IS-Benutzerunterst.						M			M	M	P U

Legende: **P** = Planung **V** = Verabschiedung **U** = Umsetzung **K** = Kontrolle **M** = Mitwirkung

Bild 2.5.5./2: Funktionendiagramm

Der *zentrale ISM-Stab* unterstützt den zentralen IS-Leiter bei der Durchführung des ISM. Er ist für die Pflege des IS-Konzepts zuständig.

Das *zentrale IS-Controlling* ist für die Entwicklung und Pflege unternehmensweiter Standards und Verfahren für die finanzielle Führung des Informationssystems verantwortlich.

Das zentrale *Datenmanagement*, das zentrale *Funktionsmanagement* und die zentrale *Organisation* liefern die Grundlage für die Planung von Integrationsbereichen. Sie unterstützen die dezentralen IS-Bereiche bei der Planung der IS-Architektur und der Organisationsentwicklung. Sie legen Standards für die bereichsübergreifende Behandlung der Organisation, Daten und Funktionen fest. Wir fassen diese drei Bereiche in der Stelle *Architektur-Entwicklung* zusammen. Sie ist für die inhaltliche Ausgestaltung des Informationssystems verantwortlich.

Die *zentrale IS-Schulung* ist für die Schulung bereichsübergreifender Methoden und Verfahren, wie z. B. die Projektmanagementmethodik, zuständig.

Der *dezentrale IS-Leiter* hat die Aufgabe, die IS-Architektur und die Organisation seines dezentralen Bereichs zu planen und umzusetzen. Er ist dem dezentralen IS-Ausschuss seines Unternehmensbereichs verantwortlich.

Der *dezentrale ISM-Stab* unterstützt den dezentralen IS-Leiter bei der Durchführung des ISM. Insbesondere sorgt er für die Durchführung des IS-Projektportfolio-Managements.

Das *dezentrale IS-Controlling* ist für die finanzielle Führung im dezentralen IS-Bereich zuständig. Es ist in das Controllingsystem des Gesamtunternehmens eingebunden.

Die *dezentrale Architektur-Entwicklung* hat die Aufgabe, die IS-Architektur zu entwickeln und dem dezentralen IS-Ausschuss zur Verabschiedung vorzulegen [vgl. Simon/Davenport 1989, S. 3]. Die dezentrale Organisation, das dezentrale Daten- und Funktionsmanagement planen die Architektur eines dezentralen Bereichs und arbeiten in den Projekten mit, um sie umzusetzen.

Die Projektarbeit im ISM wird von der Gruppe *IS-Entwicklung* getragen. Sie umfasst die Analyse und Programmierung von Applikationen und Datenbanken.

Die Bedeutung der applikatorischen Anwenderschulung und der internen Methodenschulung wird durch das Einrichten einer *dezentralen IS-Schulung* betont.

Die Stelle *IS-Benutzerunterstützung* steht dem Fachbereich ständig für Fragen bei der Benutzung des Informationssystems zur Verfügung.

2.5.6. Zeitablauf des Informationssystem-Managements

Der Zeitablauf des Informationssystem-Managements ist in die Planungszyklen des Unternehmens zu integrieren. Ein enger Zusammenhang ergibt sich insbesondere bei der IS-Projektportfolio-Planung und der kurzfristigen Unternehmensplanung (Budget- und Personalplanung). Sie müssen aufeinander abgestimmt sein [vgl. Bild 2.5.6./1].

In unserem Beispiel ist die strategische, langfristige Unternehmensplanung im ersten Halbjahr des Kalenderjahres, die kurzfristige Unternehmensplanung im zweiten Halbjahr vorgesehen. Setzt man diese Fixpunkte, lassen sich die anderen Funktionen entsprechend zeitlich einordnen.

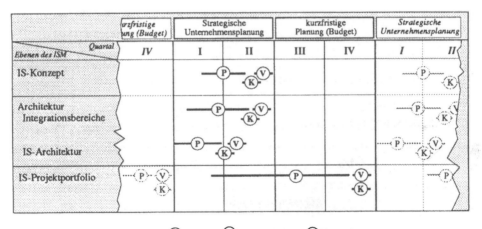

Legende: (P) Planung   (V) Verabschiedung   (K) Kontrolle

Bild 2.5.6./1: Zeitablauf des Informationssystem-Managements

Die Planung des unternehmensweiten *IS-Konzepts* und der *Integrationsbereiche* wird durch den IS-Ausschuss festgelegt. Die in UISA vertretenen Unternehmen sind der Auffassung, das IS-Konzept und die Integrationsbereiche seien gemeinsam zu diskutieren und zu beschliessen. Sie liefern die Grundlage für die IS-Planung in den dezentralen Bereichen. Da die Integrationsbereiche auf die Projektplanungen einen entscheidenden Einfluss haben können, sind diese Planungen spätestens im zweiten Quartal des Jahres abzuschliessen. Der zentrale IS-Ausschuss muss im zweiten Quartal das IS-Konzept und die Integrationsbereiche behandeln.

Die *IS-Architektur* wird dem dezentralen IS-Ausschuss einmal jährlich vorgelegt. Wir empfehlen deshalb, die Diskussion der IS-Architektur und Organisation durch den dezentralen IS-Ausschuss im ersten Quartal vorzunehmen und sich im Anschluss mit dem Projektportfolio zu beschäftigen.

Die Festlegung des IS-Entwicklungsplans im Rahmen des *IS-Projektportfolio-Managements* ist der Eckpunkt der zeitlichen Systematik. Er muss im dritten Quartal vorliegen, damit er mit dem Budget des Unternehmens abgestimmt werden kann.

Im vierten Quartal kommt die Festlegung der Verteilung von Ressourcen auf die Projekte des folgenden Kalenderjahrs hinzu.

IS-Projektmanagement und IS-Betreuung sind Funktionen, die kontinuierlich wahrgenommen werden. Sie sind deshalb nicht in Bild 2.5.6./1 enthalten.

2.6.   Management der Integration

Integration ist eine der herausragenden unternehmerischen Aufgaben der neunziger Jahre. Nachdem die späten siebziger und die achtziger Jahre durch Diversifikationsstrategien im Hinblick auf Produkte, Produktfelder und Märkte gekennzeichnet waren, stellen wir eine Tendenz zur Suche nach Synergien zwischen verschiedenen Funktionen des Unternehmens und über die Unternehmensgrenzen zwischen Marktpartnern fest. Eine Fülle von Veröffentlichungen zum Thema Integration zeigt diese Entwicklung an [vgl. Bullinger 1989, Carlyle 1990, Delfmann 1989, Johnston/Lawrence 1989, Kumpe/Bolwijn 1989, Rockart/Short 1989, Spremann/Zur 1989].

Synergiepotentiale ergeben sich dort, wo Geschäftsfunktionen innerhalb eines Unternehmens Interdependenzen aufweisen. Bild 2.6./1 listet typische Arten von Interdependenzen auf.

Zusätzlich bestehen *Interdependenzen mit den Geschäftsfunktionen anderer Unternehmen* und Organisationen (Lieferanten, Banken, Finanzbehörden etc.) und zu Kunden. Neue Wettbewerbskräfte, wie z. B. der Zeitdruck, machen es notwendig, auch über die Unternehmensgrenzen hinweg Interdependenzen zu berücksichtigen [vgl. Ward/Griffiths/Whitmore 1990, S. 23, Rockart/Short 1989, S. 10, Hanker 1990, S. 347ff.].

- Interdependenzen in der Wertkette (z. B. die Montage benötigt die vormontierten Halbfertigprodukte aus vorgelagerten Produktionsstufen)

- Interdependenzen aufgrund gemeinsamer Nutzung von Ressourcen (Personal, Finanzen, Know How, Produktionsanlagen, Lager etc.)

- Interdependenzen aufgrund rechtlicher Gründe (z. B. die Geschäftsfunktionen in den USA sollen aufgrund von Bilanzierungs- und Konsolidierungsvorschriften in einer rechtlichen Gesellschaft zusammengefasst werden)

- Interdependenzen aufgrund gemeinsamer Absatz- und Beschaffungsmärkte (z. B. die weltweit zentrale Beschaffung von Halbfertigprodukten ist in der Automobilindustrie zum Überlebensfaktor geworden, die Produktlinien "Wertpapierhandel" und "Privatkundengeschäft" einer Bank arbeiten zu 70% mit den gleichen Kunden)

- Interdependenzen aufgrund gemeinsamer Konkurrenz (z. B. die Produktfelder "Industriewaagen" und "Haushaltswaagen" werden vom gleichen Konkurrenten bearbeitet, eine Marktbeobachtung muss deshalb integriert durchgeführt werden)

- Interdependenzen aufgrund von informatorischen Verflechtungen (z. B. der Vertrieb "Nicht-Leben" und der Vertrieb "Leben" einer Versicherung greift auf die gleichen Kundendaten zu)

Bild 2.6./1: Interdependenzen zwischen Geschäftsfunktionen

Die Unternehmensleitung hat die Aufgabe, Interdependenzen zu erkennen und Mechanismen zu finden, um diese Interdependenzen zu berücksichtigen. Mögliche *Integrationsmechanismen* sind in Bild 2.6./2 aufgezeigt [vgl. Galbraith 1973, Galbraith/Kazanjian 1986, S. 72, Lawrence/Lorsch 1967, Sharpiro 1987, S. 5].

Aufgabe des IS-Bereichs des Unternehmens ist es, auf *Interdependenzen, insbesondere in der Informationsverarbeitung* der Geschäftsfunktionen, hinzuweisen. Der IS-Bereich analysiert die Interdependenzen und weist auf die Möglichkeiten der Befriedigung von Integrationsbedürfnissen durch Informationssysteme hin.

Nach der Entscheidung der Unternehmensleitung über den gewünschten Integrationsgrad realisiert der IS-Bereich die Integration.

• Bildung der Aufbauorganisation (Zusammenfassung von Geschäftsfunktionen zu Gruppen, Abteilungen, Divisionen)

• Bildung eines Planungs- und Kontrollsystems (Berücksichtigung von Interdependenzen im Planungs- und Kontrollvorgehen des Unternehmens)

• Bildung von Berichtswegen und -verteilern

• rechtliche Strukturierung des Unternehmens (Bildung von Tochtergesellschaften, Unternehmensbereichen oder einer Holding)

• Bildung zentraler Funktionen (Aufbau einer Matrix-Organisation, Trennung von disziplinarischer und fachlicher Unterstellung)

• Bildung von Projekten mit einer Besetzung von Vertretern unterschiedlicher Geschäftsfunktionen

• Bildung von Kompetenzgruppen, Gremien und Ausschüssen zur Abstimmung von Interdependenzen

• Nutzung von Personalrotation zur Verteilung von Know-How und zur Unterstützung der Zusammenarbeit

• Einsatz integrierter Informationssysteme (z. B. Einsatz eines einzigen Reservierungssystems für die weltweiten Verkaufsfunktionen einer Fluglinie, Einsatz von Electronic Mail zur Informationsverteilung)

Bild 2.6./2: Integrationsmechanismen

Das SG ISM schlägt auf der Ebene "Architektur" zwei sich ergänzende Konzepte vor, um Integration zu ermöglichen:

• bereichsübergreifende Integrationsbereiche

• bereichsinterne Informationssystem-Architekturen

Integrationsbereiche ermöglichen eine Integration über mehrere dezentrale Bereiche eines Unternehmens hinweg. Die Informationssystem-Architektur konzentriert sich auf die Integration innerhalb eines abgeschlossenen, überschaubaren (dezentralen) Bereichs.

2.6.1.   Integrationsbereiche

Ein Integrationsbereich fasst die Informationsverarbeitung von Geschäftsfunktionen aus mehreren organisatorisch getrennten Bereichen zusammen [vgl. Bild 2.6.1./1].

Es handelt sich bei diesen Integrationsbereichen z. B. um klassische Querschnittsfunktionen wie die Logistik, Funktionen aus dem Rechnungswesen (unternehmensweite Konsolidierung) oder andere Geschäftsfunktionen, deren Integration für die Leistungserstellung besonders wichtig erscheint. Zusätzlich kommen für die Integration Geschäftsfunktionen bei Marktpartnern in Betracht, z. B. in der Logistik, um "Just in Time" zu realisieren.

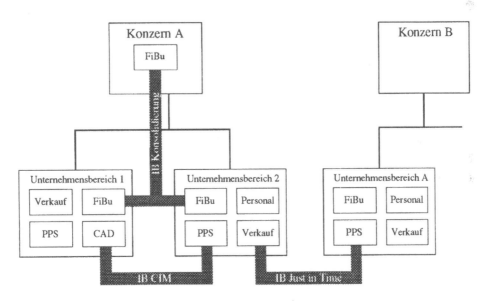

Bild 2.6.1./1: Integrationsbereiche zwischen dezentralen Bereichen

Die Integration der Informationsverarbeitung bietet sich grundsätzlich für die Geschäftsfunktionen an, bei denen die folgenden Arten von Interdependenzen festgestellt werden können:

- Es besteht eine Beziehung zwischen den Geschäftsfunktionen aufgrund des Wertschöpfungsprozesses des Unternehmens. Vorgelagerte Produktionsstufen, Lagerhaltung und Endmontage eines Unternehmens stimmen Mengen und Zeitpunkte der Lieferung ab. Geschäftsfunktionen mit einer

solchen "vertikalen Verknüpfung" benötigen Daten vorgelagerter und nach-
gelagerter Geschäftsfunktionen des Unternehmens.

- Für verschiedene Geschäftsfunktionen gelten gleiche Rechtsvorschriften.
  Diese Vorschriften führen zu einer gleichen Struktur der Daten oder des Ablaufs der Geschäftsfunktionen.

- Die Daten- und Ablaufstruktur verschiedener Geschäftsfunktionen ist ähnlich. Die einmalige Entwicklung von Applikationen und Datenbanken und
  die anschliessende mehrfache Nutzung im Unternehmen vermeidet Mehrfachentwicklungen.

- Die Datenbestände verschiedener Geschäftsfunktionen haben die gleichen
  Inhalte. Eine konsistente Datenhaltung ist wünschenswert.

Integrations- objekt \ Integrations-ziel	"die gleichen" (Mehrfachverwendung)	"dieselben" (zentral, bereichsübergreifend gemeinsam genutzt)
Daten (Datenbanken, Standards)	**1** "gleiche Daten" (z. B. die Landesgesellschaften eines weltweit tätigen Vertriebs sollen mit der gleichen Art von Datenbank arbeiten, Austausch von Daten ist möglich)	**2** "gemeinsame Daten" (z. B. die Kreditabteilung und Depotverwaltung einer Bank sollen auf eine zentrale, gemeinsam genutzte Kundendatenbank zugreifen, jederzeitige Konsistenz der Daten ist gesichert)
Funktionen (Applikationen, Abläufe, Software)	**3** "gleiche Applikation" (z. B. der Jahresabschluss soll in allen Unternehmensberei- chen mit der gleichen, zentral entwickelten Applikation erfolgen, Mehrfachentwicklung wird vermieden)	**4** "gemeinsame Applikation" (z. B. getrennte Verkaufs- büros einer Fluggesell- schaft arbeiten mit einem zentral betriebenen Reservierungssystem)
Schnitt- stellen	**5** "Kommunikation" (z. B. die Produktionsplanung eines Webmaschinenherstellers erhält zur Einplanung eines Fertigungsauftrags über eine definierte Schnittstelle Daten aus der Vertriebs- datenbank, Kommunikation ist möglich)	

Bild 2.6.1./2: Realisierungsformen von Integrationsbereichen

Wie in Bild 2.6.1./1 dargestellt, ist das spezifische Merkmal von Integrationsbereichen die bereichsübergreifende Integration der Informationsverarbeitung.

Die Integration der Informationsverarbeitung kann dabei auf die Verwendung von
Datenbanken/Datenstandards (Daten) oder auf die Verwendung von Applikatio-
nen/Software/Abläufen (Funktionen) abzielen [vgl. auch bei Mertens 1966 S.
82ff.]. Ferner kann die Realisierung der Integration in gemeinsam genutzten
Lösungen (eine gemeinsam genutzte Datenbank, eine bereichsübergreifend betrie-
bene Applikation) oder in der mehrfachen Verwendung gleicher Lösungen (Datenbanken oder Applikationen in den betroffenen Bereichen) liegen. Aus diesen beiden Dimensionen der Integration leiten wir die in Bild 2.6.1./2 dargestellten vier
Realisierungsformen der Integration in einem Integrationsbereich ab. Hinzu tritt
als fünfte Realisierungsform der herkömmliche Aufbau von Schnittstellen
zwischen den Applikationen und Datenbanken in den betroffenen dezentralen
Bereichen.

2.6.2. Informationssystem-Architektur

Die Informationssystem-Architektur ist der *konzeptionelle Rahmen* für die
Entwicklung von Organisation, Applikationen und Datenbanken eines dezentralen
Bereichs. Sie beschreibt den Sollzustand des Informationssystems, der in den
nächsten fünf (+/- drei) Jahren erreicht werden soll [vgl. Dickson/Wetherbe 1985,
S. 122].

Die Informationssystem-Architektur eines Unternehmens ist in einem dezentral
organisierten Unternehmen *dezentral zu entwickeln.* Jeder dezentrale Bereich legt
seine Informationssystem-Architektur selbst fest [Ward/Griffiths/Whitmore 1990
empfehlen die Entwicklung für jeweils eine "Strategic Business Unit" (SBU), S.
63f.]. Eine unternehmensweite, detaillierte Informationssystem-Architektur gibt
es nicht. Bereichsübergreifende Aspekte werden durch das Konzept der Integrationsbereiche abgedeckt [vgl. bild 2.6.2./1].

Ziel der Informationssystem-Architektur ist ein *Modell* des Informationssystems
dieses dezentralen Bereichs. Dieser Rahmenplan zeigt die Organisation, die Datenkonventionen (Daten des dezentralen Bereichs und ihre Beziehungen) und die
Funktionskonventionen (Funktionen des dezentralen Bereichs und ihr Ablauf).
Diese Konventionen sind die Richtschnur für die Informationssystem-Entwick-

lung in den einzelnen Projekten. Projekte haben aufgrund der Informationssystem-Architektur einen fest abgesteckten Rahmen. Die Architektur zeigt die Beziehungen der Daten und Funktionen einer Applikation zu anderen Applikationen. Damit sichert die *Informationssystem-Architektur* die abgestimmte Systementwicklung über die geplanten Projekte. Diese Abstimmung ist die Basis für die Realisierung von Integrations- und Flexibilitätsanforderungen an die Informationssysteme der Zukunft.

Gründe für das Erstellen einer *Informationssystem-Architektur* sind:

- Die IS-Architektur ist die Integrationsbasis für die Applikationen.

- Die IS-Architektur erhöht die Planbarkeit der Systeme.

- Die IS-Architektur erhöht die Transparenz der Systeme vor und nach der Entwicklung.

- Die IS-Architektur erhöht die Datenkonsistenz (und Datensicherheit) im Unternehmen.

- Die IS-Architektur ermöglicht eine effiziente Funktionsbündelung im Unternehmen.

- Die IS-Architektur kann somit dazu beitragen, Geschäftspotentiale zu erkennen.

- Die IS-Architektur erhöht die Wartbarkeit der Systeme.

Bild 2.6.2./1: Ziele einer Informationssystem-Architektur

Die IS-Architektur wird ständig weiterentwickelt. Einerseits ergeben sich aus Änderungen der Geschäftsstrategien und der Zusammenfassung von Integrationsbereichen Änderungen in den IS-Architekturen, andererseits formulieren Fachbereiche immer wieder neue Anforderungen, die in die Architektur eingebaut werden müssen. Die *Weiterentwicklung der IS-Architektur* ist eine zentrale Anforderung an das ISM. Dies bedeutet aber nicht, dass jedes Jahr die IS-Architektur komplett neu erstellt wird. Die Arbeitsgruppe UISA ist der Meinung, dass alle fünf bis sieben Jahre die Architektur in ihren Grundzügen neu erstellt wird, dass aber in den folgenden Jahren nur Erweiterungen/Anpassungen im Rahmen einer rollierenden Planung vorgenommen werden.

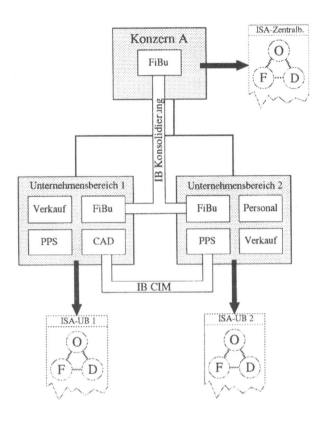

Bild 2.6.2./2: Informationssystem-Architekturen in dezentralen Unternehmensbereichen

Die Möglichkeit der Beschaffung von *Standardanwendungs-Software* am Markt wirft die Frage auf, wie diese vorgefertigten Lösungen in eine unternehmens-spezifische IS-Architektur einzugliedern sind. Die Arbeitsgruppe UISA ist der Auffassung, dass die Entscheidung für den Einsatz von Standardanwendungs-Software erst nach der Entwicklung der (spezifischen) IS-Architektur fallen kann. Nur so kann eine gesicherte Erkenntnis darüber erlangt werden, ob und welche Teile der IS-Architektur mit Hilfe von Standardanwendungs-Software realisierbar sind [vgl. Österle 1990, S. 30] und wo Schnittstellen zu realisieren sind.

"Unternehmensweite Datenmodelle" oder *"Branchendatenmodelle"* [vgl. z. B. Scheer 1988, Moad 1989], wie sie jetzt oder in naher Zukunft am Markt verfüg-bar sein werden, führen häufig zu der Annahme, dass unternehmensspezifische IS-Architekturen nicht mehr notwendig seien. Wir sind der Überzeugung, dass diese Datenmodelle in erster Linie als Referenzmodelle zur Entwicklung unterneh-mensspezifischer IS-Architekturen heranzuziehen sind. Aufgrund von unterneh-

mensspezifischen Organisationsformen, Führungs- und Ablaufstrukturen kann weiterhin nicht auf eigene IS-Architekturen verzichtet werden.

2.7. IS-Projektportfolio-Management

Die aktuelle Forschung und Praxis in der Systementwicklung konzentriert sich auf die Erhöhung ihrer Effizienz durch Verbesserung von Methoden und Werkzeugen. Die Effektivität der Systementwicklung, d. h. die Auswahl der richtigen Projekte, steht im Hintergrund. Trotzdem wächst der Entwicklungsrückstau (Backlog) in vielen Unternehmen ständig. Er erreicht ein Niveau, das durch Effizienzsteigerungen der Methoden und Werkzeuge nicht bewältigt werden kann. Die Auswahl der richtigen Projekte gewinnt an Bedeutung.

Das Management des IS-Projektportfolios muss sicherstellen, dass Projekte systematischer ausgewählt und die Ressourcen entsprechend den unternehmerischen Zielen verteilt werden. Das SG ISM sieht vor, dass jeder dezentrale Bereich für sein IS-Projektportfolio im Rahmen der dezentralen Führung selbst verantwortlich ist. Die Ebene des Projektjektportfolios baut auf vier Konzepten für das Management auf:

- projektübergreifende Bewertung der IS-Anträge

- Einbau des Änderungsmanagements in das Projektportfolio-Management

- Erstellung einer Machbarkeitsstudie

- strategieorientierte Verteilung der Ressourcen auf Projekte unter Berücksichtigung betrieblicher Abhängigkeiten

Die *projektübergreifende Bewertung der IS-Anträge* führt dazu, dass alle vorhandenen Projektideen von einer Stelle gesammelt und beurteilt werden. Dabei wird nicht zwischen Wartungs-, Infrastruktur- oder Neuentwicklungsprojekten unterschieden. Quellen für IS-Anträge sind die IS-Architekturen, die im täglichen Betrieb festgestellten Mängel oder Erweiterungswünsche und Vorschläge für neue Applikationen und Datenbanken der Informationsverarbeitung aus dem Fachbereich.

Im SG ISM wird ein IS-Antrag entsprechend seinem Aufwand entweder im Rahmen des Projektportfolio-Managements oder des Änderungsmanagements weiterbearbeitet. IS-Anträge, die einen Aufwand von weniger als zwei Mannmonaten nach sich ziehen, werden an das Änderungsmanagement überwiesen.

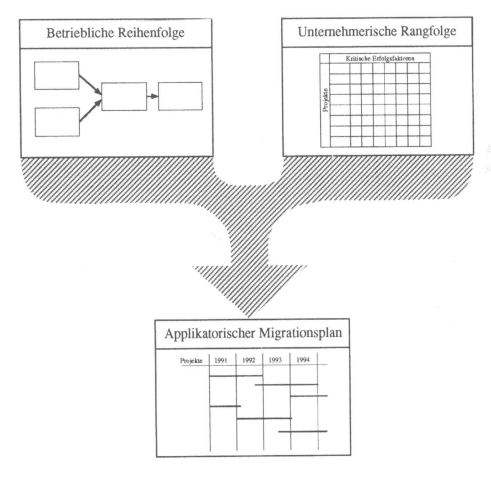

2.7./1: IS-Entwicklungsplanung

Das *Konzept der Machbarkeitsstudie* sieht vor, dass alle IS-Anträge, die zu einem Projekt führen, in einer kurzen Studie mit limitiertem Aufwand ausgearbeitet werden. Ihr Ziel ist es, die Beurteilung der Durchführbarkeit, der Wirtschaftlichkeit, des Zeitrahmens und des Projektrisikos, also die Behandlung eines Projektantrags im Projektportfolio-Management, auf eine objektive Grundlage zu stellen.

Für die *Verteilung der Ressourcen auf die Projektvorhaben* hat der dezentrale IS-Ausschuss die Aufgabe, die Liste der Projektvorhaben im Hinblick auf die

Unternehmensstrategie zu beurteilen und gleichzeitig betriebliche Abhängigkeiten zu berücksichtigen. Das SG ISM sieht eine Analyse der Projekte im Hinblick auf zwei Dimensionen vor [vgl. Bild 2.7./1]: Auf der einen Seite ermittelt die Stelle Architektur-Entwicklung mit Vertretern aus den Fachbereichen eine Reihenfolge der Projekte, die sich vor allem an sachlogischen Gesichtspunkten, wie z. B. Belastung der Mitarbeiter oder betriebswirtschaftlichen Abhängigkeiten, orientiert ("Betriebliche Reihenfolge"). Auf der anderen Seite bewerten Fachbereiche und Unternehmensleitung die Projekte nach ihrer unternehmerischen Bedeutung ("Unternehmerische Rangfolge") [vgl. Parker/Trainor/Benson 1989, S. 47f].

Beide Sichtweisen werden im "Applikatorischen Migrationsplan" kombiniert [vgl. zur Projektbewertung bei Bauknecht/Hanker 1988, Bryan 1990, Griese 1990, Kühn/Kruse 1985, S. 460, McFarlan/McKenney/Pyburn 1983, McFarlan 1981, Nagel 1989, Nagel 1990, Parker/Trainor/Benson 1989, Reiß 1990].

2.8. Finanzielle Führung

Das kontinuierlich wachsende Informatikbudget ist ein deutlicher Indikator für die gestiegene Bedeutung der betrieblichen Informationsverarbeitung. Entscheidungen des Informationsmanagements beeinflussen in hohem Masse den finanziellen Erfolg eines Unternehmens. Das SG ISM sieht das *IS-Controlling* für die finanzielle Führung des ISM vor. Das Konzept des allgemeinen Führungskreislaufs, das Grundlage des SG ISM ist, wird durch einen finanziellen Führungskreislauf ergänzt. Das Informationssystem-Management muss Kosten und Nutzen gegeneinander abwägen.

Die Linienstellen und die Projektleiter sind für die finanzielle Führung ihres Bereichs oder Projekts selbst verantwortlich. Die Stelle "IS-Controlling" unterstützt die Linienstellen und Projektleiter. Die Aufgaben des IS-Controllings sind in Bild 2.8./1 aufgelistet.

IS-Controlling bedeutet, dass in jedem dezentralen Bereich und für das gesamte Unternehmen die finanzielle Planung (Budgetierung), eine kontinuierliche Erfassung von Ist-Werten, die Weiterverrechnung von Kosten an die Fachbereiche und schliesslich eine konsequente Gegenüberstellung von Soll- und Ist-Werten zu einem geschlossenen finanziellen Führungskreislauf verbunden wird [vgl. Bild 2.8./2].

- Unterstützung der Leitung der IS-Bereiche bei Wirtschaftlichkeits- und Terminzielen

- Entwicklung von Methoden, Standards und Systemen zur Verfolgung dieser Ziele, insbesondere von Verrechnungssystemen

- Unterstützung des Betriebs der Systeme, z. B. Verrechnung von IS-Leistungen

- Vorbereitung der finanziellen Planung des gesamten IS-Bereichs, z. B. Budgetierung

- Durchführung von Abweichungsanalysen zur Unterstützung der Kontrolle

- Kontrolle der Nutzeneffekte

- Durchführung von Sonderrechnungen, z. B. Investitionsrechnungen

Bild 2.8./1: Aufgaben des IS-Controllings

Grundlage dabei ist, dass der Fachbereich nicht nur sein Informationssystem verantwortet, sondern es auch bezahlt. Jedes Projekt, jede Änderung und der Betrieb des Informationssystems schlagen sich auf die Kostenstelle des oder der betroffenen Fachbereiche nieder. Diese konsequente Weiterverrechnung etabliert den Preis (= weiterverrechnete Kosten) als Steuerungsinstrument für Projekte und Änderungen. Die Arbeitsgruppe UISA will über dieses Konzept durchsetzen,

Bild 2.8./2: Finanzieller Führungskreislauf

dass bei der Definition und Auswahl der Projekte der Fachbereich die Kosten-/ Nutzenrelation beurteilt und diese Relation die Verteilung der Ressourcen beeinflusst [vgl. abweichende Meinungen hierzu z. B. bei Earl 1990, S.174ff.] .

Das IS-Controlling sorgt auf der einen Seite für ein System zur Verrechnung von Entwicklungs- und Betriebskosten auf die Fachbereiche. Auf der anderen Seite berät es die Projektteams und den Fach- und IS-Bereich bei der Planung und Kontrolle finanzwirtschaftlicher Auswirkungen von Entscheidungen im ISM.

IS-Controlling ist eine Aufgabe jedes dezentralen und des zentralen IS-Bereichs. Die organisatorische Implementierung des IS-Controllings ist ein Beispiel für die Anwendung des Prinzips der fachlichen Führung [vgl. Bild 2.5.4./1]. Die Organisation des IS-Controllings sieht eine disziplinarische Unterstellung unter den IS-Leiter und eine fachliche Unterstellung unter den Funktionsbereich "Controlling" vor [vgl. zur "dotted-line"-Organisation des IS-Controllings bei Horváth 1990, S. 774ff., Ruthekolck 1990, S. 32, Ziener 1985, S. 183]. In Verbindung mit unserem zweistufigen Organisationsmodell des Informationssystem-Managements ergeben sich die in Bild 2.8./3 dargestellten Unterstellungsverhältnisse des IS-Controllings.

Das *zentrale, unternehmensweite IS-Controlling* ist disziplinarisch dem zentralen IS-Bereich unterstellt. Die Aufgaben dieser Stelle liegen insbesondere in der Entwicklung von Methoden und Standards des IS-Controllings und der bereichs-übergreifenden Aggregation finanzieller Daten. Die unternehmensweit gültigen Methoden werden in das IS-Konzept aufgenommen. Bei der Entwicklung von Methoden und Standards arbeitet das zentrale IS-Controlling fachlich intensiv mit dem unternehmensweiten Fachbereich Controlling zusammen [vgl. Beziehung (1) in Bild 2.8./3]. Zusätzlich unterstützt das zentrale IS-Controlling den ISM-Stab bei der Bewertung von Integrationsbereichen. Das *dezentrale IS-Controlling* ist disziplinarisch in den dezentralen IS-Bereich eingebunden. Seine Eingliederung in die Controlling-Organisation des Gesamtunternehmens nach dem "dotted-line"-Prinzip ist ebenfalls in Bild 2.8./3 dargestellt.

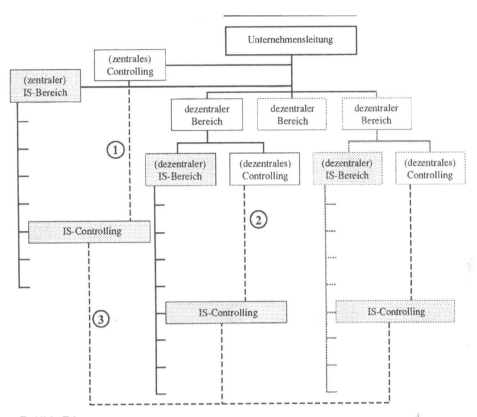

Fachliche Führung:

(1) zentrales Controlling/zentrales IS-Controlling

(2) dezentrales Controlling/dezentrales IS-Controlling

(3) zentrales IS-Controlling/dezentrales IS-Controlling

Bild 2.8./3: Organisation des IS-Controllings in einem dezentralen Unternehmen

3. Ebenen des St. Galler ISM

Das folgende Kapitel beschreibt das Informationssystem-Management auf fünf Ebenen:

- IS-Konzept

- Architektur

- IS-Projektportfolio

- IS-Projekt

- IS-Betreuung

Für jede Ebene beschreiben wir die *Zielsetzung*, einen *Ablaufplan* zur Übersicht, die *Funktionen aus dem Führungskreislauf* und die *Dokumente*, die den Funktionen zugrundeliegen. Zum besseren Verständnis der Funktionen und Dokumente empfiehlt es sich, frühzeitig das Beispiel am Ende jeder Dokumentbeschreibung heranzuziehen.

Die Funktions- und Dokumentbeschreibungen sind gemäss Bild 3./1 strukturiert.

Funktionen:	**Dokumente:**
• Beschreibung	• Aufbau des Dokuments
• organisatorische Verantwortung	• Verwendung in Funktion
• Ausführungsmodus	• Empfänger
• Input-Dokumente	• Up-Date-Periode
• Output-Dokumente	• Beispiel

Bild 3./1: Beschreibungsmuster für Funktionen und Dokumente

Wir wenden uns mit der strukturierten und vollständigen Beschreibung an Führungskräfte aus dem IS-Bereich des Unternehmens. Mit Hilfe der vorliegenden Beschreibung kann dieser Adressatenkreis das "eigene" Vorgehen im ISM einer kritischen Analyse unterziehen und Anhaltspunkte für Verbesserungen identifizieren. Der interessierte Leser aus Fachbereich und Unternehmensleitung kann die

Teile des ISM vertiefen, die bei der Lektüre der ersten beiden Kapitel des Buchs besonderes Interesse geweckt haben.

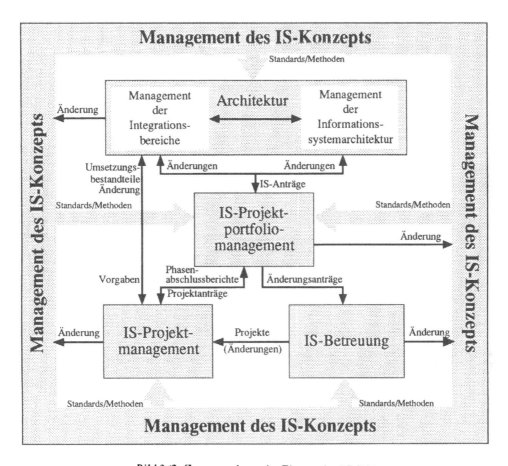

Bild 3./2: Zusammenhang der Ebenen des SG ISM

Bild 3./2 vermittelt eine Übersicht über den Zusammenhang der Ebenen des SG ISM. Den Rahmen des Informationssystem-Managements bildet das *IS-Konzept*. Es gibt Standards, Erfolgsfaktoren und Methoden für das Informationssystem-Management vor. Diese Vorgaben gelten für alle anderen Ebenen des ISM und für alle zentralen und dezentralen Bereiche des Unternehmens. Die Arbeiten auf den anderen Ebenen des SG ISM werfen in der Regel Änderungsideen und -wünsche am IS-Konzept auf. Das Management des IS-Konzepts berücksichtigt diese Änderungsideen.

Auf der Ebene der *Architektur* berücksichtigen wir zwei sich ergänzende Konzepte des Integrationsmanagements: das Management der *Integrationsbereiche* und das Management der *Informationssystem-Architektur*. Integrationsbereiche sind Bündel von Geschäftsfunktionen, die übergreifend über die organisatorische Struktur des Unternehmens hinweg integriert werden sollen. Eine Informationssystem-Architektur umfasst die Modellierung der Organisation, der Funktionen und der Daten eines dezentralen Bereichs.

Obwohl Integrationsbereiche wie IS-Architekturen in Form von Projekten umgesetzt werden, erscheint eine getrennte Behandlung der beiden Konzepte sinnvoll. Integrationsbereiche betonen den bereichsübergreifenden Aspekt. Dieser erfordert speziell zugeschnittene Führungskonzepte und Abstimmungsmechanismen. Das Management der IS-Architektur beschäftigt sich mit der Modellierung von Organisation, Daten und Funktionen eines überschaubaren Teilbereichs des Unternehmens. Abstimmungsprobleme treten hier nicht in einem so hohen Masse wie bei bereichsübergreifenden Fragestellungen auf. Zusätzlich kommt es bei der IS-Architektur nicht nur auf die Modellierung einer oder einiger Geschäftsfunktionen, sondern auf die umfassende Modellierung der Organisation, der gesamten Geschäftsfunktionen und Daten eines dezentralen Bereichs an.

Die Projektarbeit erzeugt einerseits Umsetzungsbestandteile (Standards, Applikationen, Datenbanken) und andererseits Änderungswünsche hinsichtlich der geplanten Integrationsbereiche und hinsichtlich der festgelegten IS-Architektur.

Auf der Ebene des *IS-Projektportfolio-Managements* haben die Fachbereiche die Aufgabe, die vorhandenen Ressourcen der IS-Bereiche zu steuern. Alle Vorhaben hinsichtlich organisatorischer Änderungen, hinsichtlich der Entwicklung von Applikationen oder Datenbanken laufen im Projektportfolio-Management zusammen. Es stimmt die betrieblich notwendigen und geschäftspolitisch gewünschten Projekte ab und bringt sie in eine zeitliche Reihenfolge. Das IS-Projektportfolio-Management trennt die einzelnen Vorhaben in "Projekte" und in "Änderungsanträge".

Das *IS-Projektmanagement* steuert die Projektarbeit. Das Management der *IS-Betreuung* schliesst sich an die Implementierung der Systeme an. Es beinhaltet die Funktionen: "Änderungsmanagement", "IS-Schulung", "IS-Monitoring" und "Benutzersupport".

3.1. IS-Konzept

Das *IS-Konzept* legt die Basis für eine langfristige und unternehmensweit koordinierte Entwicklung des Informationssystems. Es enthält Standards und Grundsätze für die Vorgehensweise im Informationssystem-Management und in der IS-Entwicklung sowie die Organisation des ISM. Das *IS-Konzept* hat unternehmensweite Geltung.

3.1.1. Zielsetzung

- Festlegung von Entscheidungskriterien für das ISM

  Im IS-Konzept legt die Unternehmensleitung die für das ISM relevanten Erfolgsfaktoren des Geschäfts fest und formuliert auf der Basis der Geschäftsstrategie einen globalen Basisauftrag des IS-Bereichs. Stark dezentralisierte Unternehmen können mehrere Aufträge für Teilbereiche des Unternehmens formulieren.

- Verbesserung der Integrationsfähigkeit

  Die Integrationsfähigkeit der Informationsverarbeitung ist eine Voraussetzung für die Unterstützung von Erfolgsfaktoren wie Geschwindigkeit, Kosten und Flexibilität. Mit Hilfe von Standards trägt das *IS-Konzept* zur Vermeidung von Inkompatibilitäten zwischen Teilen des Informationssystems bei.

- Herstellung einer Basis für die Zusammenarbeit im ISM

  Die Realisierung der geschäftlichen Nutzenpotentiale der Informationsverarbeitung für das Geschäft erfordert in Teilbereichen der Informationsverarbeitung eine unternehmensweite Zusammenarbeit. Das *IS-Konzept* legt die Vorgehensweise und Methoden im ISM in ihren Grundzügen fest. Es fördert die Vergleichbarkeit der IS-Aktivitäten als Grundlage für die Zusammenarbeit im ISM.

- Durchsetzung von Methoden im ISM

  Die explizite Entscheidung für bestimmte Methoden und Standards des ISM hilft, ein systematisches, an Geschäftszielen orientiertes ISM durchzusetzen.

- Definition von Aufgaben und Kompetenzen im ISM

  Die Unternehmensleitung legt im *IS-Konzept* die Aufgabenverteilung im ISM fest. Diese betrifft insbesondere die Zentralisierung/Dezentralisierung von Funktionen im ISM und die Kompetenzverteilung zwischen Ausschüssen, Fachbereichen und IS-Bereichen.

- Festlegung der Einbindung des Fachbereichs

  Durch die Festlegung von Aufgaben und Zusammensetzung von Ausschüssen sowie durch die Benennung von Aufgaben des Fachbereichs trägt das IS-Konzept zur unternehmerischen Ausrichtung des ISM bei.

3.1.2.   Ablaufplan

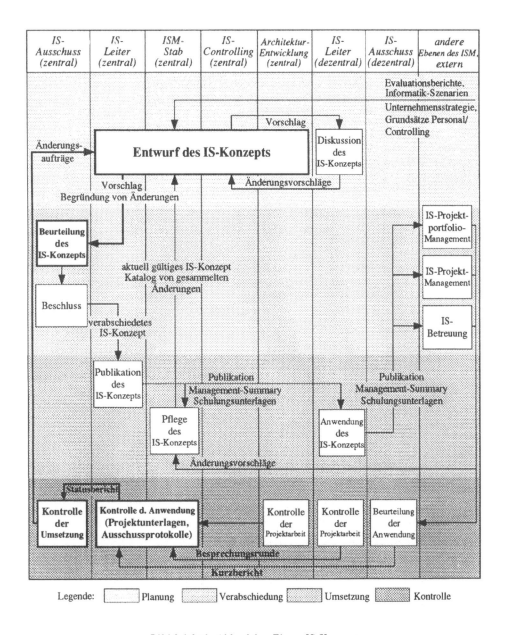

Bild 3.1.2./1: Ablaufplan Ebene IS-Konzept

3.1.3.   Teilfunktionen auf Ebene des IS-Konzepts

3.1.3.1. Planung des IS-Konzepts

Der Leiter des zentralen IS-Bereichs ist verantwortlich für die Entwicklung, Umsetzung und Pflege des IS-Konzepts. Einmal im Jahr prüft er die Inhalte des *IS-Konzepts* auf ihre weitere Gültigkeit und entwirft Änderungen. Der ISM-Stab überarbeitet in Abstimmung mit den betroffenen zentralen und dezentralen Stellen des Fachbereichs und der Informatik die Inhalte des IS-Konzepts. Der zentrale IS-Leiter legt die Änderungen dem unternehmensweiten IS-Ausschuss zur Verabschiedung vor.

Das *IS-Konzept* legt die folgenden Parameter fest:

a)   Erfolgsfaktoren und IS-Auftrag

b)   IS-Grundsätze

c)   IS-Standards

d)   Projektmanagement

e)   ISM-Organisation

f)   Methoden der Systementwicklung

g)   Prinzipien des IS-Controllings

ad a)   Erfolgsfaktoren und IS-Auftrag

Die Erfolgsfaktoren des Unternehmens bilden den Orientierungspunkt für Entscheidungen im ISM. Die Fachbereichsvertreter im IS-Ausschuss legen mit den Erfolgsfaktoren die Basis für die Anbindung der IS-Planungen an die Geschäftsstrategie. Typische Erfolgsfaktoren des Geschäfts sind: Geschwindigkeit der Auftragsabwicklung, Geschwindigkeit der Neuproduktentwicklung, Flexibilität, Kosten, Qualität etc. Die Festlegung von Erfolgsfaktoren umfasst zusätzlich zur Benennung die Kennzeichnung der Gültigkeit von Erfolgsfaktoren für bestimmte Unternehmensbereiche oder Geschäftsfelder.

Der IS-Auftrag übersetzt die Erfolgsfaktoren des Geschäfts in einen Basisauftrag für die IS-Bereiche des Unternehmens. Der IS-Auftrag kann sich beispielsweise an den für das Geschäft denkbaren Basisstrategien "Kostenführerschaft", "Differenzierung" und "Konzentration" [vgl. Porter 1989, S. 31ff.] orientieren. Falls bestimmte dezentrale Unternehmensbereiche grundsätzlich unterschiedliche Geschäftsstrategien verfolgen, ist eine getrennte Formulierung des IS-Auftrags für diese Unternehmensbereiche sinnvoll.

ad b)   IS-Grundsätze

Die Grundsätze des IS-Bereichs eines Unternehmens legen das Selbstverständnis des IS-Bereichs und seine Positionierung im Unternehmen fest. Sie sind, vergleichbar mit dem Grundgesetz eines Staates, Richtlinien für detailliertere Verordnungen. Die IS-Grundsätze gelten unternehmensweit. Die Grundsätze sind langfristig zu sehen und sollten sich deshalb nicht bei jeder Überarbeitung des *IS-Konzepts* ändern. Jedem Grundsatz ist eine Begründung (Zielsetzung) beigefügt.

Die *Grundsätze* erstrecken sich auf die Gebiete:

- Positionierung des IS-Bereichs im Unternehmen (organisatorische Verankerung, Kompetenz)

- Zusammenhang zwischen IS-Bereich und anderen Unternehmensteilen (Kompetenz, Zusammenarbeit)

- Grundsätze der Personalpolitik im IS-Bereich (Förderung von Mitarbeitern, Rekrutierungsgrundsätze)

- Grundsätze der Organisation des IS-Bereichs (fachliche Führung, disziplinarische Unterstellungen)

- Grundsätze der Methodik im IS-Bereich (Ziele eines einheitlichen Methodeneinsatzes)

- Verhältnis zwischen Neuentwicklungs- und Wartungsaufwendungen

- Grundsätze zur Eigenentwicklung und dem Kauf von Software

- Grundsätze der Datensicherheit

Bild 3.1.3.1./1: Grundsätze im IS-Konzept

Für die Festlegung der Grundsätze ist es wichtig, die Strategie und die Erfolgsfaktoren des Gesamtunternehmens zu kennen. Eine grundsätzliche Kostenführerschaftsstrategie (verbunden mit der Zielsetzung, eher Technologie-Nachahmer als

Technologie-Führer zu sein) hat eine andere Auswirkung auf die Grundsätze des
IS-Bereichs als eine Diversifikationsstrategie mit der Zielsetzung "Technologie-
führerschaft". Der Zusammenhang zwischen Unternehmensstrategie, Erfolgsfaktoren, Basisauftrag des IS-Bereichs und den Grundsätzen ist im *IS-Konzept*
transparent zu machen.

Zur *Beurteilung der Aufnahme von Grundsätzen* und zur Prüfung der Vollständigkeit kann der IS-Ausschuss die folgenden Fragen heranziehen:

- Ist der Grundsatz konkret genug, um das Verhalten in den IS-Bereichen wirklich zu beeinflussen?

- Ist der Grundsatz ausreichend begründet? Welches Ziel des Geschäfts, welches Ziel des Informationssystem-Managements wird unterstützt?

- Kann ein Grundsatz unternehmensweit (international, über alle Divisionen)
  Gültigkeit erlangen?

- Ist seine unternehmensweite Anwendung überprüfbar?

- Revolutioniert der Grundsatz die Vorgehensweise im IS-Bereich? Ist eine
  solche Revolution den Mitarbeitern zuzumuten?

- Kann der neue Grundsatz zur Stabilisierung der Entwicklung des IS-Bereichs
  beitragen?

- Klärt der Grundsatz bisher unbeantwortete Fragen? Welche bisherigen Probleme des Geschäfts reduziert der Grundsatz?

- Erzeugt der Grundsatz eine zu starke Reglementierung? Widerspricht die
  Reglementierung dem Führungskonzept oder der Unternehmenskultur?

- Wie stark behindert der Grundsatz die Flexibilität einzelner Unternehmensteile?

Checkliste 3.1.3.1./2: Beurteilung der Aufnahme von IS-Grundsätzen

ad c)   IS-Standards

IS-Standards normieren Merkmale des Informationssystems unabhängig vom
Anwendungsbereich. Beispiele sind einheitliche Verfahren für die Autorisierung
von Benutzern, für die Gestaltung von Benutzeroberflächen, für die Sicherheit
des Betriebs und die Beschaffung von Standardanwendungs-Software.

Daneben existieren Standards für die Informatikinfrastruktur. Sie betreffen die einzusetzende Systemsoftware (Betriebssystem, Datenbankmanagement, Transaktionsmonitor etc.) und die Hardware (Zentralrechner für transaktionsorientierte Applikationen, Workstations, Personal Computer, Netzwerke etc.). Diese Standards sind nicht Gegenstand des Informationssystem-Managements. Sie werden im Management der Informatik festgelegt [vgl. Bild 1.3./2].

Für jeden Standard legt der zentrale IS-Bereich den Geltungsbereich (dezentrale Bereiche des Unternehmens) fest. Er berücksichtigt dabei die folgenden vier Kriterien:

- Nutzeneffekte der Standardisierung (gemeinsame Nutzung von Daten und Applikationen, Schulung, flexibler Mitarbeitereinsatz etc.)

- Kosten der Umstellung auf den neuen Standard

- Eigenschaften des Standards (Verfügbarkeit des Standards, Industriestandards, Herstellerstandards, Alter des Standards, Dynamik des Standards, Zukunftspotential des Standards)

- Kontrollierbarkeit der Einhaltung des Standards

Checkliste 3.1.3.1./3: Kriterien zur Festlegung von IS-Standards

ad d)   Projektmanagement

Die Projektmanagement-Methodik ist ein Eckpfeiler des Informationssystem-Managements. Sie beschreibt die Vorgehensweise bei der Entwicklung von Applikationen und Datenbanken sowie von organisatorischen Lösungen. Sie legt damit die Basis für eine Qualitätssicherung im SG ISM. Bild 3.1.3.1./4 listet die Vorteile einer einheitlichen Projektmanagement-Methodik auf.

Idealerweise erfolgt im IS-Konzept der Verweis auf ein unternehmensweit gültiges Projekthandbuch. Ist ein solches Handbuch nicht vorhanden, empfehlen wir mindestens die Festlegung der in Checkliste 3.1.3.1./5 aufgelisteten Punkte im IS-Konzept.

Die Projektmanagement-Methodik ist so allgemein zu formulieren, dass sie sowohl für Projekte der Eigenentwicklung, für Weiterentwicklungen und Wartungen als auch bei Zukauf von Standardanwendungs-Software anwendbar ist. Das

IS-Konzept sieht zusätzliche Vorkehrungen für das Projektmanagement von Projekten mit hohen Risiken, mit langen/kurzen Zeithorizonten oder auch mit hohen/niedrigen Investitionssummen vor.

- Sicherstellung einer Projektplanung

- Anbindung der Projektplanung an übergeordnete Planungen

- Sicherstellung einer zweckmässigen Projektorganisation (Gremien, Kompetenzen, Verantwortung)

- Aufwandsschätzung, Nutzenbewertung, Risikobeurteilung von IS-Projekten

- Einrichtung von Kontrollpunkten im Projektverlauf (Meilensteile)

- Sicherung der Dokumentation des Informationssystems und des Projektablaufs

- Zuordnung von Kompetenz und Verantwortung in der Projektarbeit

- Sicherung eines stabilen Projektverlaufs, auch bei Mitarbeiterwechsel

- Flexibler Einsatz von Projektmitarbeitern im Unternehmen dank Einheitlichkeit

- Nutzung gemeinsamer Schulungsressourcen dank Einheitlichkeit

---

Bild 3.1.3.1./4: Zielsetzung einer einheitlichen Projektmanagement-Methodik

---

- Definition der Projektarbeit

- Phasenmodell für IS-Projekte

- Management-Aufgaben in den Projektphasen

- Verfahren der Kostenschätzung, Nutzenbewertung und Risikobeurteilung von Projekten

- Projektgremien

- Planungszeitpunkte

- Kontrollzeitpunkte

- Projektberichte und -dokumentation

Checkliste 3.1.3.1./5: Bestandteile eines einheitlichen Projektmanagements

ad e)   ISM-Organisation (Kompetenz und Verantwortung)

Die Organisation des ISM regelt die Zuordnung der Funktionen des Informations-system-Managements auf organisatorische Einheiten und den Ablauf der Funktionen des ISM. Das IS-Konzept muss die folgenden Punkte festlegen:

- Stellen des ISM (IS-Bereich, Ausschüsse, Fachbereich)

- Kompetenzen von Stellen und Ausschüssen

- Ansprechpartner für das ISM in dezentralen Unternehmensteilen

- Aufbau des zentralen IS-Bereichs des Unternehmens

- Funktionendiagramm des ISM (IS-Bereiche, Ausschüsse)

- Abfolge der Planungs- und Kontrollzyklen über den Jahresverlauf

- Dokumentfluss im ISM (Pläne, Projektdokumente, IS-Dokumentation)

- Zuweisung von Erstellungs-, Verabschiedungs- und Pflegeverantwortung der wesentlichen Dokumente im ISM

Checkliste 3.1.3.1./6: Organisatorische Regelungen im IS-Konzept

Das IS-Konzept regelt die grundlegende Organisation des ISM. Konkretisierungen erfolgen, ähnlich wie beim Projektmanagement, in einem "ISM-Handbuch". Die folgenden Fragen geben eine Hilfestellung für die Festlegung organisatorischer Regelungen im ISM:

- Welche grundsätzliche Rolle spielt der IS-Bereich in Unternehmen?

- Was ist zentral zu koordinieren, was kann dezentral entschieden werden?

- Wie sehr schränkt das ISM die dezentralen Unternehmensbereiche ein?

- Ist die Entscheidungsverantwortung klar dem Fachbereich zugeordnet?

- Wird der Fachbereich zur Mitarbeit motiviert?

- Welche anderen Planungen müssen mit dem ISM koordiniert werden?

Checkliste 3.1.3.1./7: Kriterien zur Festlegung der Organisation des ISM

ad f)   Methoden der Systementwicklung

Die Methoden der Systementwicklung dienen der Qualitätssteigerung, der Entwicklungseffizienz, der Austauschbarkeit von Ergebnissen, insbesondere von Analyse- und Design-Daten, und der Dokumentation der Entwicklungsprojekte. Das IS-Konzept gibt die Standards im Bereich "Systementwicklungsmethoden" vor. Das Ergebnis muss dabei nicht unbedingt eine unternehmensweit einheitliche Methode mit zugehörigem Entwicklungswerkzeug sein. Die wichtigsten Standardisierungen beziehen sich vielmehr auf die gemeinsame Sicht von Informationssystemen und die Austauschbarkeit von Dokumentationen aus der Analyse und dem Design von Informationssystemen [vgl. Gutzwiller/Österle 1990a, Gutzwiller/Österle 1990b]. Diese Austauschbarkeit ermöglicht zusätzlich einen Know-How-Transfer zwischen den IS-Bereichen des Unternehmens.

ad g)   Prinzipien des IS-Controllings

Die Prinzipien des IS-Controllings erstrecken sich vor allen Dingen auf die Gebiete:

- Bewertung der Wirtschaftlichkeit von Projekten

- Bewertung und Verrechnung von Leistungen des IS-Bereichs

- Budgetierung und finanzielle Berichterstattung im IS-Bereich

Das IS-Konzept legt die Bewertungsmassstäbe für den Ansatz von Kosten und Nutzen sowie die Vorschriften zur Verrechnung von IS-Leistungen mit den Fachbereichen fest. Unternehmensweit einheitliche Verrechnungsprinzipien machen die Leistung von IS-Bereichen und die Belastung von Fachbereichen mit IS-Kosten vergleichbar. Eine möglichst verursachungsgerechte Verrechnung auf der Basis von am Marktpreis orientierten Verrechnungspreisen verbessert die Leistungsbeurteilung der IS-Abteilungen (als Profit Center), gewährleistet eine realistische Belastung der Fachbereiche und führt zu einer unternehmerischen Steuerung der IS-Ressourcen.

Dieses Prinzip marktgerechter Verrechnungspreise schliesst nicht aus, dass die Unternehmensleitung bedeutungsvolle Informationssysteme, welche die benutzenden Unternehmensbereiche nicht selbst bezahlen können, wegen ihrer langfristigen Bedeutung für das Unternehmen subventioniert.

Die Budgetierungsgrundsätze für die IS-Bereiche erstrecken sich auf die zu budgetierenden Aufwände und Erlöse, auf Ansatzvorschriften und auf Budgetierungszeitpunkte.

Die Entwicklung von Standards im IS-Controlling ist Aufgabe der zentralen Stelle "IS-Controlling". Sie bringt diese Standards in das IS-Konzept ein und überwacht ihre Einhaltung in den dezentralen IS-Bereichen.

Der zentrale IS-Ausschuss legt das *IS-Konzept* für das gesamte Unternehmen fest. Die Gültigkeit und der *Konkretisierungsgrad* des *IS-Konzept*s sind davon abhängig, wie weit die Unternehmensleitung die dezentralen IS-Bereiche in ihrer Entscheidungs- und Gestaltungsfreiheit einschränken möchte. Haben die dezentralen Einheiten eine grössere Entscheidungsfreiheit, so ist das (zentrale) *IS-Konzept* weniger restriktiv zu formulieren. In diesem Fall ist eine weitere Konkretisierung der Inhalte des *IS-Konzept*s in den dezentralen IS-Bereichen des Unternehmens notwendig.

organisatorische Verantwortung	Planung des IS-Konzepts

Die Planung des IS-Konzepts ist Aufgabe des Leiters des zentralen IS-Bereichs. Er beauftragt den zentralen ISM-Stab mit der Ausarbeitung und Überarbeitung des IS-Konzepts. Die Ausarbeitung erfolgt unter Berücksichtigung von Vorschlägen der dezentralen IS-Leiter und nach Durchführung einer Besprechungsrunde zwischen dem zentralen IS-Leiter und den dezentralen IS-Bereichen.

Das zentrale IS-Controlling und die zentralen Stellen des Daten- und Funktionsmanagements unterstützen den ISM-Stab bei der Entwicklung von Methodenstandards.

Ausführungsmodus	Planung des IS-Konzepts

Das *IS-Konzept* wird im SG ISM jährlich überarbeitet und dem IS-Ausschuss zur Verabschiedung vorgelegt. Da die Inhalte des IS-Konzepts in der Regel sehr stabil sind, kann der Überarbeitungszeitraum ohne Qualitätsverlust auf zwei oder drei Jahre ausgedehnt werden.

Input-Dokumente		Planung des IS-Konzepts
Input	**von wem?**	**wofür?**
Informatik-Szenarien (Markübersichten, Unternehmensvergleiche, Literaturanalysen, Fallbeispiele)	zentraler ISM-Stab, dezentrale Unternehmensbereiche, externe Unternehmensberater	Evaluation unterschiedlicher Strategien im IS-Bereich, Diskussion von Stärken und Schwächen des eigenen IS-Bereichs, Entwicklung neuer Ideen für das IS-Konzept
Unternehmensstrategie inkl. Grundlagen	Unternehmensleitung bzw. Unternehmensplanung	Ableitung des IS-Auftrags und der relevanten Erfolgsfaktoren für den IS-Bereich
aktuelles IS-Konzept	zentraler ISM-Stab	Überarbeitung des IS-Konzepts
Grundsätze aus verwandten Bereichen (Controlling, Organisation, Personal)	Controlling, Personalwesen, Organisation	Prüfung der Konsistenz des IS-Konzepts mit Konzepten aus anderen Funktionalbereichen des Unternehmens
Evaluationsberichte	ISM-Stäbe, Fachabteilungen des IS-Controllings, externe Unternehmensberater etc.	Auswahl von Methoden und Standards

Output-Dokumente		Planung des IS-Konzepts
Output	**an wen?**	**wofür?**
Vorschlag IS-Konzept	zentraler IS-Ausschuss	Diskussion und Verabschiedung
Begründung von Änderungen am bestehenden IS-Konzept	zentraler IS-Ausschuss	Diskussionsgrundlage für die Verabschiedung

3.1.3.2. Verabschiedung des IS-Konzepts

Die Mitglieder des IS-Ausschusses prüfen im Vorfeld der Sitzung zur Verabschiedung des IS-Konzepts die vorgeschlagenen Änderungen. Die folgenden Fragen sind eine Leitlinie für dicse Prüfung:

- Welche Auswirkungen hat die Änderung in dem vom Ausschussmitglied vertretenen Bereich?

- Wurde die Änderung mit dem IS-Bereich der vom Ausschussmitglied vertretenen dezentralen Einheit abgestimmt?

- In welchem Zusammenhang steht die Änderung mit der im dezentralen Bereich verfolgten Geschäftsstrategie?

- Ist die Änderung in der dezentralen Einheit durchsetzbar (Führungskonzept, Kultur)?

- Welche Nutzeneffekte wird die Änderung im dezentralen Bereich bewirken?

- Welche Kosten entstehen durch die Änderung zusätzlich?

Checkliste 3.1.3.2./1: Beurteilung von Änderungen am IS-Konzept

An der Sitzung sammelt der Ausschuss in Form eines "Walk Through" zunächst unkommentiert alle Kommentare und Einwände der Ausschussmitglieder [vgl. [Drenkard 1981]. Später diskutiert der Ausschuss die Ergebnisse des Walk Through. Zusätzlich gibt der zentrale IS-Leiter einen *Statusbericht* ab, der die Situation des ISM im Unternehmen darstellt, die erreichte Umsetzung des IS-Konzepts diskutiert und die vorgeschlagenen Änderungen im IS-Konzept begründet.

Der Ausschuss legt zur Verabschiedung des IS-Konzepts den Geltungsbereich der einzelnen Teile des Konzepts fest.

organisatorische Verantwortung	Verabschiedung IS-Konzept

Der zentrale IS-Ausschuss verabschiedet das IS-Konzept.

Ausführungsmodus	Verabschiedung des IS-Konzepts

Der IS-Ausschuss entscheidet jährlich über Änderungen im IS-Konzept. Die Aussagen zur Verlängerung des Überarbeitungszyklus des IS-Konzepts aus Punkt 3.1.3.1. gelten entsprechend.

Input-Dokumente		Verabschiedung des IS-Konzepts
Input	**von wem?**	**wofür?**
Vorschlag IS-Konzept	zentraler ISM-Stab	Begutachtung vor der Sitzung des Ausschusses, Verabschiedung
Begründung von Änderungen am IS-Konzept	zentraler ISM-Stab	Begutachtung der Änderungen am IS-Konzept
Statusbericht zur Umsetzung und Änderung des IS-Konzepts	zentraler IS-Leiter	Beurteilung der Umsetzung des IS-Konzepts

Output-Dokumente		Verabschiedung des IS-Konzepts
Output	**an wen?**	**wofür?**
verabschiedetes IS-Konzept	zentraler ISM-Stab	Publikation im Unternehmen, Schulung
verbesserungsbedürftige Teile des IS-Konzepts	zentraler ISM-Stab	Überarbeitung des IS-Konzepts

3.1.3.3. Umsetzung des IS-Konzepts

Der zentrale IS-Leiter ist für die Umsetzung des IS-Konzepts verantwortlich. Er muss in den dezentralen Unternehmensbereichen auf die Anwendung drängen, entsprechende Projekte initiieren und deren Fortschritt im Auge behalten.

Bei der Umsetzung des IS-Konzepts stehen vier Massnahmen im Vordergrund:

- Der Leiter des zentralen IS-Bereichs sorgt für die *Publikation* des IS-Konzepts im Unternehmen ("Management-Summary" und ausführliche Form). Die "Management-Summary" betont die Aspekte der Zusammenarbeit von IS- und Fachbereich und legt die Vorteile der Systematik des ISM offen.

- Die unternehmensweite IS-Schulung bindet das IS-Konzept in die Schulungen ein. Jeder Teilnehmer an ISM-Schulungsmassnahmen soll sich mit dem aktuell gültigen IS-Konzept auseinandersetzen. Insbesondere schult der zentrale IS-Bereich die Methoden des ISM (Systementwicklung, IS-Controlling, Erfolgsfaktoren etc.).

- Der Leiter des zentralen IS-Bereichs regt die Gründung von bereichsübergreifenden *Kompetenzgruppen* an, die sich mit der Umsetzung von Teilen aus dem IS-Konzept auseinandersetzen. Denkbare Kompetenzgruppen beschäftigen sich z. B. mit der Evaluation von Softwareentwicklungsmethoden oder mit der Evaluation von öffentlichen Standards. Die Teilnehmer aus diesen Gruppen können als Experten in den dezentralen Unternehmensbereichen in Fachfragen Auskunft geben (z. B. Umsetzung von Datenstandards).

- Der zentrale ISM-Stab fördert *Änderungsanträge* zum IS-Konzept aus den Fachbereichen. Er diskutiert die Änderungsanträge mit den Betroffenen, stösst eine Überarbeitung des IS-Konzepts an oder begründet dem Antragsteller die Inhalte des bestehenden IS-Konzepts.

organisatorische Verantwortung	Umsetzung des IS-Konzepts

zentraler IS-Leiter (*Gesamtverantwortung*, Entwicklung von Umsetzungsmassnahmen)

ISM-Stab (Publikation, Anfertigung "Management-Summary", Annahme und Diskussion von Änderungsanträgen)

Ausführungsmodus	Umsetzung des IS-Konzepts

Die Umsetzung des IS-Konzepts ist eine ständige Aufgabe des Leiters des zentralen IS-Bereichs. Vor der Überarbeitung des IS-Konzepts durch den zentralen ISM-Stab diskutiert er die Anwendung des IS-Konzepts mit den dezentralen IS-Ausschüssen und den dezentralen IS-Leitern.

Der zentrale ISM-Stab ist kontinuierlich für die Pflege (Sammlung von Änderungen), Publikation und für die Erstellung von Schulungsunterlagen zum IS-Konzept zuständig.

Input-Dokumente		Umsetzung des IS-Konzepts
Input	**von wem?**	**wofür?**
verabschiedetes IS-Konzept	zentraler IS-Ausschuss	Publikation im Unternehmen
Änderungsanträge zum IS-Konzept	dezentrale IS-Bereiche, dezentrale IS-Ausschüsse	Diskussion von Änderungen des IS-Konzepts

Output-Dokumente		Umsetzung des IS-Konzepts
Output	**an wen?**	**wofür?**
Management-Summary des IS-Konzepts	dezentrale IS-Bereiche, dezentrale IS-Ausschüsse, Fachabteilungen	Publikation im Unternehmen
Schulungsunterlagen	zentrale IS-Schulung	ISM-Schulung
Katalog von Änderungen	zentraler ISM-Stab	Überarbeitung des IS-Konzepts

3.1.3.4. Kontrolle des IS-Konzepts

Der Leiter des zentralen IS-Bereichs und der unternehmensweite IS-Ausschuss kontrollieren die Umsetzung des IS-Konzepts durch die folgenden fünf Mechanismen:

- Der Leiter des zentralen IS-Bereichs beurteilt die Umsetzung des IS-Konzepts und die Änderungsanträge in einem *Statusbericht*, den er jährlich an den zentralen IS-Ausschuss abgibt. In diesem Statusbericht stellt er die wesentlichen Entwicklungen im Gesamtunternehmen und im IS-Bereich des Unternehmens dar und weist auf Inkonsistenzen mit dem IS-Konzept hin. Aus diesen Inkonsistenzen entwickelt er die vom ISM-Stab vorgeschlagenen Änderungen am IS-Konzept.

- Zur Vorbereitung seines jährlichen Statusberichts führt der Leiter des IS-Bereichs eine *Besprechungsrunde mit den dezentralen IS-Bereichen* durch. Diese Besprechungen haben die Aufgabe, die derzeitige Situation des Informationssystem-Managements in den dezentralen Bereichen zu evaluieren, die Konsistenz mit dem IS-Konzept zu prüfen und falls nötig Änderungsvorschläge zum IS-Konzept zu diskutieren. Im Mittelpunkt der Diskussion stehen die Priorisierung von Projekten (abgelehnte Projekte, IS-Entwicklungsplan) und die Projektdokumente (Phasenabschlussberichte) der wichtigsten Projekte des Bereichs. Die dezentralen IS-Bereiche stellen die Probleme bei der Umsetzung von Teilen des IS-Konzepts dar. Sie zeigen die Abweichungen vom IS-Konzept auf und begründen diese. Sind Massnahmen für die Umsetzung des IS-Konzepts erforderlich, werden diese in Zusammenarbeit mit dem Leiter des zentralen IS-Bereichs entwickelt und ggf. in Form von Projekten formuliert.

- Die zentralen Stellen der Architektur-Entwicklung (Organisation, Datenmanagement, Funktionsmanagement) haben die Aufgabe, durch stichprobenartige Durchsicht von Phasenabschlussberichten, Projektplänen, IS-Entwicklungsplänen etc. die Umsetzung des IS-Konzepts und der dort festgeschriebenen Methoden zu überprüfen. Regelmässige Besprechungen der zentralen mit den dezentralen Fachstellen im Rahmen der *fachlichen Führung* ergänzen diese Prüfung.

- Die Projektausschüsse verpflichten sich, Projektanträge und -statusberichte auf ihre *Konsistenz* mit dem IS-Konzept zu prüfen. Diese Konsistenzprüfung erstreckt sich auf die korrekte Einhaltung von Bewertungsmethoden, Projektmanagement-Methodik und unternehmensweite Standards. Der Projektausschuss hält - falls nötig - den Projektleiter dazu an, mit dem zentralen ISM-Stab Abweichungen vom IS-Konzept oder Änderungen des IS-Konzepts zu diskutieren.

- Im Rahmen des Projektportfolio-Managements überprüfen die dezentralen IS-Ausschüsse die *Konsistenz der Projektsteuerung* und die *Auswahl von Projektideen für Machbarkeitsstudien* mit dem IS-Konzept. Die Prioritäten der Projektsteuerung müssen mit den Erfolgsfaktoren und dem IS-Auftrag aus dem IS-Konzept übereinstimmen. Der dezentrale IS-Ausschuss bekundet diese Konsistenz explizit (Kurzbericht an den zentralen IS-Bereich) und begründet Abweichungen. Die Konsistenz der Arbeit der Ausschüsse mit dem IS-Konzept ist sowohl vom Leiter des Ausschusses wie auch vom Leiter des zentralen IS-Bereichs zu kontrollieren.

Organisatorische Verantwortung	Kontrolle des IS-Konzepts

Die Umsetzung des IS-Konzepts wird vom zentralen IS-Leiter (vorbereitend) und vom zentralen IS-Ausschuss (abschliessend) kontrolliert. Der Leiter des zentralen IS-Bereichs kontrolliert im Vorfeld der Ausschussitzung die Anwendung der Vorschriften in den dezentralen IS-Bereichen und baut darauf seinen Statusbericht an den IS-Ausschuss auf.

Im Rahmen der fachlichen Führung kontrollieren die Stellen "Organisation", "Funktionsmanagement", "Datenmanagement" und "IS-Controlling" die Arbeit der dezentralen Stellen.

Ausführungsmodus	Kontrolle des IS-Konzepts

Der zentrale IS-Ausschuss kontrolliert einmal jährlich die Umsetzung des IS-Konzepts. Der korrespondierende Statusbericht von den dezentralen IS-Ausschüssen und dem zentralen IS-Leiter sowie die Besprechungsrunde des zentralen IS-Leiters erfolgen ebenfalls einmal jährlich. Die fachliche Führung der zentralen Fachstellen ist eine kontinuierliche Aufgabe.

Input-Dokumente		Kontrolle des IS-Konzepts
Input	**von wem?**	**wofür?**
Kurzberichte von dezentralen IS-Ausschüssen	dezentrale IS-Ausschüsse	Kontrolle der Anwendung des IS Konzepts in dezentralen Unternehmensbereichen
Statusbericht des zentralen IS-Leiters	zentraler IS-Leiter	Kontrolle der Anwendung des IS-Konzepts in dezentralen Unternehmensbereichen, Diskussion von Änderungen des IS-Konzepts, Kontrolle der Leistung des zentralen IS-Leiters

Output-Dokumente		Kontrolle des IS-Konzepts
Output	**an wen?**	**wofür?**
Änderungsaufträge zum IS-Konzept	zentraler ISM-Stab	Überarbeitung des IS-Konzepts

3.1.4. Dokumente auf Ebene des IS-Konzepts

Die benannten Dokumente auf der Ebene des IS-Konzepts sind:

- IS-Konzept
- Statusbericht des zentralen IS-Leiters
- Kurzbericht der dezentralen IS-Ausschüsse
- Änderungsantrag zum IS-Konzept

Im Zentrum dieser Dokumente steht das eigentliche IS-Konzept. Die folgenden Seiten stellen das IS-Konzept in seiner Struktur sowie ein ausführliches Beispiel dar.

IS-Konzept

Das IS-Konzept ist ein Dokument, dass unter der Verantwortung des zentralen IS-Leiters vom zentralen ISM-Stab entwickelt und gepflegt wird.

Aufbau des Dokuments	IS-Konzept

Das IS-Konzept umfasst maximal 50 Seiten. Eine Ausgliederung von grösseren Teilen in eigene Dokumente (z. B. ISM-Handbuch, Projektmanagement-Handbuch) ist sinnvoll. Das IS-Konzept enthält folgende Teile:

- Organisatorische Angaben

Datum, Ort, vorgelegt am, verabschiedet durch den IS-Ausschuss am, Unterschrift des zentralen IS-Leiters und des Vorsitzenden des IS-Ausschusses

- Aussagen

Das IS-Konzept enthält Aussagen zu den folgenden Bereichen:

- Erfolgsfaktoren und IS-Auftrag
- IS-Grundsätze
- IS-Standards
- Projektmanagement

- ISM-Organisation

- Methoden der Systementwicklung

- Prinzipien des IS-Controllings

• Gültigkeitsbereich der Aussagen

Das IS-Konzept ist grundsätzlich unternehmensweit gültig. Falls der IS-Ausschuss Einschränkungen macht (einzelne Unternehmensbereiche oder Funktionsbereiche werden ausgeklammert), sind die Gültigkeitsbereiche einzelner Teile des
IS-Konzeptes detailliert zu vermerken.

Zusätzlich zur ausführlichen Version des IS-Konzepts führt der ISM-Stab eine
Kurzform ("Management Summary") des IS-Konzepts. Diese Kurzform dient
insbesondere der Publikation im Unternehmen. Sie hebt Aspekte der Zusammenarbeit des Fachbereichs mit den IS-Bereichen hervor und vermeidet informa-
tikspezifische Ausführungen.

Verantwortung für das Dokument	IS-Konzept

zentraler IS-Leiter (für Erstellung und Umsetzung)

zentraler ISM-Stab (für Entwurf, Dokumentation und Pflege)

Up-Date-Periode	IS-Konzept

Das IS-Konzept wird jährlich überarbeitet. Die Dokumentation und Pflege des IS-
Konzepts schliesst die kontinuierliche Sammlung und Diskussion von Ände-
rungswünschen von Fachbereich und dezentralen IS-Bereichen ein.

| Beispiel | IS-Konzept |

IS-Konzept der UNTEL AG
1990

Zürich,   16. Juli 1989

dem IS-Ausschuss vorgelegt am: 3. Juni 1989

vom IS-Ausschuss verabschiedet am: 13. Juli 1989

_____   _____

Vorsitzender zentraler IS-Ausschuss   Leiter des zentralen IS-Bereichs

Das IS-Konzept der UNTEL AG wird jährlich vom IS-Ausschuss des Gesamtunternehmens überarbeitet. Es legt die Grundlage für das Informationssystem-Management im gesamten Unternehmen. Es erstreckt sich auf die Bereiche:

1. Erfolgsfaktoren und Auftrag der IS-Bereiche des UNTEL Konzerns

2. IS-Grundsätze

3. IS-Standards

4. Projektmanagement

5. ISM-Organisation

6. Methoden der Systementwicklung

7. Prinzipien des IS-Controllings

...

n. Gültigkeitsbereich des IS-Konzepts

1. Erfolgsfaktoren und Auftrag der IS-Bereiche des UNTEL Konzerns

Im Rahmen der strategischen Planung des UNTEL Konzerns (Abteilung Konzern-entwicklung) wurden die folgenden Erfolgsfaktoren der Unternehmensbereiche ermittelt:

Erfolgsfaktoren der UNTEL AG

Erfolgsfaktor	Unternehmensbereiche		
	Unterhaltung	Industrie	Haushalt
Kosten			
- Produktion	2	5	5
- Vertrieb	4	2	3
- F&E	-	4	2
Qualität			
- Produkt	4	3	3
- Service	4	4	4
Geschwindigkeit			
- Auftragsabwicklung	3	5	3
- Neuproduktentwicklung	4	1	5
Händlertreue	4	-	-
Marktinformation	5	5	5
Endbenutzer-Marketing	5	-	4

Legende: 1 —— 2 —— 3 —— 4 —— 5

geringe Bedeutung ◄——————► hohe Bedeutung

Diese Erfolgsfaktoren sind eine Richtschnur für Entscheidungen und Bewertungen in den IS-Bereichen des Unternehmens. Bewertungen von Nutzenpotentialen einzelner IS-Vorhaben sind anhand dieser Erfolgsfaktoren durchzuführen.

Auftrag des Informationssystem-Managements der UNTEL AG

"Die UNTEL AG handelt mit High-Tech-Produkten in einem weitgehend transparenten Markt mit leicht substituierbaren Gütern. Servicequalität, Zuverlässigkeit, Geschwindigkeit und detaillierte Marktinformation sind Erfolgsfaktoren, die wir mittels Informatik unterstützen müssen. Das Informationssystem-Management hat dafür Sorge zu tragen, dass das Geschäftssystem jeweils mit den wirtschaftlich sinnvollsten Systemen unterstützt wird. In den nächsten Jahren wird dabei der Integration von Informationssystemen im Unternehmen und über seine Grenzen hinweg eine besondere Rolle zukommen. Wir wollen dabei aber kein Technologie-Führer sein und vorwiegend in Experimente und Eigenentwicklungen investieren, sondern die Wirtschaftlichkeit der am Markt verfügbaren Lösungen beobachten und die für uns beste Unterstützung auswählen."

2. IS-Grundsätze

Die folgenden Grundsätze des ISM sind durch die zentralen und dezentralen IS-Bereiche, die IS-Ausschüsse und die Projektausschüsse zu beachten:

• Grundsatz 1:

"Wir setzen Informationssysteme dort ein, wo sie wirtschaftlich sinnvoll sind. Wir wollen nicht unbedingt die ersten sein, die eine neue Lösung in der Informationsverarbeitung einsetzen".

Der Unternehmenszweck, die Unternehmensphilosophie und die von den einzelnen Geschäftsfeldern gesetzten Leitplanken setzen die Rolle der Informationsverarbeitung als Unterstützungsfunktion fest. Die Wirtschaftlichkeit von IS-Vorhaben ist durch die Gegenüberstellung von quantifizierbaren Kosten und quantifizierbarem Nutzen sowie ein Abwägen von nicht quantifizierbaren Kosten und nicht quantifizierbarem Nutzen (Erfolgsfaktoren) nachzuweisen. Die Beurteilung der Wirtschaftlichkeit von IS-Vorhaben liegt grundsätzlich beim Fachbereichsmanagement.

- Grundsatz 2:

"Die IS-Bereiche des Unternehmens haben die Aufgabe, die Leistungen der Informationsverarbeitung als Dienstleister im Unternehmen an die Fachbereiche zu ´verkaufen´".

Der IS-Bereich hat grundsätzlich keine Entscheidungsbefugnis über den Einsatz der Informationsverarbeitung im Fachbereich."

Die Strukturierung des Unternehmens, insbesondere die Bildung der Produktdivisionen, ist von dem Ziel geprägt, unser Unternehmen zu einem flexiblen Anbieter mit hoher Qualität und kurzen Durchlaufzeiten zu machen. Die Verantwortung für das Geschäftssystem wurde deshalb so weit wie möglich in die Produktdivisionen delegiert. Die Informationsverarbeitung ist zwar ein möglicher, divisionsübergreifender Integrationsmechanismus. Eine Zentralisierungstendenz und Bevormundung der Produktdivisionen darf daraus jedoch nicht entstehen.

- Grundsatz 3:

"Der IS-Bereich hat neben der Entwicklungsfunktion eine Promotorenfunktion bezüglich des ISM. Mit Schulungsmassnahmen und Veranstaltungen in den Fachbereichen muss es dem zentralen IS-Bereich gelingen, die Ziele des ISM in den Produktdivisionen klarzumachen und diese zusätzlich vom Sinn zentraler Standards zu überzeugen".

....

3. IS-Standards

Standards sind eine Voraussetzung zur Integration von Teilsystemen. Unternehmensweit gelten folgende Festlegungen:

- Standard UNTEL-4711 zur Benutzeroberfläche

  Er regelt die Funktionstastenbelegung, die Anordnung der Menues, die anwendungsunabhängigen Befehle und ihre Optionen, die Gestaltung der Hilfefunktionen. Grundlage ist das Konzept CUA (Common User Access) aus der SAA-Architektur der IBM.

- Standard UNTEL-4712 zum Einsatz von Standardanwendungs-Software

  Die Administration benutzt unternehmensweit das Softwarepaket S/4 der Firma TBQ. Ausnahmen sind zu begründen.

- Standard UNTEL-4999 zur Sicherheit des Betriebs

  Alle Applikationen haben zur Anmeldung und Abmeldung des Benutzers (Autorisierung) das hausinterne Paket (UNTEL-LOGIN) zu verwenden.

- Standard UNTEL-5002 zur externen Kommunikation

  Jede Applikation mit externen Verbindungen zu Marktpartnern hat die internationalen EDIFACT Standards zu berücksichtigen.

  .....

4. Projektmanagement

Das Projektmanagement ist die Basis für die Steuerung der Entwicklungstätigkeit im Unternehmen. Der IS-Ausschuss legt deshalb für das gesamte Unternehmen die Projektmanagement-Methodik einheitlich fest.

Im Rahmen einer Studie der Beratungsfirma IFA wurde die von dieser Firma entwickelte Projektmanagement-Methodik auf die Gegebenheiten in unserem Unternehmen angepasst. Das Ergebnis ist eine unternehmensspezifische Projektmanagement-Methodik "UNTEL-PASS". Die Methodik legt insbesondere die Projektabläufe, die zu erstellenden Dokumente und die Projektgremien fest.

Um die Vergleichbarkeit von Projektdaten und die Qualität der Systementwicklung zu unterstützen, hat sich der IS-Ausschuss entschlossen, die Projektmanagement-Methode "UNTEL-PASS" für das gesamte Unternehmen verbindlich vorzuschreiben. Die in den Produktdivisionen vorhandenen IS-Ausschüsse sind für die ordnungsgemässe Anwendung der Methodik verantwortlich.

Die Methodik ist in einem eigenen Handbuch für Projektleiter in der Systementwicklung zusammengefasst und kann über den zentralen IS-Bereich bezogen werden. Der zentrale IS-Bereich führt in Zusammenarbeit mit IFA zusätzlich Schulungen zum "UNTEL-PASS" durch.

.....

5. ISM-Organisation

Die Divisionen der UNTEL AG sind verantwortlich für die Systementwicklung in ihrem Bereich. Sie haben hierfür (in der Regel) eine Abteilung "IS-Entwicklung". Zusätzlich hat der Konzern eine Abteilung "IS-Bereich-Konzern", der vorwiegend mit drei Aufgaben betraut ist:

-    Festlegung und Unterstützung von Standards im ISM (IS-Konzept)

-     Identifikation von divisionsübergreifenden Entwicklungsprojekten

-     Qualitätssicherung des ISM im gesamten Unternehmen

Die folgenden Gruppen wickeln die Aufgaben des zentralen IS-Bereichs ab: ISM-Stab, Datenmanagement, Funktionsmanagement, Organisation, IS-Schulung und IS-Entwicklung. Als Spiegelbild dieser zentralen IS-Abteilung gliedern die Produktdivisionen ihre Informatikabteilungen gleich.

Die Organisation des ISM sieht die Einrichtung von drei Ausschüssen vor. Diese Ausschüsse haben die Bezeichner: zentraler IS-Ausschuss (einer auf Konzernebene), dezentraler IS-Ausschuss (drei, jeweils auf Produktdivisionsebene) und Projektausschuss (viele, auf Projektebene).

Der Aufbau der ISM-Organisation im Unternehmen ist im folgenden Schaubild verdeutlicht:

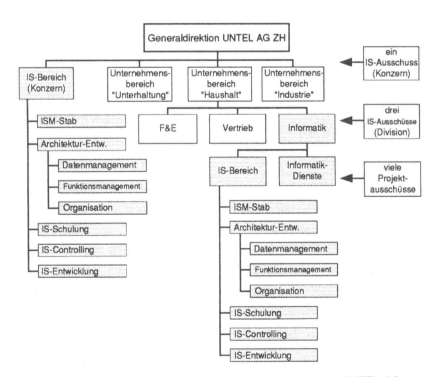

Bild: Organisation des Informationssystem-Managements UNTEL AG

Die Aufgaben und Zielsetzungen der einzelnen organisatorischen Einheiten sind:

(Funktionendiagramm ISM für die UNTEL AG)

......

6.   .....

n. Gültigkeitsbereich des IS-Konzepts

Das IS-Konzept ist unternehmensweit gültig. Es wird kein Unternehmensbereich von den hier festgelegten Standards, Grundsätzen und Vorschriften ausgenommen. Die Vertreter der Unternehmensbereiche im zentralen IS-Ausschuss haben dem IS-Konzept in der hier vorliegenden Form zugestimmt.

3.2.   Architektur

Die *Architektur* stellt den "Bebauungsplan" für die IS-Entwicklung dar. Sie legt die logischen Strukturen des Informationssystems und der Organisation fest.

3.2.1.   Zielsetzung

• Definition und Umsetzung bereichsübergreifender Integrationsbereiche unter Berücksichtigung der Unternehmensstrategie und der Abwägung von Integrationskosten und -nutzen

Eine unternehmensweite Analyse der eigenen Geschäftsfunktionen und der Einbezug der angrenzenden Geschäftsfunktionen von Marktpartnern zeigt die Integrationsbedürfnisse auf, die übergreifend über organisatorische Grenzen im Unternehmen hinweg und zu den Marktpartnern existieren. Der zentrale IS-Bereich schlägt denkbare Integrationsbereiche vor. Unter Abwägung von Unternehmensstrategie und Integrationsbedürfnissen legt die Unternehmensleitung die Integrationsbereiche fest.

• Verbindung von Informationssystem- und Organisationsentwicklung

Nur die enge Verbindung von Organisations- und Informationssystem-Entwicklung kann die Potentiale der Informationstechnologie realisieren. Die Zusammenarbeit von Daten- und Funktionsmanagement sowie der Organisation in der Stelle "Architektur-Entwicklung" hilft, die drei Sichten auf das Informationssystem (Organisation, Funktionen, Daten) abzustimmen.

• Festlegung der Architektur des Informationssystems (Organisation, Daten- und Funktionsmodelle)

Die Organisation sowie die Funktions- und Datenmodelle und ihr Zusammenhang (Kommunikation) bestimmen die logische Struktur des Informationssystems des Unternehmens. Mit Hilfe der Informationssystem-Architektur geben wir der Informationssystem-Entwicklung innerhalb eines überschaubaren Teils des Unternehmens einen langfristigen "Bebauungsplan".

• Festlegung von Datenbanken und Applikationen

Die Zuordnung von Entitätstypen zu logischen Datenbanken und von Geschäftsfunktionen zu unterstützenden Applikationen ist ein erster Schritt zur

Umsetzung der IS-Architektur. Die Zuordnung schliesst die Definition von Verantwortungen für Datenbanken und Applikationen ein.

Wir strukturieren die Ebene "Architektur" durch die getrennte Behandlung von

- bereichsübergreifenden "Integrationsbereichen" und

- bereichsinternen "IS-Architekturen".

Management der Integrationsbereiche bedeutet die unternehmensweite Analyse der Geschäftsfunktionen im Hinblick auf ihre Informationsverarbeitung, ihren Integrationsbedarf und potentiellen Integrationsnutzen. Der unternehmensweit tätige IS-Ausschuss entscheidet aufgrund der Vorlage des zentralen IS-Bereichs, welche Integrationsbereiche realisiert werden sollen, und kontrolliert die Umsetzung.

Management der IS-Architektur umfasst die detaillierte Entwicklung von IS-Architekturen für jeweils eine dezentrale Einheit des Unternehmens. Der dezentrale IS-Bereich entwickelt in Eigenverantwortung diejenigen Architekturteile, die nicht durch übergreifende Integrationsbereiche betroffen sind.

3.2.2. Integrationsbereiche

3.2.2.1. Ablaufplan

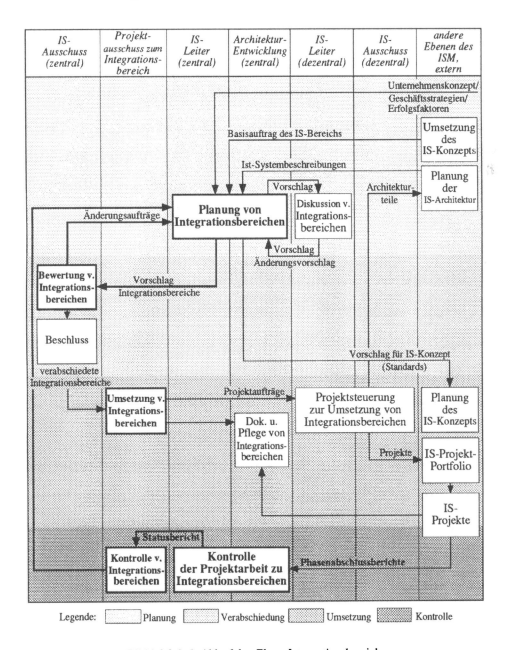

Bild 3.2.2.1./1: Ablaufplan Ebene Integrationsbereiche

3.2.2.2. Teilfunktionen auf Ebene der Integrationsbereiche

3.2.2.2.1.   Planung von Integrationsbereichen

Die zentrale "Architektur-Entwicklung" (Organisation, Datenmanagement, Funktionsmanagement) ermittelt die Interdependenzen [vgl. Punkt 2.6.] zwischen den Geschäftsfunktionen und untersucht die Möglichkeiten und den Nutzen von bereichsübergreifender Informationsverarbeitung. Der Leiter des zentralen IS-Bereichs schlägt aufgrund dieser Analysen dem unternehmensweiten IS-Ausschuss Integrationsbereiche zur Realisierung vor.

Die Unternehmensleitung bestimmt (durch die Entscheidung des zentralen IS-Ausschusses) unter Abwägung von Integrationskosten und Integrationsnutzen die Integrationsbereiche und gibt sie zur Realisierung frei.

Die Planung der Integrationsbereiche vollzieht sich in vier Schritten:

a) Identifikation der Geschäftsfunktionen

b) Identifikation der Informationsverarbeitung innerhalb der Geschäftsfunktionen

c) Identifikation der Informationsverarbeitung zwischen den Geschäftsfunktionen

d) Zusammenfassung von Geschäftsfunktionen zu Integrationsbereichen

ad a)   Identifikation der Geschäftsfunktionen

Zur Identifkation der Geschäftsfunktionen auf globaler (unternehmensweiter) Ebene hat sich die *Wertkette als Analyseinstrumentarium* bewährt [vgl. Porter 1989, S. 66ff., Porter/Millar 1985]. Die Wertkette stellt die wesentlichen Geschäftsfunktionen und ihren Ablauf dar. Zur Ermittlung der wesentlichen Geschäftsfunktionen unterscheidet sie primäre und unterstützende Funktionen. Primäre Funktionen sind z. B.: Eingangslogistik, Produktion, Ausgangslogistik, Marketing und Vertrieb sowie Kundendienst. Unterstützende Funktionen der allgemeinen Wertkette sind die Beschaffung, die Technologieentwicklung, die Personalwirtschaft und die Unternehmensinfrastruktur (Planung, Finanzen, Rechnungswesen etc.) [vgl. Bild 2.4./2].

Von einer allgemeinen Wertkette aus können die globalen Geschäftsfunktionen im Unternehmen spezifisch ermittelt werden. Jede der oben aufgezählten primären und unterstützenden Funktionen lässt sich dabei in weitere "Sub"-Funktionen verfeinern.

Die für ein Unternehmen relevanten Funktionen lassen sich ausserdem anhand einer Betrachtung des *Material-, des Auftrags- und des Informationsflusses* identifizieren, die Prozesse der Neuprodukteinführung oder auch der Produktanpassung können weitere Anhaltspunkte liefern [vgl. hierzu auch Stalk/Hout 1990, S. 200]. Unterschiedliche Sichten auf die Geschäftsfunktionen (geographische Verteilung, Standorte des Unternehmens, strategische Geschäftseinheiten, Organisationseinheiten) garantieren eine Vollständigkeits- und Konsistenzprüfung.

Im Rahmen der Entwicklung von Integrationsbereichen ist es wichtig, das Unternehmen bereichsübergreifend und in seiner Einbindung in das Wertsystem (Marktpartner) zu betrachten. Dieser Anspruch gilt in gleicher Weise für konzentrierte (zentralisierte) wie für diversifizierte Unternehmen. Obwohl vielleicht die Trennung der Geschäftstätigkeit des Unternehmens in "strategische Geschäftseinheiten" und die damit verbundene Trennung der strategischen Geschäftsplanungen einen Vergleich der Wertketten schwierig erscheinen lässt, ist es gerade die Aufgabe des Informationssystem-Managements, Synergien und informatorische Verflechtungen zwischen den Geschäftsfunktionen einzelner Geschäftseinheiten zu erkennen. Bei diesen Verflechtungen handelt es sich um greifbare Möglichkeiten zur Kostensenkung oder auch zur Differenzierung von der Konkurrenz [vgl. Porter 1989, S. 406].

Die Architektur-Entwicklung stellt soweit wie möglich die Erfolgsfaktoren der Geschäftsfunktionen dar. Diese erhalten eine besondere Bedeutung bei der *Bewertung* des Integrationsbedarfs und des Integrationsnutzens im Verhältnis zu den Integrationskosten. Die Planung von Integrationsbereichen trägt so zum Brückenschlag zwischen Geschäftsstrategien und Informationssystem-Management bei.

Neben einer kurzen Beschreibung (Bezeichnung, Häufigkeit der Ausführung pro Jahr, Kosten der Funktion etc.) helfen globale Datenflusspläne oder graphisch dargestellte Ablauffolgen und Matrizen von Geschäftsfunktionen (Wertketten, Gegenüberstellungen von Geschäftsfunktionen und -objekten) bei der Verdeutlichung des Zusammenhangs und möglicher Synergien [vgl. auch IBM 1984, S. 34ff., Kerner 1979, S. 14f., Pendleton 1982, S. 116, Martin 1982].

Die *Verteilung der Geschäftsfunktionen* auf die Aufbauorganisation des Unternehmens zeigt sowohl die geographische Verteilung der einzelnen Geschäftsfunktionen als auch die Verteilung der Geschäftsfunktionen in der Organisation des Unternehmens auf. Diese Analyse ermöglicht grundlegende Aussagen über die bisher von der Organisation vernachlässigten Integrationsbedürfnisse und liefert so u. U. Anregungen für die Realisierung anderer Integrationsmechanismen, so z. B. einer Reorganisation von Unternehmensteilen. Die starke Verteilung der Geschäftsfunktionen, die jeweils einen einzelnen Kunden betreffen, kann beispielsweise zur Diskussion und Einführung eines Grosskunden-Managements führen, das die Geschäftsfunktionen aus Kundensicht zusammenfasst. Der zentrale IS-Bereich gibt solche Erkenntnisse und Anregungen über den IS-Ausschuss an die Unternehmensleitung weiter.

ad b)   Identifikation der Informationsverarbeitung innerhalb der Geschäftsfunktionen (Input-Process-Output)

Die Informationsverarbeitung innerhalb der Geschäftsfunktionen ist durch die wesentlichen Inputs (in einer globalen Form, z. B. "Kundenauftrag", "Stückliste"), durch die wichtigsten Verarbeitungsschritte (z. B. "Errechnung Bedarfsliste", "Erstellung Kundenrechnung") und durch die wesentlichen Outputs (z. B. "Rechnung an Kunde", "Auftrag an Produktionsplanung") gekennzeichnet. Das Funktions- und Datenmanagement zeigt die Geschäftsobjekte der Geschäftsfunktionen und die Verarbeitungsschritte in den Geschäftsfunktionen auf. Ergebnis einer solchen Analyse für die beispielhafte Geschäftsfunktion "Aufträge erfassen" ist:

"Aufträge erfassen" arbeitet mit dem Geschäftsobjekt "Kundenauftrag", mit dem Geschäftsobjekt "Lagerbestandsanfrage" und mit dem Objekt "interne Bestellung". Die wesentlichen Verarbeitungsschritte sind: "Kundenaufträge sammeln", "Lagerbestandsanfrage durchführen" und "interne Bestellung auslösen". Empfänger der Ergebnisse ist die Geschäftsfunktion "Logistik Unterhaltung".

ad c)   Identifikation der Informationsverarbeitung zwischen den Geschäftsfunktionen (Datenfluss)

Globale Datenflüsse zeigen die informatorischen Verflechtungen zu anderen Geschäftsfunktionen auf. Dabei wird verdeutlicht, welche Outputs von bestimmten

Geschäftsfunktionen zu Inputs bei anderen Geschäftsfunktionen werden. Bereits vorhandene Teile von Informationssystem-Architekturen einzelner dezentraler Bereiche können die Entwicklung der hier erforderlichen Datenflusspläne unterstützen.

ad d)   Zusammenfassung von Geschäftsfunktionen zu Integrationsbereichen

Die zentrale Architektur-Entwicklung zeigt die möglichen Integrationsbereiche auf. Grundlage für die Bildung von Integrationsbereichen ist die in den Schritten a) bis c) aufgezeigte Interdependenz der Informationsverarbeitung. Beurteilungskriterien für die Bildung von Integrationsbereichen sind jedoch allein die Erfolgsfaktoren des Geschäfts. Die bereichsübergreifende Integration muss die Erfolgsfaktoren der einzelnen dezentralen Bereiche nachhaltig unterstützen. Der Vorschlag zur Bildung eines Integrationsbereichs muss den Nachweis der Unterstützung der Erfolgsfaktoren führen. Dem zentralen IS-Bereich kommt deshalb in der Regel eher eine Promotoren-Funktion bei der Definition von Integrationsbereichen zu. Er hat die Aufgabe, die Interdependenzen zwischen den dezentralen Bereichen sichtbar zu machen und die Fachbereiche für diese Form der Integration zu sensibilisieren. Der Fachbereich hat letztlich die Aufgabe, die Unterstützung von Erfolgsfaktoren durch integrierte Informationsverarbeitung zu erkennen und auf die Vereinbarung von Integrationsbereichen zu drängen.

Fach- und IS-Bereich ziehen zur Beurteilung denkbarer Integrationsbereiche zusätzlich die Unternehmensstrategie (Ziele der einzelnen Geschäftsfelder, Geschäftsstrategien für die nächsten Jahre) und das Unternehmenskonzept (Organisation, Basisstrategien des Unternehmens, andere Integrationsmechanismen, Führungsstil) heran. Die vorgeschlagenen Integrationsbereiche sollen die *Strategien der Geschäftsfelder* unterstützen und dem Unternehmenskonzept entsprechen. Eine unterschiedliche Geschäftsstrategie in verschiedenen Unternehmensbereichen (z. B. "Kostenführerschaft im Massengeschäft" im Geschäftsfeld "Schuhe" und eine Geschäftsstrategie "Qualitätsführer" im Geschäftsfeld "Damenhandtaschen") kann dazu führen, dass eine Integration der Geschäftsfunktionen für die beiden Bereiche nicht sinnvoll ist. Das *Unternehmenskonzept* legt die Grundsätze der Führung des Unternehmens fest. Integrationsbereiche beinhalten in der Regel eine Tendenz zur Zentralisierung. Die Unternehmensleitung hat die

Aufgabe, die Grundsätze des Unternehmenskonzepts und die Verabschiedung von Integrationsbereichen in Einklang zu bringen.

Die Gruppe "Architektur-Entwicklung" (Organisation, Datenmanagement und Funktionsmanagement) berücksichtigt für die Abgrenzung von Integrationsbereichen bereits die beabsichtigte Form [vgl. Punkt 2.6.1.] und die technischen Möglichkeiten der Integration. Technische Begrenzungen der Integration (z. B. die Prozessorkapazität zur Verarbeitung von Massendaten, die Speicherkapazität von Datenspeichern oder die Übertragungsrate von Kommunikationskanälen) lassen bestimmte Integrationsbereiche der Informationsverarbeitung unter Umständen frühzeitig ausscheiden.

Die Zusammenfassung von Geschäftsfunktionen zu bereichsübergreifenden Integrationsbereichen benennt neben den betroffenen Geschäftsfunktionen auch die betroffenen Organisationseinheiten (Unternehmensbereiche, Hauptabteilungen). Diese Organisationseinheiten verpflichten sich durch den Beschluss ihrer Vertreter im IS-Ausschuss zu einer bereichsübergreifenden Zusammenarbeit. Der IS-Bereich sorgt in der Planungsphase der Integrationsbereiche dafür, dass alle betroffenen Unternehmensbereiche ihre Probleme und Wünsche in den Vorschlag einbringen. Zusätzlich sind in der Planungsphase mögliche Promotoren für die Umsetzung des Integrationsbereichs in den dezentralen Bereichen zu suchen.

Die Analyse des Integrationsbedarfs im Gesamtunternehmen kann zu der Erkenntnis führen, dass weite Teile des Unternehmens aus informationsverarbeitender Sicht als ein Integrationsbereich zu betrachten sind. Der Diversifikationsgrad des Unternehmens, die Verschiedenartigkeit der Produkte, die Vielfalt der Vertriebskanäle, das Organisationskonzept, die Führungsinstrumente und andere unternehmensspezifische Merkmale beeinflussen den Bedarf an integrierter Informationsverarbeitung des Unternehmens und damit die zu bearbeitenden Integrationsbereiche aus informationsverarbeitender Sicht.

Der IS-Bereich formuliert für die Realisierung des Integrationsbereichs ein Rahmenprojekt, d. h. die Zusammenfassung von mehreren Einzelprojekten und Massnahmen. Die Realisierungszeit eines Integrationsbereichs wird in der Regel drei bis fünf Jahre betragen. Einzelprojekte zur Realisierung des Integrationsbereichs werden jeweils in das IS-Projektportfolio der dezentralen Bereiche aufgenommen und dort gesteuert. Für die Behandlung von inhaltlichen Fragen wird ein Projektausschuss für den Integrationsbereich eingerichtet.

Der zentrale IS-Bereich schlägt aufgrund der betroffenen Organisationseinheiten die Einheit vor, welche die Leitung der Realisierung übernimmt. Hinzu kommt ein Vorschlag, wer in dem für den Integrationsbereich zuständigen Projektausschuss vertreten sein sollte. Zusätzlich stellt der IS-Bereich die Integrationskosten und den Nutzen dar [vgl. Funktion "Verabschiedung von Integrationsbereichen", Punkt 3.2.2.2.2.].

Ein weiteres Ergebnis aus der Planung von Integrationsbereichen sind Anregungen für Reorganisationen oder für den Einsatz anderer Integrationsmechanismen (z. B. die Einrichtung von besonderen Gremien oder die Bildung von organisatorischen Einheiten zur Besetzung von Querschnittsfunktionen).

organisatorische Verantwortung	Planung Integrationsbereiche

Die Identifikation und Planung von Integrationsbereichen aus informationsverarbeitender Sicht ist Aufgabe des zentralen IS-Bereichs. Einzelne dezentrale IS-Bereiche oder Fachbereiche sind aufgefordert, von ihnen erkannte Integrationserfordernisse zur Untersuchung an den zentralen IS-Bereich vorzuschlagen. Der zentrale IS-Leiter beauftragt hierfür die Gruppen der Architektur-Entwicklung (Organisation, Datenmanagement und Funktionsmanagement) mit der Sammlung von Daten und der Analyse von Integrationsbedürfnissen. Nach der Identifikation diskutiert der zentrale IS-Bereich die Integrationsmöglichkeiten mit allen betroffenen dezentralen Bereichen und nimmt die Vorschläge der Fachbereiche in die Planung auf. Der zentrale IS-Leiter schlägt dem unternehmensweiten IS-Ausschuss die Integrationsbereiche zur Verabschiedung vor.

Einzelne dezentrale Bereiche des Unternehmens können (zusätzlich zu der unternehmensweiten Analyse der Zentrale) Integrationsbereiche zur Realisierung vorschlagen. Der IS-Bereich des Unternehmens sensibilisiert die Fachbereiche für diese Form der Integration und fördert die Eigeninitiative der Fachbereiche.

Ausführungsmodus	Planung von Integrationsbereichen

Der zentrale IS-Bereich des Unternehmens legt dem unternehmensweiten IS-Ausschuss einmal jährlich neue Vorschläge zur Realisierung von Integrationsbe-

reichen vor. Änderungen an bisher verabschiedeten Integrationsbereichen werden
ebenfalls jährlich bearbeitet.

Input-Dokumente		Planung von Integrationsbereichen
Input	**von wem?**	**wofür?**
IS-Konzept	IS-Ausschuss	Berücksichtigung des Basisauftrags des IS-Bereichs und der Erfolgsfaktoren des Geschäfts
Ist-Dokumentation des Geschäftssystems	Organisation, Unternehmensplanung	Identifikation der Geschäftsfunktionen und ihrer Informationsverarbeitung
Ist-Dokumentation des Informationssystems (IS-Architektur)	alle IS-Bereiche des Unternehmens	Identifikation der Geschäftsfunktionen und ihrer Informationsverarbeitung
Unternehmenskonzept, Unternehmensstrategie	Unternehmensplanung, Unternehmensleitung	Identifikation der Strategie in den Geschäftsfunktionen zur Beurteilung des Integrationsbedarfs

Output-Dokumente		Planung von Integrationsbereichen
Output	**an wen?**	**wofür?**
globale Geschäftsfunktionen und ihre Informations- verarbeitung (Liste, Graphiken)	IS-Ausschuss	Darstellung des Geschäftssystems, der Wertketten, der Verteilung der Geschäftsfunktionen im Unternehmen
globale Datenflusspläne	IS-Ausschuss	Darstellung des Integrationsbedarfs zwischen den Geschäftsfunktionen
Vorschlag für die Integrationsbereiche	IS-Ausschuss	Verabschiedung

3.2.2.2.2. Verabschiedung von Integrationsbereichen

Vorschlag des Integrationsbereichs

Der *Vorschlag des* Integrationsbereichs enthält neben der Abgrenzung und Beschreibung des Integrationsbereichs die Analysedokumente, die zur Identifikation
des Integrationsbereichs geführt haben (Dokumentation des Geschäftssystems,
Liste der globalen Geschäftsfunktionen, globale Datenflusspläne). Die Vorschläge
von Integrationsbereichen sind *gemeinsam mit den betroffenen Fachbereichen und
den dezentralen IS-Breichsleitern entwickelt bzw. abgestimmt worden.* Nur wenn
diese die Realisierung für sinnvoll halten, ist eine Basis für die Realisierung vorhanden.

Bewertung und Beschluss des Integrationsbereichs

Entscheidungen über die Nutzung von Integrationsmechanismen aller Art
(Aufbauorganisation, Gremien, integrierte Informationsverarbeitung) liegen *allein
in der Kompetenz der Unternehmensleitung bzw. des Fachbereichsmanagements.*
Sie entscheiden deshalb auch über den Integrationsgrad der Informationsverarbeitung.

Zur Durchführung dieser Bewertung und auch zur Entwicklung neuer Ideen für
die Definition von Integrationsbereichen ist ein jährlicher Workshop (1-2 Tage)
der Mitglieder des zentralen IS-Ausschusses hilfreich. Dort kann der Ausschuss
die Themenstellungen besser vertiefen als während auseinandergerissener kurzer
Ausschuss-Sitzungen. Zusätzlich können Fachbereichsvertreter betroffener Unternehmensbereiche zu diesen Workshops hinzugezogen werden.

Die Bewertung des Integrationsbereichs erstreckt sich auf vier Bereiche:

a)   Bewertung der Korrektheit der Planung

b)   Bewertung des Integrationsnutzens

c)   Bewertung der Integrationskosten

d)   Abstimmung von Unternehmenskonzept und vorgeschlagenem Integrations-
     bereich

ad a)   Bewertung der Korrektheit der Planung

Die Mitglieder des IS-Ausschusses haben vorbereitend zunächst die Aufgabe, die Analysen der zentralen Architektur-Entwicklung auf die Korrektheit für den vom Ausschussmitglied vertretenen Unternehmensbereich zu prüfen. Hierbei sind die folgenden Fragen zu beantworten:

- Sind die Geschäftsfunktionen des Bereichs richtig und vollständig erkannt?
- Sind die organisatorischen Verantwortungen richtig dargestellt?
- Ist die Informationsverarbeitung in den Geschäftsfunktionen richtig dargestellt?
- Sind die Erfolgsfaktoren der einzelnen Geschäftsfunktionen richtig angewendet? Mit wem wurden sie abgestimmt?

Checkliste 3.2.2.2.2./1: Bewertung der Basisarbeit der Architektur-Entwicklung

ad b)   Bewertung des Integrationsnutzens

Der IS-Ausschuss bewertet die Integrationsbereiche durch den Vergleich der *Integrationskosten und des Integrationsnutzens*. Da auf der globalen Ebene der Integrationsbereiche weder Kosten noch Nutzen in ihrem gesamten Umfang in Geldeinheiten auszudrücken sind, ist die Bewertung eines Integrationsbereichs letztlich eine unternehmerische Aufgabe.

Checkliste 3.2.2.2.2./2 macht auf einige Arten von Integrationsnutzen aufmerksam.

Kosteneinsparungen im Geschäftssystem sind trotz der intensiven Diskussion "strategischer, wettbewerbsorientierter" Informationssysteme auch in Zukunft eine wichtige Basis für die Rechtfertigung hoher Investitionen in Informationssysteme. Zusätzlich sind erhebliche Kosteneinsparungen in der Entwicklung und dem Betrieb der Informationssysteme denkbar. So spart das Unternehmen insbesondere dann Entwicklungskosten ein, wenn es Informationssysteme für die Abwicklung der gleichen Geschäftsfunktionen nur einmal entwickeln lässt und dann mehrfach nutzt.

Integration ist die wichtigste Voraussetzung für eine Erhöhung der *Geschwindigkeit* im Betrieb. Durchlaufzeiten von Aufträgen, Produktinnovationszeit, Lagerumschlagsgeschwindigkeit, Auskunftsgeschwindigkeit etc. sind Geschwindigkeiten, die in hohem Masse durch die Definition von Integrationsbereichen unterstützt werden können.

- Kosteneinsparungen

- Erhöhte Geschwindigkeit

- Zusätzlicher Kundennutzen

- Erhöhte Flexibilität

- Stärkere Kundenbindung

- Erhöhte Differenzierung von der Konkurrenz

- Aufbau von Markteintrittsbarrieren

- Bessere, schnellere Information

- Geringeres Risiko

Checkliste 3.2.2.2.2./2: Integrationsnutzeneffekte

Integration schafft u. U. einen *zusätzlichen Kundennutzen* und ermöglicht dadurch einen höheren Preis oder die Ausweitung des Geschäfts auf bisher nicht erreichte Käuferschichten. Beispielsweise entsteht ein zusätzlicher Kundennutzen durch die Möglichkeit der direkten elektronischen Eingabe von Kundenaufträgen aus dem System des Kunden heraus. Der Kunde spart Zeit zwischen Auftragsvergabe und Lieferung. Das eigene Unternehmen vermeidet zusätzlich Fehler in der Auftragserfassung.

Integration erhöht die *Flexibilität* des Systems. Es reagiert auf Kundenaufträge, auf globale Marktänderungen oder auch auf Änderungen der Organisation und Rechtslage schneller als bisher. So hilft z. B. die Festlegung von unternehmensweit einheitlichen Produktbeschreibungen, individuelle Kundenaufträge über die einzelnen Produktionsschritte flexibler und schneller zu behandeln.

Die Integration von Geschäftsfunktionen des Kunden schafft eine dauerhafte *Kundenbindung*. Durch diese Bindung wird es dem Kunden erschwert, den Lieferanten zu wechseln. Die Integration der Produktionsplanung von Kunden mit der des eigenen Unternehmens bindet den Kunden beispielsweise so stark, dass ein Wechsel des Lieferanten nur bei Vorliegen von gravierenden Störungen in der Beziehung zum Kunden zu befürchten ist.

Integration kann die Basis für das Überleben des Unternehmens über die nächsten Jahre sein. Die *Marktentwicklung*, die Informationssysteme der Konkurrenz und die Entwicklung des Geschäftssystems lassen eine Vernachlässigung der Integration in bestimmten Bereichen nicht zu. So ist z. B. die Integration und On-line-Abwicklung der im Schalterverkehr einer Bank anfallenden Transaktionen ein "Muss" für das Überleben der Bank. Die Adminstrationskosten pro Transaktion werden andernfalls die Wettbewerbsfähigkeit der Bank untergraben.

Integration erhöht die *Differenzierung* des Unternehmens von der Konkurrenz und sorgt somit für die Durchsetzung eines höheren Marktpreises. Die Integration von Auszahlungsfunktionen und Überweisungsfunktionen an einem Bankautomat ist heute beispielsweise eine Möglichkeit, sich von herkömmlichen, reinen Ausgabeautomaten zu differenzieren.

Die Integration kann *Marktbarrieren* gegen neu auf den Markt drängende Konkurrenten aufbauen. Die Installation eines Terminals z. B. bei Vertragspartnern des Finanzdienstleistungsgewerbes wird es dem Anbieter von Finanzinformationen ermöglichen, weiteren Wettbewerbern den Markteintritt zu erschweren. Die Vertragspartner werden nicht gewillt sein, eine beliebige Anzahl von Terminals in ihren Geschäftsräumen zu installieren.

Die Integration sorgt für *bessere oder zeitgerechtere Informationen* für das Management. Durch die Schaffung eines Integrationsbereichs "Automatische GuV-Konsolidierung" wird beispielsweise der Monatsabschluss, inklusive Soll-Ist-Budgetvergleich, in Zukunft bereits am 10. des Folgemonats vorliegen. Dadurch werden notwendige Korrekturmassnahmen bereits zehn Tage eher ermöglicht als bisher.

Die Integration *verringert das Risiko*. Die Integration aller Kundendaten in einer Versicherung ermöglicht z. B. genauere Aussagen über das Risiko des Eintretens eines Schadensfalls, das mit der Versicherung eines neuen Teilrisikos des Kunden einhergeht.

Die Kategorien des Integrationsnutzens sind *nicht überschneidungsfrei*. So erhöht z. B. die Einführung eines unternehmensweit integrierten Kundeninformationssystems primär die Auskunftsgeschwindigkeit bei Kundenanfragen. Diese Massnahme kann jedoch sowohl zu einer Erhöhung des Kundennutzens als auch zur Differenzierung gegenüber der Konkurrenz führen.

ad c)   Bewertung der Integrationskosten

Bei der Ermittlung der *quantifizierbaren Kosten* von Integrationsbereichen können die Checklisten im Management des IS-Projektportfolios helfen [vgl. Bild 3.3.3.3./1]. Bei der Bewertung von Integrationsbereichen muss der IS-Ausschuss jedoch zusätzlich eventuelle Flexibilitätsverluste oder auch erhöhte Risiken berücksichtigen.

Je komplexer die Struktur von Informationssystemen ist, desto schwieriger ist es, nachträglich Änderungen durchzuführen. Die Informationssysteme können bei einem Einsatz für weit verteilte Geschäftsfunktionen nicht mehr dezentral, flexibel an geänderte Anforderungen angepasst werden. Diesem *Flexibilitätsverlust* ist in der Bewertung von Integrationsbereichen Rechnung zu tragen.

Integrationsbereiche sind u. U. mit *erhöhten Risiken* verbunden. Solche Risiken können in der Komplexität des Entwicklungsprozesses, in hohen zukünftigen Wartungsaufwendungen, in einer Überbeanspruchung des Systems nach Einführung oder auch im Aufbau von Austrittsbarrieren liegen. Der Aufbau eines Netzwerkservices erfordert z. B. so hohe Investitionen, dass ein Marktaustritt auch bei schlechtem Preisniveau nicht mehr möglich ist [vgl. zu den möglichen Risiken von "strategischen" Informationssystemen auch bei: Kemerer/Sosa 1990].

ad d)   Abstimmung von Unternehmenskonzept und vorgeschlagenem Integrationsbereich

Neben der Kosten- und Nutzensicht muss der zentrale IS-Ausschuss als Vertretung der Unternehmensleitung die Integrationsbereiche aus geschäftspolitischer Sicht beurteilen [vgl. Checkliste 3.2.2.2.2./3].

Welche und wieviele Integrationsbereiche für das gesamte Unternehmen sinnvoll sind, ist abhängig von der verfolgten Basisstrategie des Unternehmens, von den angewendeten Führungsprinzipien, vom Diversifikationsgrad, von der geographischen Verteilung und von den durch Integrationsbereiche realisierbaren Nutzeneffekten. Es gibt Unternehmen, die aufgrund konsequenter Dezentralisierung über das IS-Konzept hinweg keine Integrationsbereiche definieren. In diesen Unternehmen schätzt die Unternehmensleitung die Unabhängigkeit der dezentralen Einheiten wichtiger ein als die realisierbaren Nutzeneffekte denkbarer Integrationsbereiche. Andererseits gibt es Unternehmen, die weite Teile der Geschäftsfunktionen unternehmensweit integrieren wollen. In diesen Unternehmen ist die integrierte Informationsverarbeitung so wichtig, dass die Autonomie dezentraler Einheiten hinter die Integrationserfordernisse tritt.

- Welche Gründe sprachen für die organisatorische Trennung der Geschäftsfunktionen, die jetzt über die Informationsverarbeitung integriert werden?

- Gibt es Geschäftsfunktionen, die in erster Linie Mehrarbeiten durchzuführen haben, oder sind alle betroffenen Geschäftsfunktionen in gleicher Weise Nutzniesser der Integration?

- Warum wurde die Integration nicht schon früher realisiert? War sie nicht erwünscht, nicht benötigt oder technisch nicht durchführbar?

- Welche anderen Integrationsmechanismen werden bereits jetzt für die Abstimmung der betroffenen Geschäftsfunktionen genutzt?

- Welche Erfolgsfaktoren der betroffenen Geschäftsfunktionen beeinflusst die Integration positiv?

- Welche Erfolgsfaktoren werden negativ beeinflusst?

- Welche Strategie wird in den betroffenen Unternehmensteilen in den nächsten Jahren verfolgt? Stehen diese Geschäftsstrategien einer Integration entgegen?

- Welche Konsequenzen ergeben sich für das Unternehmenskonzept? Welche anderen Bereiche sind zu überdenken?

- Sind bei der Ermittlung des Integrationsbedarfs alle betroffenen Unternehmensbereiche befragt worden? Welche Stimmung herrscht in welchen Unternehmensbereichen?

- Welchen Erfolg haben bisher Kooperationen gezeigt, bei denen die gleichen Unternehmensbereiche beteiligt waren, wie bei dem nun geplanten Integrationsbereich?

- Wo sind Ressort-Egoismen zu befürchten?

- Unter wessen Federführung kann der Integrationsbereich realisiert werden? Wer sind die Sponsoren in den einzelnen Unternehmensbereichen?

Checkliste 3.2.2.2.2./3: Geschäftspolitische Bewertung der vorgeschlagenen Integrationsbereiche

Organisatorische Verantwortung   Verabschiedung Integrationsb.

Die Verabschiedung von Integrationsbereichen erfolgt durch den zentralen IS-Ausschuss.

Ausführungsmodus   Verabschiedung von Integrationsbereichen

Neue Integrationsbereiche oder Änderungen an bisherigen Integrationsbereichen verabschiedet der IS-Ausschuss einmal jährlich.

Input-Dokumente   Verabschiedung von Integrationsbereichen

Input	von wem?	wofür?
globale Geschäfts-funktionen und ihre Informationsverar-beitung (Liste, Gra-phiken)	Architektur-Entwicklung, zentraler IS-Leiter	Bewertung der Basisarbeit der Architektur-Entwicklung
globale Datenflusspläne	Architektur-Entwicklung, zentraler IS-Leiter	Bewertung der Basisarbeit der Architektur-Entwicklung
Vorschlag von Integrationsbereichen	Architektur-Entwicklung, zentraler IS-Leiter	Bewertung und Verabschiedung der Integrationsbereiche

Output-Dokumente   Verabschiedung von Integrationsbereichen

Output	an wen?	wofür?
verabschiedete Integrationsbereiche	zentraler IS-Leiter, Verantwortlicher für die Umsetzung des Integrationsbereichs	Publikation der Entscheidungen, Umsetzungsaufträge

3.2.2.2.3.   Umsetzung von Integrationsbereichen

Die Umsetzung von Integrationsbereichen vollzieht sich in vier Schritten:

a)   Projektierung des Integrationsbereichs

b)   Publikation des Integrationsbereichs

c)   Übernahme der Einzelprojekte zur Umsetzung des Integrationsbereichs in das IS-Projektportfolio

d)   Realisierung des Integrationsbereichs durch Massnahmen und Einzelprojekte

ad a)   Projektierung des Integrationsbereichs

Das SG ISM betont die Projektierung von Integrationsbereichen als Funktion der Unternehmensleitung, da durch die explizite Verpflichtung der Unternehmensleitung die Kooperation von organisatorisch getrennten Unternehmensbereichen bei der Umsetzung erleichtert wird. Die Notwendigkeit der bereichsübergreifenden Zusammenarbeit erfordert diese Basis.

Mit dem Vorschlag von Integrationsbereichen projektiert der zentrale IS-Bereich den Integrationsbereich grob. Diese Projektierung umfasst die Benennung von Einzelprojekten und Massnahmen, ihre Terminierung sowie die Kosten-/Nutzenschätzung aus der Bewertung des Integrationsbereichs.

Der IS-Ausschuss legt zusätzlich zum funktionalen Umfang und zum Geltungsbereich eines Integrationsbereichs einen Fachbereichsvertreter fest, der im Sinne eines Projektleiters für die Entwicklung dieses Integrationsbereichs verantwortlich ist. Dieser Linienmanager ist vorzugsweise ein Mitglied der obersten Unternehmensleitung und als Fachbereichsvertreter für den grössten Teil der betroffenen Funktionen zuständig ("major user"-Prinzip; Beispiele: für den Integrationsbereich "Budget": Leiter Finanz- und Rechnungswesen, für den Integrationsbereich "Kundeninformation": der Leiter Vertrieb). Durch die Benennung eines Linienmanagers betonen wir die Verantwortung des Fachbereichs für die Entwicklung der Informationssysteme. Zusätzlich schliesst sich die bisher oft vorhandene Kluft zwischen strategischer Informationssystem-Planung und der Planung von Geschäftsstrategien.

Dem Verantwortlichen für die Umsetzung des Integrationsbereichs wird ein *Projektausschuss* an die Seite gestellt, der bereichsübergreifende Fragen diskutiert und verabschiedet. Der Ausschuss versammelt Vertreter aus allen betroffenen Unternehmensbereichen.

ad b)   Publikation des Integrationsbereichs

Die Publikation des Integrationsbereichs mit der Erläuterung von Kosten und Nutzen sowie der Erwartungen der Unternehmensleitung an die betroffenen Organisationseinheiten ist ein erster Schritt des Projektleiters zur Umsetzung des Integrationsbereichs. Diese Publikation ist ein neuralgischer Punkt der Umsetzung. Nur wenn es auf breiter Front gelingt, die betroffenen (disziplinarisch nicht dem Unternehmensteil des Projektleiters angehörigen) organisatorischen Einheiten von der Vorteilhaftigkeit des Integrationsbereichs für ihren Unternehmensbereich zu überzeugen, hat das Projekt Aussicht auf Erfolg. Zur Unterstützung der Publikation des Nutzens und der Verpflichtung der beteiligten Fachbereiche empfehlen wir die Durchführung eines formalen "Kick-Off"-Workshops mit den betroffenen Fachbereichsvertretern.

ad c)   Übernahme der Einzelprojekte zur Umsetzung des Integrationsbereichs in das IS-Projektportfolio

Die Einzelprojekte zur Umsetzung des Integrationsbereichs werden in das Projektportfolio der Unternehmensbereiche übernommen. Damit sind die dezentralen IS-Ausschüsse für die Ressourcensteuerung zur Umsetzung des Integrationsbereichs zuständig.

ad d)   Realisierung des Integrationsbereichs durch Massnahmen und Einzelprojekte

Ein Integrationsbereich wird mit *Massnahmen und Projekten* umgesetzt. Der Verantwortliche kennt den Geltungsbereich, die Zielsetzung und die betroffenen organisatorischen Einheiten des Integrationsbereichs. Er übergibt die Entwicklung von Architekturteilen für den Integrationsbereich (Datenarchitektur/Funktionsarchitektur/ Organisation) an die Architektur-Entwicklung des zentralen oder des eigenen (dezentralen) IS-Bereichs.

Die Ergebnisse der Umsetzung von Integrationsbereichen sind von der beabsichtigten Realisierungsform des Integrationsbereichs abhängig. Bild 3.2.2.2.3./1 gibt einen Überblick über die Ergebnisse der Umsetzung in Abhängigkeit von der Realisierungsform.

Integrations-objekt \ *Integrations-ziel*	"die gleichen" (Mehrfachverwendung)	"dieselben" (zentral, bereichsübergreifend gemeinsam genutzt)
Daten (Datenbanken, Standards)	**1** "gleiche Daten" Ergebnisse: mehrfach verwendbare Datenbankanwendung, Datenstandards, Codes, Wertebereiche, Formate, ...	**2** "gemeinsame Daten" Ergebnisse: eine Datenbank (Nur eine einzige Datenbank wird mit den notwendigen Konventionen implementiert u. betrieben.)
Funktionen (Applikationen, Abläufe, Software)	**3** "gleiche Applikation" Ergebnisse: mehrfach verwendbare Software, Benutzerhandbücher, Ablaufpläne, Schulungsunterlagen, ...	**4** "gemeinsame Applikation" Ergebnisse: eine gemeinsam betriebene Software mit den dafür notwendigen Konventionen.
Schnitt-stellen	**5** "Kommunikation" Ergebnisse: Schnittstellenattribute, Formate, Standards, Codes, ...	

Bild 3.2.2.2.3./1: Ergebnisse der Umsetzung von Integrationsbereichen

Der Organisator im Team entwirft einen Vorschlag zur Ablauforganisation im Integrationsbereich, der dann im Projektausschuss besprochen und verabschiedet wird. IS-Anträge aus diesen Besprechungen münden in entsprechende Projekte und werden im Projektportfolio gesteuert. Es ist Aufgabe des Projektleiters des Integrationsbereichs, über diese Projekte zur Realisierung des Integrationsbereichs zu wachen.

Der IS-Ausschuss kann den betroffenen Fachbereichen empfehlen, Koordinationsstellen für das Management der Integrationsbereiche einzurichten. Vergleichbar mit organisatorischen Stellen für Querschnittsfunktionen (z. B. Logistik, Finanzen) koordinieren diese Stellen die Belange des Integrationsbereichs über die Grenzen der dezentralen Unternehmensbereiche hinweg.

organisatorische Verantwortung	Umsetzung von Integrationsb.

Die Verantwortung für die Umsetzung eines Integrationsbereichs liegt beim Projektleiter aus dem Linienmanagement. Ihm stellt der zentrale IS-Ausschuss einen Projektausschuss für die Klärung strittiger, bereichsübergreifender Fragen zur Seite.

Ausführungsmodus	Umsetzung von Integrationsbereichen

Integrationsbereiche im Informationssystem-Management werden als Eckpfeiler der IS-Entwicklung langfristig festgelegt. Die Festlegung erfolgt wie jede andere Projektfreigabe einmalig nach der Bewertung und Terminierung. Bei der jährlichen Überarbeitung der Integrationsbereiche werden Änderungen der Integrationsbereiche festgelegt. Diese beziehen sich auf den Inhalt (betroffene Geschäftsfunktionen) oder auf die Kosten-/Nutzen-/Terminziele des Projekts. Führen diese Änderungen zur Identifikation und Bewertung neuer Integrationsbereiche, muss die Unternehmensleitung darüber entscheiden.

Input-Dokumente		Umsetzung von Integrationsbereichen
Input	**von wem?**	**wofür?**
verabschiedeter Integrationsbereich	IS-Ausschuss, Architektur-Entwicklung	Umsetzung des Integrationsbereichs, Definition/Initialisierung von Einzelprojekten

Output-Dokumente		Umsetzung von Integrationsbereichen
Output	**an wen?**	**wofür?**
IS-Anträge	zentraler IS-Bereich, dezentrale IS-Bereiche	Umsetzung des Integrationsbereichs in Projekten
Ergebnisse der Umsetzung (Datenstandards, Software etc.)	zentrale IS-Bereiche, dezentrale IS-Bereiche	Publikation, Vorschrift zur Einhaltung, Anwendung, Mehrfachverwendung

3.2.2.2.4. Kontrolle von Integrationsbereichen

Die Kontrolle auf der Ebene der Integrationsbereiche findet einerseits im Projektausschuss des Integrationsbereichs, andererseits im unternehmensweiten IS-Ausschuss statt:

* Der Projektausschuss wird mindestens zweimal jährlich über den Realisierungsstand informiert.

* Der zentrale IS-Ausschuss wird jährlich vom Projektverantwortlichen über den Stand der Realisierung des Integrationsbereichs informiert (Statusbericht des Projektverantwortlichen).

* Der zentrale IS-Ausschuss entscheidet jährlich über Änderungen der Integrationsbereiche des Unternehmens.

---

* Sind die beabsichtigten Geschäftsfunktionen vom Projekt erfasst?

* Sind alle betroffenen Organisationseinheiten involviert?

* Welche Ergebnisse (Standards, Applikationen, installierte Hardware, organisatorische Regelungen) wurden entwickelt und eingeführt?

* Welche Nutzeneffekte wurden realisiert? Wann sind weitere zu erwarten?

* Welche Einflüsse gefährden die Realisierung von Nutzenpotentialen?

* Sind Marktereignisse eingetreten, welche die Zielsetzung oder die Reichweite des Integrationsbereichs verändern?

* Sind im Unternehmen Ereignisse eingetreten, die eine Redefinition des Integrationsbereichs notwendig machen (Reorganisation, Kompetenzumverteilung, rechtliche Änderungen)?

* Welche Probleme gibt es mit anderen Integrationsbereichen?

* Gibt es einen Änderungsbedarf bei den Projektzielen?

* Sind bedeutende technologische Entwicklungen eingetreten, welche die Zusammenfassung der Geschäftsfunktionen in Integrationsbereichen so tangieren, dass Umgruppierungen notwendig werden?

* Läuft die Realisierung des Integrationsbereichs termingerecht?

* Sind Kostenüberschreitungen zu erwarten?

Checkliste 3.2.2.2.4./1: Prüffragen zur Kontrolle der Umsetzung von Integrationsbereichen

Die Arbeit des Projektausschusses für den Integrationsbereich entspricht im wesentlichen der eines ordentlichen Projektausschusses [vgl. Punkt 3.4.]. Die Kontrollfunktion des Projektausschusses wird deshalb an dieser Stelle nicht weiter vertieft.

Der jährliche Statusbericht des verantwortlichen Projektleiters aus der Unternehmensleitung an den zentralen IS-Ausschuss ermöglicht den Ausschussmitgliedern, die Punkte aus Checkliste 3.2.2.2.4./1 zu kontrollieren.

Der IS-Ausschuss entscheidet im Rahmen der Revision einzelner Integrationsbereiche über Anpassungen der Ziele, der Reichweite, der Kostenpläne und Termine bei der Realisierung eines Integrationsbereichs.

Organisatorische Verantwortung	**Kontrolle von Integrationsb.**

Die Kontrolle über die Realisierung eines Integrationsbereichs und über die realisierten Nutzeneffekte liegt beim Projektausschuss des Integrationsbereichs. Der zentrale IS-Ausschuss übt auf der Ebene der Integrationsbereiche eine Kontroll- und Steuerungsfunktion aus, sofern die Reichweite oder die Zielsetzung des Integrationsbereichs betroffen sind. Hierfür lässt er sich einmal jährlich über den Stand der Umsetzung des Integrationsbereichs berichten [vgl. Dokument "Statusbericht zum Integrationsbereich", Punkt 3.2.2.3.3.].

Ausführungsmodus	**Kontrolle von Integrationsbereichen**

Der Projektausschuss wird regelmässig über den Stand des Projekts informiert. Der IS-Ausschuss erhält einmal jährlich einen Statusbericht zur Umsetzung des Integrationsbereichs.

Input-Dokumente	Kontrolle von Integrationsbereichen	
Input	**von wem?**	**wofür?**
Statusbericht des Verantwortlichen für die Umsetzung	Projektverantwortlicher für die Umsetzung	Kontrolle des Realisierungsstands

Output-Dokumente	Kontrolle von Integrationsbereichen	
Output	**an wen?**	**wofür?**
Änderungen an der Zielsetzung und Reichweite des Integrationsbereichs	zentraler IS-Bereich, zentrale Architektur-Entwicklung, Projektausschuss, Verantwortlicher für die Umsetzung des Integrationsbereichs	Berücksichtigung der Änderungen bei der Projektarbeit und der Dokumentation der Integrationsbereiche

3.2.2.3. Dokumente auf Ebene der Integrationsbereiche

Die wichtigsten Dokumente auf Ebene der Integrationsbereiche sind:

- die globalen Geschäftsfunktionen

- die Abgrenzung des Integrationsbereichs mit Realisierungsauftrag

- der Statusbericht zum Integrationsbereich

3.2.2.3.1. Globale Geschäftsfunktionen

Die globalen Geschäftsfunktionen beschreiben das Geschäft eines gesamten Unternehmens. Die Ermittlung und Dokumentation der globalen Geschäftsfunktionen liegen in der Verantwortung des zentralen Funktionsmanagements.

Aufbau des Dokuments	Globale Geschäftsfunktionen

Die globalen Geschäftsfunktionen werden in Form von Listen (Katalog der globalen Geschäftsfunktionen) und von Graphiken (Geschäftssystem, globaler Datenfluss) dokumentiert. Die Anzahl der definierten globalen Geschäftsfunktionen sollte nicht über einhundert anwachsen, damit der IS-Ausschuss eine realistische Chance zur Bewertung hat.

Die Dokumente enthalten die folgenden Attribute:

a)   Katalog der globalen Geschäftsfunktionen

- Bezeichner der Geschäftsfunktion

- ausführende organisatorische Einheit

- Erfolgsfaktoren

- Geschäftsstrategie

- Beschreibung der Geschäftsfunktion

- Ausführungshäufigkeit

- Datenverarbeitung in der Geschäftsfunktion (Input, Process, Output)

- bisherige Unterstützung durch Applikationen und Datenbanken

- Zeitbedarf in der Geschäftsfunktion

b)   graphische Darstellung der globalen Geschäftsfunktionen

Die folgenden graphischen Darstellungsmöglichkeiten sind geeignet, die Interdependenzen zwischen globalen Geschäftsfunktionen darzustellen:

- Darstellung der globalen Datenflusspläne
  Die Graphik zeigt grob den Datenfluss zwischen organisatorischen Einheiten oder zwischen abstrakten Geschäftsfunktionen.

- Darstellung der Wertketten und des Wertsystems
  Die Darstellung der Wertketten der Unternehmensbereiche ermöglicht die Demonstration von Überschneidungen in der Nutzung von Ressourcen oder in der gemeinsamen Ausführung von ganzen Geschäftsfunktionen. Die Betrachtung von speziellen Vorgangsketten (z. B. Materialfluss, Durchlauf von Kundenaufträgen) kann die Argumentation von Integrationsbereichen, die solche speziellen Vorgangsketten unterstützen, fördern.

- Gegenüberstellung von Geschäftsfunktionen und Geschäftsobjekten
  Die Gegenüberstellung von Geschäftsfunktionen und Geschäftsobjekten (Matrix) zeigt die gemeinsame Nutzung von Daten in unterschiedlichen Unternehmensbereichen auf [vgl. auch IBM 1984, S. 34ff., Kerner 1979, S. 14f., Pendleton 1982, S. 116, Martin 1982].

- Darstellung der Verteilung der Geschäftsfunktionen (Organigramme, Matrizen)
  Die Verteilung der Geschäftsfunktionen spielt eine wichtige Rolle bei der Bewertung der Integrationsbereiche. Mit Hilfe von Organigrammen und Matrizen lässt sich die Verteilung der Geschäftsfunktionen übersichtlich darstellen.

Verwendung in Funktion	**Globale Geschäftsfunktionen**

Planung von Integrationsbereichen

Empfänger	**Globale Geschäftsfunktionen**

Zentraler IS-Ausschuss

Up-Date-Periode	**Globale Geschäftsfunktionen**

Der Katalog der globalen Geschäftsfunktionen wird durch das zentrale Funktionsmanagement gepflegt. Einmal jährlich überprüft der zentrale IS-Bereich die Grenzen, die Zielsetzungen und den Umsetzungsstand der Integrationsbereiche.

Beispiel	Globale Geschäftsfunktionen

Geschäftsfunktionenkatalog der UNTEL AG

Zürich, 15. März 1989, zentrales Funktionsmanagement

Im Auftrag des IS-Ausschusses führte das zentrale Funktionsmanagement eine Geschäftsfunktionenanalyse für die gesamte UNTEL AG durch. Die globalen Geschäftsfunktionen werden im folgenden Katalog beschrieben sowie in graphischen Darstellungen in ihrem Zusammenhang erläutert. Die Analyse erstreckte sich auf die Geschäftsbereiche: Unterhaltungselektronik, Haushaltsgeräte und Industrieprodukte.

Die Geschäftstätigkeit der UNTEL AG besteht aus 87 globalen Geschäftsfunktionen. Diese Geschäftsfunktionen beschreibt der folgende Geschäftsfunktionenkatalog:

Geschäftsfunktion 1:

- Bezeichner: Beschaffung Halbfertigprodukte Haushalt

- ausführende organisatorische Einheiten:

für Beschaffung elektronischer Bauteile: Zentraler Einkauf Haushalt, Stuttgart

für Beschaffung von Plastikteilen: Zentraler Einkauf UNTEL AG, Zürich

sonstige Beschaffung: Zentraler Einkauf Haushalt, Stuttgart

- Erfolgsfaktoren:

langfristige Bindung zu Lieferanten, Marktmacht durch Umsatzvolumen, Integration der Qualitätssicherung und Konstruktion mit Lieferanten

- Geschäftsstrategie:

Konzentration auf Lieferanten mit der Möglichkeit zur automatischen Übernahme von Konstruktionsdaten aus unserem CAD-System und mit der Bereitschaft zur Mitarbeit beim "Just-in-Time"-Konzept, Bevorzugung von Exklusivlieferanten

- Beschreibung der Geschäftsfunktion:

Der Einkauf von Halbfertigprodukten im Unternehmensbereich Haushalt ist durch die jährliche Vertragsneugestaltung mit den Lieferanten gekennzeichnet. Einmal jährlich werden die Lieferkonditionen und Preise mit dem zentralen Einkauf in Stuttgart bzw. Zürich neu ausgehandelt. Für die Verhandlungen.......

- Ausführungshäufigkeit und Zeitverhalten der Geschäftsfunktion:

Zur Zeit werden etwa 250 Lieferanten in der Geschäftsfunktion betreut. Diese machen einen Umsatz von ca. 45 Mio. SFr aus. 30% der Lieferanten liefern 90% der benötigten Teile. Die durchschnittliche Bindung an einen Lieferanten ist ca. vier Jahre.

Das Bestellwesen in Stuttgart wickelt pro Jahr ca. 10.000 Bestellungen mit den Lieferanten ab. Die Bestellung hat im Durchschnitt eine Lieferfrist von 3 bis 25 Tagen. Die Lieferfristen sind zur Zeit primärer Gegenstand von Verhandlungen mit den Lieferanten. In den nächsten zwei Jahren soll die durchschnittliche Lieferzeit auf fünf Tage reduziert und in der Montage ein "Just-in-Time"-Konzept verwirklicht werden.......

Bei der Neueinführung von Produkten werden die Lieferanten danach ausgesucht, ob sie in der Lage sind, die von uns gelieferten CAD-Daten reibungslos zu verarbeiten. Hierzu wird ca. 8 Monate vor "Product Launching" der Lieferant kontaktiert. Bis zu vier Monate vor Launching führt unsere Konstruktionsabteilung Änderungen am Produkt durch....

- Datenverarbeitung in der Geschäftsfunktion:

Input:	Produktionsplan von Werken Ingolstadt, Schaffhausen, Baselland
	Konstruktionsdaten
Verarbeitung:	Bestellplanung, Vertragsabschlüsse, Eingangskontrolle
Ouptut:	Bestellungen an Lieferanten
	Wareneingangsbestätigungen an Finanzbuchhaltung Stuttgart/ Zürich

- Bisherige Unterstützung durch Applikationen und Datenbanken:

Die Unterstützung ist bisher in Form einer Bestelldatenbank gegeben. Die Bestellpolitik und die Pflege der Lieferantenbeziehungen wird dezentral auf PC im Einkauf durchgeführt.......

Geschäftsfunktion 2

- Bezeichner: Beschaffung Industrie

....

```
(Liste der Geschäftsfunktionen)

    Beschaffung Unterhaltung

    Finanzmittelbeschaffung

    Finanzcontrolling

    Finanzmittelzuteilung

    Forschung und Entwicklung Haushalt

    Forschung und Entwicklung Industrie

    Forschung und Entwicklung Unterhaltung

    Logistik Haushalt

    Logistik Industrie

    Logistik Unterhaltung

    Produktion Haushalt Europa

    Produktion Haushalt Fernost

    Produktion Industrie

    Produktion Unterhaltung

    Vertrieb Unterhaltung

            Auftragsannahme Vertragshändler

            Direkt-Bestellwesen Unterhaltung

            Lageranfrage Unterhaltung

            Kundenauskunft Unterhaltung

            Logistikauftrag Unterhaltung

    Vertrieb Haushaltsgeräte

......
```

b)   Die Wertkette der UNTEL AG (Konzern)

Wertkette der UNTEL AG

Unternehmensbereich/ dezentraler Bereich			
zentrale Finanzen	Finanzmittelbeschaffung	Finanzmittelzuteilung	Finanzcontrolling
zentraler IS-Bereich	Entwicklung IS-Konzept	Verabschiedung/Kontrolle IS-Konzept	Integrationsbereiche
zentrales Personal	Grundsätze der Personalführung	Job Rotation	Laufbahnplanung /-betreuung

Unterhaltungs-elektronik: Beschaffung | Produktion | F&E / Controlling / Personal | Logistik | Vertrieb Vertreter / Vertrieb Händler | Kundendienst

Haushaltsgeräte: Beschaffung | Produktion Europa / Produktion Fernost | F&E / Controlling / Personal | Logistik | Vertrieb/Marketing

Industrie: Beschaffung | Produktion | F&E / Controlling / Personal | Logistik | Vertrieb | Kundendienst

Erläuterungen zur Wertkette der UNTEL AG

Die Wertkette UNTEL AG zeigt die Geschäftsfunktionen des gesamten Konzerns und ihre Verteilung auf die drei Unternehmensbereiche. Es wird deutlich, dass die Zentrale die Finanzmittelzuteilung für alle Unternehmensbereiche durchführt, dass die einzelnen Unternehmensbereiche aber z. B. die Beschaffung in Eigenverantwortung übernehmen. Im Unternehmensbereich "Haushaltsgeräte" ist die Produktion unbedingt nach den Produktionsstandorten Fernost und Europa zu unterscheiden......

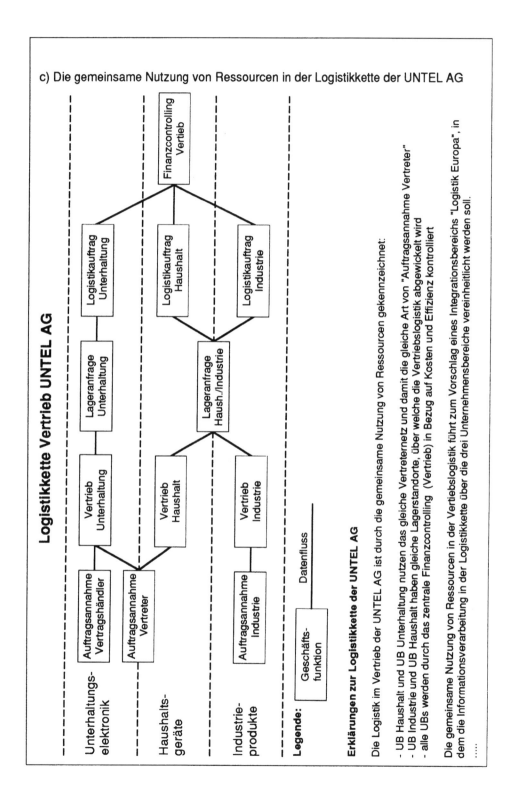

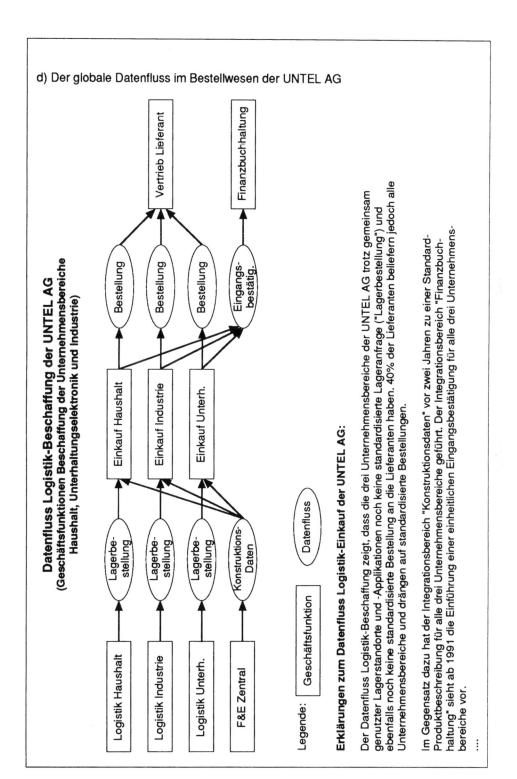

d) Der globale Datenfluss im Bestellwesen der UNTEL AG

Datenfluss Logistik-Beschaffung der UNTEL AG
(Geschäftsfunktionen Beschaffung der Unternehmensbereiche
Haushalt, Unterhaltungselektronik und Industrie)

Vertrieb Lieferant

Finanzbuchhaltung

Bestellung

Bestellung

Bestellung

Eingangs-bestätig.

Einkauf Haushalt

Einkauf Industrie

Einkauf Unterh.

Lagerbe-stellung

Lagerbe-stellung

Lagerbe-stellung

Konstruktions-Daten

Logistik Haushalt

Logistik Industrie

Logistik Unterh.

F&E Zentral

Legende: Geschäftsfunktion   Datenfluss

Erklärungen zum Datenfluss Logistik-Einkauf der UNTEL AG:

Der Datenfluss Logistik-Beschaffung zeigt, dass die drei Unternehmensbereiche der UNTEL AG trotz gemeinsam genutzter Lagerstandorte und -Applikationen noch keine standardisierte Lageranfrage ("Lagerbestellung") und ebenfalls noch keine standardisierte Bestellung an die Lieferanten haben. 40% der Lieferanten beliefern jedoch alle Unternehmensbereiche und drängen auf standardisierte Bestellungen.

Im Gegensatz dazu hat der Integrationsbereich "Konstruktionsdaten" vor zwei Jahren zu einer Standard-Produktbeschreibung für alle drei Unternehmensbereiche geführt. Der Integrationsbereich "Finanzbuch-haltung" sieht ab 1991 die Einführung einer einheitlichen Eingangsbestätigung für alle drei Unternehmens-bereiche vor.

....

3.2.2.3.2.   Abgrenzung des Integrationsbereichs

Die zentrale Architektur-Entwicklung erarbeitet Vorschläge zur Realisierung von Integrationsbereichen. Mit dem Dokument "Abgrenzung des Integrationsbereichs" legt er eine entscheidungsreife Vorlage für die Projektierung des Integrationsbereichs vor. Der IS-Ausschuss begutachtet diese Vorschläge einmal jährlich und gibt einen Auftrag zur Realisierung des Integrationsbereichs.

Aufbau des Dokuments   Abgrenzung des Integrationsbereichs

Die Abgrenzung des Integrationsbereichs umfasst die folgenden Teile:

- organisatorische Angaben:
  Bezeichner des Integrationsbereichs
  Datum, Visum des dezentralen IS-Leiters

- Beschreibung des Integrationsbereichs:
  betroffene Geschäftsfunktionen
  betroffene Unternehmensbereiche

- Ziele der Integration:
  Integrationspotentiale und grobe Beschreibung der Änderungen in den Geschäftsfunktionen durch die Integration

- technische Realisierungsmöglichkeiten/beabsichtigte Realisierungsform der Integration:
  Art der Integration, die verfolgt werden soll
  grobe technische Eckpfeiler der Realisierung der Integration
  organisatorische Implikationen

- Kosten-/Nutzeneffekte durch die Realisierung des Integrationsbereichs:
  Beziehung zum Unternehmenskonzept, zur Basisstrategie des Unternehmens und zum IS-Konzept
  unterstützte Erfolgsfaktoren

Einsparungen, die realisiert werden können

Strategien in den betroffenen Unternehmensbereichen

- Vorschlag zur Realisierung:

  Organisation: Benennung eines Verantwortlichen für den Integrationsbereich
  (Projektleiter)
  Besetzung des zuständigen Projektausschusses

  Zeitraum für die Realisierung

  mögliche Realisierungsschritte

  erste Massnahmen zur Realisierung

- Probleme und Risiken:
  technische Probleme und Risiken, die zu Verzögerungen oder Einschränkung
  der Reichweite des Integrationsbereichs führen könnten

  organisatorische Probleme und Risiken

Verwendung in Funktion	**Abgrenzung des Integrationsbereichs**

Verabschiedung von Integrationsbereichen
Umsetzung von Integrationsbereichen

Empfänger	**Abgrenzung des Integrationsbereichs**

Zentraler IS-Ausschuss
Projektausschuss für den Integrationsbereich
Dezentrale IS-Leiter
Verantwortlicher für die Umsetzung (Projektleiter)

Up-Date-Periode	**Abgrenzung des Integrationsbereichs**

Vorschläge für Integrationsbereiche werden einmal jährlich an den IS-Ausschuss
gerichtet. Nimmt der IS-Ausschuss den Vorschlag an, erfolgt eine Überarbeitung
des Dokuments nur noch bei Bedarf, nach Entscheidung des IS-Ausschusses. Ein

solcher Bedarf entsteht z. B. dann, wenn der IS-Ausschuss die Reichweite (betroffene Organisationseinheiten) ändert.

Beispiel	**Abgrenzung des Integrationsbereichs**

UNTEL AG Zürich, Zentralbereich IS

Der Leiter des Zentralbereichs IS legt in Abstimmung mit den Vertriebsabteilungen der Unternehmensbereiche einen **Vorschlag** zur Realisierung eines Integrationsbereichs vor:

Integrationsbereich: Logistik-Europa

Auf Anregung der Vertriebsabteilungen der Unternehmensbereiche und aufgrund der Analysen der Architektur-Entwicklung wird ein Integrationsbereich "Logistik-Europa" vorgeschlagen. Der hier vorliegende Vorschlag ist mit den Leitern der IS-Bereiche der betroffenen Unternehmensbereiche abgestimmt.

Zürich, 03. Juli 1989

P. Wenner, Leiter IS

1. Umfang des Integrationsbereichs

Der Integrationsbereich "Logistik Europa" soll die gesamte Vertriebslogistik in den Unternehmensbereichen Unterhaltungselektronik, Haushalt und Industrie umfassen. Ziel ist es, die Bestellungen der Vertragshändler und Vertreter sowie die innerbetriebliche Vertriebslogistik in den Vertriebskanälen zu unterstützen.

Die betroffenen Geschäftsfunktionen sind:

Vertrieb Unterhaltung

Auftragsannahme Vertragshändler

Auftragsannahme Vertreter

Direkt-Bestellwesen Unterhaltung

Lageranfrage Unterhaltung

Logistikauftrag Unterhaltung

Vertrieb Haushalt

....

Logistik Haushalt

Logistik Industrie

Logistik Unterhaltung

(die Beschreibung der Geschäftsfunktionen ist im zentralen Geschäftsfunktionenkatalog enthalten, Auskünfte erteilt: ZIS-F, zentrales Funktionsmanagement)

Die betroffenen Unternehmensbereiche und Niederlassungen sind:

Standort Zürich:

    zentraler Direktvertrieb

    Vertriebscontrolling

Standort Stuttgart:

    Vertrieb Nordeuropa

    Vertrieb Südeuropa

    Vertrieb Mitteleuropa

    Vertriebssteuerung

    Ausgangslogistik Europa

    Lagerstandort Mitte

Niederlassung Frankreich:

    Vertriebssteuerung

Niederlassung Italien:

    Vertriebssteuerung

Lagerstandorte: Nord (Hamburg), Süd (Lyon)

Vertragshändler über 1 Mio Umsatz (zur Anbindung mit Datenterminal).....

Der Integrationsbereich "Logistik Europa" schliesst sich an die Neustrukturierung
des Vertragshändlernetzes an. Mit der Öffnung des europäischen Binnenmarktes
erfolgt die Einführung des neuen Vertragshändlersystems. Spätestens von 1993
an soll das neue Logistiksystem in den ersten Ländern eingeführt werden.

Der Integrationsbereich "Logistik-Europa" hängt von der Realisierung des Integrationsbereichs "Kommunikation UNTEL" ab, in der vor allem eine unternehmensweit

einheitliche Kommunikationsinfrastruktur geschaffen werden soll. Zusätzlich besteht eine Abhängigkeit von der zügigen Verfügbarkeit von EDIFACT-Standards im Bereich Bestellwesen .

2 Realisierungsform für einen Integrationsbereich "Logistik Europa"

Der Integrationsbereich "Logistik-Europa" konkretisiert sich in den folgenden Realisierungsformen:

> zentrale Entwicklung und Betrieb einer Applikation "Bestandsverwaltung" (Lager)

> einmalige (dezentrale) Entwicklung und Mehrfachverwendung der Applikationen "Vertriebssteuerung/Aussendienststeuerung"

> Definition von Kommunikationsschnittstellen zur automatischen Bestellerfassung von dezentralen Vertriebsniederlassungen

> .....

3. Kosten-/Nutzeneffekte "Logistik Europa"

Das Mengen-, Kosten- und Zeitgerüst des derzeitigen Vertriebs in den drei betroffenen Unternehmensbereichen zeigt die folgenden Schwächen auf:

- der Kunde wird in mehr als 5% der Anfragen mit einem "Nein" vom Vertragshändler konfrontiert

- vom Zeitpunkt der Bestellung bis zur Auslieferung an den Kunden vergehen im Durchschnitt mehr als 2 Wochen

- die Zentralläger klagen über die hohen Sicherheitsbestände, die sie aufgrund mangelhafter Abstimmung mit den Produktionsstätten halten müssen. Der Lagerumschlag beträgt im Durchschnitt nur 6.5 Umschläge pro Jahr.

......

Durch die aufgezeigten Stossrichtungen hin zu einer integrierten Informationsverarbeitung können unseres Erachtens die folgenden Nutzenpotentiale erreicht werden:

- Verkürzung Lieferdauer auf durchschnittlich eine Woche bis Ende 1993

- Verringerung der durchschnittlichen Lagerbestände in den Lagerstandorten Europa um 25% bis 30.06.1993

- 30% Personaleinsparungen durch automatisierte Bestellerfassung in den Lagerstandorten durch elektronische Kommunikation mit den Vertrags-händlern bis 31. 12. 1994

.....

Zusätzlich muss die Realisierung des Integrationsbereichs "Logistik Europa" vor dem Hintergrund der Festlegung der unternehmensweiten Strategie "Wir wollen näher am Kunden sein als die Konkurrenz" erfolgen. Die Erfüllung der Kundenwün-sche, die Verringerung der Lieferzeiten, die Auskunftsbereitschaft der Vertrags-händler,... sind Beiträge zu einer Unterstützung dieser Strategie.

.....

Die betroffenen Fachbereiche und eine Gruppe von Vertragshändlern hat die Er-reichbarkeit der Nutzeneffekte bestätigt. Die Gesprächspartner stimmen der Reali-sierung eines Integrationsbereichs "Logistik Europa" zu.

Die Kosten belaufen sich aufgrund erster Schätzungen des zentralen IS-Bereichs auf ca. 25.5 Mio SFr. innerhalb der nächsten vier Jahre.

Kostenart	Zeitraum	Höhe (SFr)
Aufbau Kommunikationsnetz UNTEL	1991	5.500.000
Entwicklung Schnittstelle Händlersysteme	I/1992	350.000

......

Die Kosten der Realisierung werden von den Vertriebsabteilungen der Unterneh-mensbereiche nach dem Schlüssel 20/40/40 (Industrie/Haushalt/Unterhaltung) übernommen. Das zentrale Vertriebscontrolling übernimmt die Kosten für die Ent-wicklung der mehrfach verwendbaren Applikation "Aussendienststeuerung".

4. Realisierung

Die Realisierung des Integrationsbereichs sollte der Leiterin Logistik Europa Mitte, Frau M. Wehling (Standort Stuttgart), übertragen werden. Frau Wehling ist als Vertre-terin der Logistik und der Standorte BRD in der Unternehmensleitung positioniert und bringt durch ihre langjährige Erfahrung im Vertrieb der Unterhaltungselektronik den erforderlichen Überblick über den Integrationsbereich mit.

Zur Realisierung des Intergrationsbereichs schlagen wir die Einrichtung eines Pro-jektausschusses vor. In diesem Ausschuss sollen die folgenden Vertreter einsitzen:

Herr...

Herr...

...

Zeitperspektive:

Die Realisierung des Integrationsbereichs "Logistik-Europa" vollzieht sich in mehreren Schritten. Aufgrund des jetzt absehbaren Umfangs des Integrationsbereichs können wir folgende Meilensteine anvisieren:

ca. Ende 1991	Abschluss der Spezifikation für die zentrale Bestandsführung
ca. Ende 1992	Entwicklung eines einheitlichen Systems zur Bestellabwicklung
ca. Ende 1993	erste Vertragshändler wickeln die Bestellungen "On-Line" ab
ab 1995	das erste Vertriebsgebiet läuft voll auf dem neuen Bestellsystem

......

Nächste Schritte:

- Einberufung des Projektausschusses

- Ernennung von Frau Wehling zur Verantwortlichen für die Umsetzung des Integrationsbereichs

- Workshops mit den betroffenen Unternehmensbereichen und Standorten

5. Probleme und Risiken

Die grössten Risiken in der Umsetzung des Integrationsbereichs liegen in der

- möglichen Verzögerung von EDIFACT Standards

- bisher mangelnden Bereitschaft zur Zusammenarbeit im Unternehmensbereich Industrie

......

3.2.2.3.3.   Statusbericht zum Integrationsbereich

Der Verantwortliche für den Integrationsbereich (Projektleiter) gibt einmal jährlich einen Statusbericht über die Realisierung des Integrationsbereichs an den zentralen IS-Ausschuss ab.

Ziel des Statusberichts ist die Darstellung der Fortschritte im Integrationsbereich, die Erläuterung der angestossenen Projekte und die Erläuterung von Problemen und notwendigen Massnahmen zu ihrer Überwindung.

Aufbau des Dokuments   Statusbericht zum Integrationsbereich

- Organisatorische Angaben:
  Bezeichner des Integrationsbereichs
  Unterschriften: Verantwortlicher für die Umsetzung des Integrationsbereichs,
                     Vorsitzender des Projektausschusses

- Zusammenfassung der Zielsetzung des Integrationsbereichs:
  kurze Darstellung der Zielsetzung des Integrationsbereichs laut Abgrenzung,
  betroffene Geschäftsfunktionen, Stossrichtung der Integration, Zeitraster

- bisher abgeschlossene Projekte im Integrationsbereich:
  seit Verabschiedung des Integrationsbereichs durchgeführte Projekte und Bericht über die erreichten und nicht erreichten Nutzenpotentiale

  Projektbezeichner, betroffene Geschäftsfunktionen und Organisationseinheiten, Realisierungszeitraum, Kurzbeschreibung, geplante Kosten/Nutzen, erreichte Kosten/Nutzen

- momentan laufende Projekte im Integrationsbereich:
  zum Berichtszeitpunkt laufende Projekte mit:

Projektbezeichner, betroffene Geschäftsfunktionen und Organisationseinheiten, Realisierungszeitraum, Kurzbeschreibung beabsichtigter Nutzenpotentiale, geplante Kosten, Probleme/ Risiken

- geplante Projekte im Integrationsbereich:
  zum Berichtszeitpunkt geplante Projekte

  ...(wie "momentan laufende Projekte")

- Probleme bei der Umsetzung des Integrationsbereichs:
  Probleme technischer Art, Probleme organisatorischer Art

- Massnahmen zur Überwindung der Probleme bei der Umsetzung:
  Änderung der Zielsetzung/Reichweite des Integrationsbereichs
  personelle Umbesetzungen
  Änderung des Zeitrahmens des Integrationsbereichs

Verwendung in Funktion   Statusbericht zum Integrationsbereich

Kontrolle von Integrationsbereichen

Empfänger   Statusbericht zum Integrationsbereich

IS-Ausschuss

zentraler IS-Leiter

Up-Date-Periode   Statusbericht zum Integrationsbereich

Der Statusbericht ist einmal jährlich an den IS-Ausschuss abzugeben.

Beispiel	Statusbericht zum Integrationsbereich

UNTEL AG Stuttgart   Logistik Europa Mitte

Statusbericht zum Integrationsbereich "Logistik Europa"

Stuttgart, 2. August 1990

Verantwortlich: M. Wehling, Logistik Europa Mitte

Vorsitzender des Projektausschusses: E. Kunze, Vertrieb Unterhaltung

1. Zusammenfassung der Zielsetzung des Integrationsbereichs

Der Integrationsbereich Logistik Europa deckt die Vertriebslogistik in den Unternehmensbereichen Unterhaltungselektronik, Industrie und Haushaltsgeräte ab. Die folgenden Geschäftsfunktionen sind betroffen:

- (Liste der betroffenen Geschäftsfunktionen)

Die Zielsetzung des Integrationsbereichs liegt vor allem in der Verkürzung von Lieferzeiten an die Vertragshändler des Konzerns, in der Nutzung von Synergieeffekten aus einem gemeinsamen Logistik-Konzept (Lagerhaltung, Transport) und in der Vermeidung von Mehrfachentwicklungen im Bereich Vertriebssteuerung.

.....

Die Abgrenzung und der Beschluss des Integrationsbereichs gehen aus den Sitzungsunterlagen des IS-Ausschusses vom 7. Juli 1989 hervor.

2. Abgeschlossene Projekte im Integrationsbereich LOGISTIK EUROPA

Datum: 3. August 1990
Verantwortlich: M. Wehling, LOG-E-Mitte

Projektbezeichner	betroffene Geschäftsfunktionen	betroffene org. Einheiten	Zeitraum	Kurzbeschreibung	Kosten/Nutzen geplant	Kosten/Nutzen realisiert
Z-Bestand Datmod	Logistik Haushalt Logistik Industrie Logistik Unterhaltung	Logistik Europa Nord Logistik Europa Mitte zentrale Logistik ZH ...	7/89-7/90	Entwicklung eines Datenmodells für die zentrale Bestandsführung	Kosten: 1 500 000 Nutzen nicht quantifizierbar	Kosten: 1 400 000
Eval EDIFACT	Vertrieb Unterhaltung Vertrieb Industrie Vertrieb Haushalt Einkauf Vertriebshändler	Zentrale Haushalt Zentrale Unterhalt. Zentrale Industrie Händlervertreter	9/89-6/90	Evaluation und Anpassung der EDIFACT Standards für Händlerbestellungen	Kosten: 200 000	Kosten: 300 000
...						

3. Laufende Projekte im Integrationsbereich LOGISTIK EUROPA

Datum: 3. August 1990
Verantwortlich: M. Wehling, LOG-E-Mitte

Projektbezeichner	betroffene Geschäftsfunktionen	betroffene org. Einheiten	Zeitraum	Kurzbeschreibung	Kosten/Nutzen geplant	Kosten/Nutzen realisiert
Z-Bestand Spezifkation	Logistik Haushalt Logistik Industrie Logistik Unterhaltung	Logistik Europa Nord Logistik Europa Mitte zentrale Logistik ZH	ab 6/90	Entwicklung des zentralen Bestandsführungssyterns in Zürich	Kosten: 2 500 000 Nutzen: 3 500 000	Kosten bisher: 250 000
Aufbau Händlerschnittstelle	Vertrieb Unterhaltung Vertrieb Industrie Vertrieb Haushalt Einkauf Vertriebshändler	Zentrale Haushalt Zentrale Unterhalt. Zentrale Industrie Händlervertreter	ab 5/90	Entwicklung einer Schnittstelle für die "On-Line"-Bestellabwicklung der Vertragshändler	Kosten: 800 000 Nutzen: 1 500 000 Lieferbeschleu. um 50%	Kosten bisher: 300 000 Nutzen: noch nicht realisiert
...						

4. geplante Projekte im Integrationsbereich LOGISTIK EUROPA

Datum: 3. August 1990
Verantwortlich: M. Wehling, LOG-E-Mitte

Projektbezeichner	betroffene Geschäftsfunktionen	betroffene org. Einheiten	Zeitraum	Kurzbeschreibung	Kosten/Nutzen geplant
E-Händlerbest	Logistik Haushalt Logistik Industrie Einkauf Vertriebshändler	Logistik Europa Nord Logistik Europa Mitte zentrale Logistik ZH	1/91-7/91	Einführung der Händlerschnittstelle in F, I und BRD	Kosten: 500 000 Nutzen: 650 000 bis 12/94
...					

5. Probleme bei der Umsetzung des Integrationsbereichs

Bei der Realisierung des Integrationsbereichs traten bisher die folgenden Problem-
felder auf:

- Bereitschaft zur Mitarbeit der Händler nur sehr schwach, wahrscheinlich keine
  Kostenbeteiligung durchsetzbar

- Verzögerung des Integrationsbereichs "Kommunikation UNTEL AG" um 1 Jahr

- Mitarbeit des Unternehmensbereichs Industrie nur sehr verhalten

im einzelnen:

....

6. Massnahmen zur Überwindung der Probleme bei der Umsetzung

Wir schlagen zur Überwindung der Probleme im Integrationsbereich Logistik Europa
folgende Massnahmen vor:

- Traktandierung des Integrationsbereichs in der Händlerschulung und am
  Dezember-Händlertreffen

- Ausschluss des Unternehmensbereichs Industrie

- personelle Umbesetzungen im Projektausschuss

- Terminierung der Einführung des Bestandsführungssystems um sechs Monate
  nach hinten

im einzelnen:

......

3.2.3.   Informationssystem-Architektur

3.2.3.1. Ablaufplan

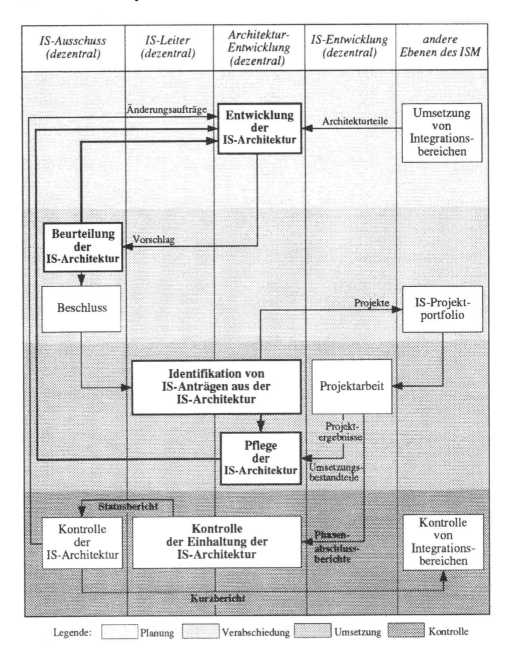

Bild 3.2.3.1./1: Ablaufplan Ebene IS-Architektur

3.2.3.2. Teilfunktionen auf Ebene der Informationssystem-Architektur

3.2.3.2.1. Planung der Informationssystem-Architektur

Das Konzept der IS-Architektur haben wir bereits im Punkt 2.6.2. vorgestellt. Das folgende Kapitel stellt den Zusammenhang zwischen den Komponenten einer IS-Architektur dar und beschreibt die Teilschritte der Planung der IS-Architektur.

Die Informationssystem-Architektur erklärt die folgenden *14 Komponenten* und ihren logischen Zusammenhang [vgl. Devlin/Murphy 1988, S. 62, Gallo 1988, S. 29ff., Hilbers 1989a, Klein 1990, Meador 1990, S. 43, Meier 1989, Olle e. a. 1988, Scheer 1990, S. 14ff., Zachman 1987, S. 285]:

Geschäftsfunktionen	Applikationen
Ziele/Strategien	Geschäftsobjekte
Kritische Erfolgsfaktoren	Entitätstypen
Organisatorische Einheiten	Attribute
Externe Agenten	Beziehungen
Orte	Logische Datenbanken
Integrationsbereiche	Flüsse

Bild 3.2.3.2.1./1: Komponenten der IS-Architektur

Die Zusammenhänge zwischen diesen Komponenten der Informationssystem-Architektur sind in den folgenden *drei Teilsichten* dargestellt. Diese Teilsichten ermöglichen dem Leser, die Komponenten unabhängig von der Unterscheidung zwischen "Organisationsmodell", "Funktionsmodell" und "Datenmodell" im Überblick und Zusammenhang zu sehen.

Die dargestellten Beziehungen zwischen den einzelnen Komponenten der IS-Architektur verdeutlichen nochmals die Notwendigkeit der integrierten Sicht auf Organisation, Funktionen und Daten. Zusätzlich legen die Komponenten und Beziehungen eine Mindestanforderung für eine Werkzeugunterstützung der Architektur-Entwicklung fest.

Die Darstellung der Teilsichten orientiert sich an der Notation der konzeptionellen Datenmodellierung. Sie stellt mit Hilfe von Kästen die Komponenten und mit Hilfe von Verbindungslinien die Beziehungen zwischen den Komponenten dar. An den Kanten ist jeweils die Art der Beziehung angegeben.

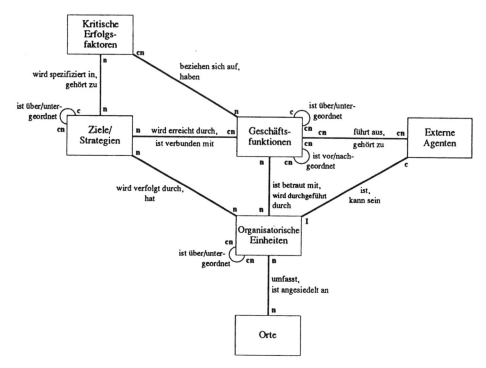

Bild 3.2.3.2.1./2: Komponenten der IS-Architektur, Teilsicht "Organisation"

Der Typ der Beziehung ist mit Buchstaben gekennzeichnet (1: einer Komponente des einen Typs wird genau eine Komponente des anderen Typs zugeordnet, c: einer Komponente des einen Typs wird keine oder eine Komponente des anderen Typs zugeordnet, n: einer Komponente des einen Typs werden eine oder mehrere Komponenten des anderen Typs zugeordnet, cn: einer Komponente des einen Typs kann keine, eine oder mehrere Komponenten des anderen Typs zugeordnet werden).

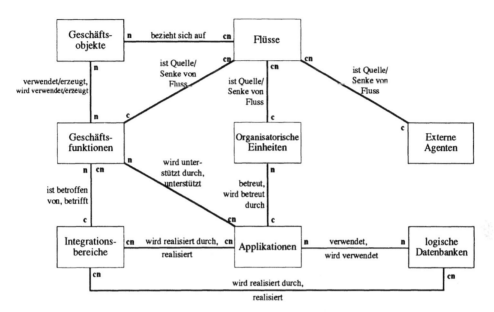

Bild 3.2.3.2.1./3: Komponenten der IS-Architektur Teil-
sicht "Applikationen und Datenbanken"

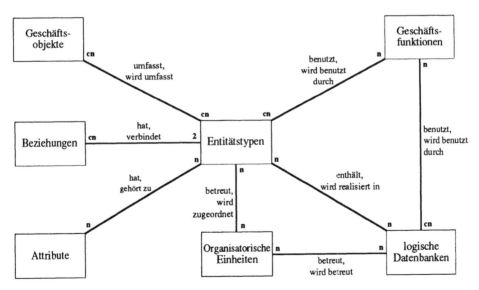

Bild 3.2.3.2.1./4: Komponenten der IS-Architektur
Teilsicht "Datenmodell"

Die Planung der Informationssystem-Architektur setzt sich aus den folgenden *Teilfunktionen* zusammen:

a) Entwicklung des Organisationsmodells

b) Entwicklung des Funktionsmodells

c) Entwicklung des Datenmodells

d) Entwicklung des Kommunikationsmodells

e) Entwicklung von Anforderungen an die Sicherheit der Daten und Funktionen

f) Entwicklung von Anforderungen an die technische Infrastruktur

Die Entwicklung des Organisations-, Funktions- und Datenmodells ist in hohem Masse interdependent. Um die Konsistenz der einzelnen Modelle zu sichern, müssen die Stellen "Datenmanagement", "Organisation", und "Funktionsmanagement" eng zusammenarbeiten. Das SG ISM fasst sie daher in der Stelle Architektur-Entwicklung zusammen.

Der Erfolg der Entwicklung und späteren Umsetzung der IS-Architektur ist neben der integrierten Gesamtsicht auf Organisation, Daten und Funktionen jedoch in erster Linie von der *Beteiligung des Fachbereichs* an der Entwicklung der Architektur abhängig. Nur wenn die Architektur-Entwicklung es schafft, das vom Fachbereich gewünschte Geschäftssystem abzubilden, kann die IS-Entwicklung anschliessend die Benutzeranforderungen in Applikationen, Datenbanken und organisatorische Regelungen umsetzen. Für die Beteiligung des Fachbereichs sind in erster Linie Workshops geeignet. An solchen Workshops kann die Architektur-Entwicklung jeweils einen Teil der IS-Architektur von allen drei Sichten beleuchten und mit dem Fachbereich gemeinsam die Inhalte von Organisations-, Daten-, Funktions- und Kommunikationsmodell ausarbeiten. Die Erfahrung mit der Entwicklung von Architekturen in Zusammenarbeit mit dem Fachbereich zeigt ebenfalls, dass die Mitarbeiter des Fachbereichs durch die Beteiligung einen wichtigen *Lernprozess* durchlaufen. Einerseits eröffnen die Perspektiven der IS-Architektur die Möglichkeit, das Geschäft einmal von einer abstrakteren, logischen Ebene zu betrachten, andererseits verbindet die gemeinsame Entwicklung die Fachbereichsmitarbeiter stärker mit ihrem Informationssystem.

ad a)   Entwicklung des Organisationsmodells

Das Organisationsmodell eines dezentralen Bereichs legt die folgenden Parameter fest:

* organisatorische Einheiten (Stellen, Abteilungen, , Bereiche etc.)
* Zuordnung von Geschäftsfunktionen zu organisatorischen Einheiten
* Verantwortung von organisatorischen Einheiten für Datenbanken und Applikationen

Bild 3.2.3.2.1./5: Parameter des Organisationsmodells

Für die Organisation entstehen daraus folgende Teilaufgaben [vgl. zu den Auswirkungen von Informationstechniken auf die Organisation Scott Morton 1989, S. 12]:

* Identifikation der Geschäftsfunktionen (Übernahme von und Zusammenarbeit mit dem Funktionsmanagement)
* Dokumentation der Ist-Organisation (Verteilung der Geschäftsfunktionen auf existierende organisatorische Einheiten, bisherige Arbeitsabläufe)
* Identifikation von Mängeln in der bisherigen Organisation
* Entwicklung von alternativen Aufbau- und Ablauforganisationen
* Bewertung organisatorischer Gestaltungsalternativen
* Entwicklung von Projektideen für die Reorganisation des Bereichs (Lückenanalyse)
* Rückmeldung der geplanten Aufbau- und Ablauforganisation an das Funktions- und Datenmanagement
* Dokumentation und Pflege der Projektergebnisse (Stellenbeschreibungen, Formulare etc.)

Bild 3.2.3.2.1./6: Aufgaben bei der Entwicklung des Organisationsmodells

Die *Identifikation von Geschäftsfunktionen* ist eine Kernaufgabe bei der Entwicklung der Funktionsarchitektur des Unternehmens. Die Funktion "Entwicklung des Funktionsmodells" übernimmt die Analyse der Geschäftsfunktionen. Die traditionell in einer Abteilung "Organisation" angesiedelte *Aufgabenanalyse* wird vom "Funktionsmanagement" und der "Organisation" gemeinsam durchgeführt.

Die *Identifikation von Mängeln* der bisherigen Organisation hilft bei der Entwicklung von Ansatzpunkten zur Verbesserung der Organisation. Probleme der Aufbau- und Ablauforganisation zeigen sich häufig durch die folgenden Symptome:

- ungenügende Marktnähe der Aufgabenerfüllung

- Überlastung der Führungskräfte im untersuchten Bereich

- dauerhafte Schwierigkeiten bei der Besetzung von Stellen

- mangelhafte Motivation der Mitarbeiter

- erhöhte Fluktuation der Mitarbeiter

- umständliche Informationsflüsse

- umständliche physische Materialflüsse

Checkliste 3.2.3.2.1./7: Symptome organisatorischer Probleme

Der Gruppe "Organisation" hat nach der Analyse von Defiziten die Aufgabe, die Geschäftsfunktionen im Sinne eines Soll-Modells zu organisatorischen Einheiten *(Stellenbildung)* zusammenzufassen. Kriterien für die Zusammenfassung von Funktionen zu Organisationseinheiten im Soll-Modell können neben der Informationsverarbeitung der Materialfluss, die Verfügbarkeit von Personal und die Notwendigkeit der unstrukturierten, informellen Kommunikation zwischen den Geschäftsfunktionen etc. sein.

Die Ablauforganisation stellt die Geschäftsfunktionen in Form von Flussdiagrammen, die z. B. den Materialfluss oder den Dokumentfluss im Unternehmen zeigen, dar. Sie stellt den räumlichen und zeitlichen Ablauf der Geschäftsfunktionen eines Unternehmens in den Vordergrund. Die zunehmende Bedeutung des Erfolgsfaktors "Geschwindigkeit" führt zu einem höheren Stellenwert der Ablauforganisation. Bei der Planung der Ablauforganisation steht eine möglichst kurze Durchlaufzeit durch optimale Informationsverarbeitung im Vordergrund.

Die *Bewertung organisatorischer Alternativen* berücksichtigt neben der Wirtschaftlichkeit der Lösung Kriterien wie die Nutzung vorhandener Ressourcen, Marktinterdependenzen, Flexibilität und Stabilität, Motivation der Mitarbeiter, Übereinstimmung von Kompetenz und Verantwortung, Kundennutzen, etc.

Aus der Gegenüberstellung von Soll- und Ist-Organisation *(Lückenanalyse)* ergeben sich Projekte und Massnahmen für die Umsetzung der Organisation.

ad b)   Entwicklung des Funktionsmodells

Das Funktionsmanagement führt zur Entwicklung des Funktionsmodells [vgl. Dokument: "Funktionen", Punkt 3.2.3.3.2.] die folgenden Teilaufgaben durch:

- Identifikation von Geschäftsfunktionen
- Bildung einer Geschäftsfunktionenhierarchie
- Beschreibung der Geschäftsfunktionen
- Identifikation von Erfolgsfaktoren (Ziele, Strategien) der Geschäftsfunktionen
- Identifikation der Ablauffolgen der Geschäftsfunktion
- Analyse der bisherigen Unterstützung der Geschäftsfunktionen durch Applikationen
- Identifikation von notwendigen Applikationen (Soll-Modell)
- Bezeichnung der Zuständigkeit von Organisationseinheiten für Applikationen

Bild 3.2.3.2.1./8: Aufgaben des Funktionsmanagements

Das dezentrale Funktionsmanagement ermittelt in Abstimmung mit dem zentralen Funktionsmanagement [vgl. Funktion "Planung von Integrationsbereichen", Punkt 3.2.2.2.1.] die *Geschäftsfunktionen* des betrachteten Unternehmensbereichs. Die Identifikation setzt auf den Analysen von globalen Wertketten auf und verfeinert diese durch die Zerlegung in spezielle Vorgangsketten (z. B. Materialfluss). Für die Identifikation von Geschäftsfunktionen und ihrer Hierarchie ist der Fachbereich zu involvieren und dazu anzuhalten, von der bisherigen Aufbauorganisation zu abstrahieren. Nur wenn es gelingt, diese Abstraktion zu erreichen, kann die IS-Entwicklung die Potentiale der Informationsverarbeitung in Verbindung mit notwendigen Reorganisationen realisieren.

An die Identifikation der Geschäftsfunktionen schliesst sich die *Beschreibung* (Ziele, Ablauf) und die Angabe der *kritischen Erfolgsfaktoren (Ziele, Strategien)* an. Mit der Angabe der kritischen Erfolgsfaktoren einer Geschäftsfunktion legt der Fachbereich die Basis für die Unterstützung der Geschäftsfunktion durch die IS-Entwicklung.

In Zusammenarbeit mit der "Organisation" stellt das "Funktionsmanagement" die *Ablauffolge* von Geschäftsfunktionen dar.

Durch die Gegenüberstellung von *bisher betriebenen Applikationen* und Geschäftsfunktionen identifiziert das "Funktionsmanagement" Lücken in der Unterstützung. Diese Lücken sind die Basis für die Entwicklung des Soll-Modells der Applikationen. Die zukünftige *Applikationslandschaft* wird durch die Angabe beschrieben, welche Applikation welche Geschäftsfunktionen unterstützt und welche organisatorischen Einheiten zuständig sind.

ad c)   Entwicklung des Datenmodells

Aufbauend auf einer Dokumentenanalyse hat das Datenmanagement in Zusammenarbeit mit dem Fachbereich folgende Aufgaben zu lösen:

- Identifikation und Beschreibung der Geschäftsobjekte im betrachteten Bereich
- Identifikation und Beschreibung der Entitätstypen
- Identifikation der zentralen Attribute der Entitätstypen
- Entwicklung des konzeptionellen Datenmodells
- Zuordnung der Entitätstypen zu logischen Datenbanken
- Festlegung der Verantwortung für Entitätstypen und logische Datenbanken

Bild 3.2.3.2.1./9: Aufgaben des Datenmanagements

Geschäftsobjekte sind reale und gedachte Gegenstände, mit denen sich ein Unternehmen beschäftigt und über die das Informationssystem Daten hält. Beispiele sind "Kunden", "Produkt", "Auftrag" und "Maschine". Kommunikation zwischen Geschäftsfunktionen bedeutet Austausch von Daten über Geschäftsobjekte (z. B. "Materialverbrauch" zwischen den Funktionen "Fertigung" und "Fakturierung"). Aus den Geschäftsobjekten entwickelt das Datenmanagement die Entitätstypen und das konzeptionelle Datenmodell [vgl. dazu Vetter 1990 S. 67ff.].

Ein Entitätstyp fasst eine Gruppe von Objekten der gleichen Klasse zusammen (z. B. Kunde Meier, Kunde Müller, Kunde Schmidt zum Entitätstyp "Kunde"). Ein Entitätstyp besitzt Attribute (z. B. Name, Vorname, Kreditlimit) und Wertebereiche (Codes) dieser Attribute. Weitere Angaben zu Entitätstypen, die gewöhnlich in Data Dictionaries (Repositories) gespeichert werden, sind eine verbale Beschreibung, Angaben zum Volumen (Anzahl Exemplare), die Änderungsrate und die Zuständigkeiten für den Entitätstyp.

Das konzeptionelle Datenmodell stellt die Beziehungen zwischen den Entitätstypen dar. Es ist unabhängig davon, ob das Unternehmen ein relationales, hierarchisches oder netzwerkartiges Datenbankmanagementsystem benutzt, und liefert mit den Beziehungen lediglich eine Basis für die zu realisierenden Zugriffswege und -schlüssel des physischen Datenmodells, also für die Implementierung in einem konkreten Datenbankmanagementsystem.

Auf dem Markt verfügbare Datenmodelle (Branchendatenmodelle) können helfen, ein unternehmensspezifisches Datenmodell zu entwickeln. Sofern sich ein Branchendatenmodell zu einem Industriestandard, insbesondere für die Kommunikation zwischen Unternehmen, entwickeln kann, ist ihm vermehrte Aufmerksamkeit zu widmen.

Das Datenmanagement ordnet die Entitätstypen des konzeptionellen Datenmodells logischen Datenbanken zu. Diese repräsentieren Teilsichten auf das konzeptionelle Datenmodell. Sie verbessern die Übersicht und erlauben eine getrennte Behandlung von Teilen des Datenmodells. Die Teilsichten können Überschneidungen besitzen. So lassen sich örtlich und organisatorisch getrennte Datenbanken spezifizieren.

Die Zuordnung der Verantwortlichkeit von organisatorischen Einheiten zu den Entitätstypen ist eine Voraussetzung für die Datensicherheit und -konsistenz. Sie beinhaltet die Berechtigung zum Anlegen, Ändern und Löschen von Entitäten (Exemplaren eines Entitätstyps).

ad d)   Entwicklung des Kommunikationsmodells

Das Kommunikationsmodell schafft die Verbindung zwischen Organisations-, Funktions- und Datenmodell. Zur Entwicklung des Kommunikationsmodells hat die Architektur-Entwicklung folgende Aufgaben zu lösen:

- Identifikation der Datenflüsse zwischen den Geschäftsfunktionen
- Identifikation der Datenflüsse zwischen den Organisationseinheiten
- Identifikation der Datenflüsse zwischen dem Unternehmen und externen Agenten
- Darstellung des Zugriffs von Geschäftsfunktionen auf Entitätstypen
- Darstellung des Zugriffs von Applikationen auf logische Datenbanken

Bild 3.2.3.2.1./10: Entwicklung des Kommunikationsmodells

Die Datenflüsse zwischen Organisationseinheiten, Geschäftsfunktionen und externen Agenten stellt die Architektur in Form von Datenflussplänen dar. Gemeinsam mit der Darstellung des Zugriffs von Geschäftsfunktionen auf Entitätstypen und von Applikationen auf Datenbanken ermöglichen diese Darstellungen die spätere Bezeichnung und Spezifikation von Schnittstellen zwischen Applikationen/Datenbanken und zu externen Marktpartnern.

ad e)   Entwicklung von Anforderungen an die Sicherheit der Daten und Funktionen

Gemeinsam mit den Informatik-Diensten (Management der Informatik) [vgl. Bild 2.5.3./1] legt die Architektur-Entwicklung die Basis für die Sicherheit von Daten und Funktionen. Die grundsätzlichen Zugriffsberechtigungen von organisatorischen Einheiten auf Applikationen und die Festlegung von Schreib- und Leseberechtigungen auf Datenbanken und Entitätstypen strukturiert spätere Konkretisierungen im Betrieb des Informationssystems. Zusätzlich zu Zugriffsberechtigungen kann die Architektur-Entwicklung grobe Anforderungen an Backup-/Recovery-Verfahren festlegen.

ad f)   Entwicklung von Anforderungen an die technische Infrastruktur

Die Verteilung von logischen Datenbanken und Applikationen sowie die zugehörigen Zugriffe von organisatorischen Einheiten schaffen grundsätzliche Anforderungen an die Infrastruktur der späteren Lösung. Implikationen ergeben sich insbesondere für die benötigten Prozessorkapazitäten einzelner Applikationen, für die notwendige Kapazität von Datenbanken und für die Kommunikationsleistung. Gemeinsam mit den Informatik-Diensten formuliert die Architektur-Entwicklung aus der IS-Architektur die wichtigsten Implikationen für die Infrastruktur der Informationsverarbeitung.

Neben der Entwicklung ist die *Wartung der IS-Architektur* eine wesentliche Aufgabe des IS-Managements. Zusätzlich dazu, dass bestimmte Architekturteile im Rahmen der Umsetzung von Integrationsbereichen vorgeschrieben werden, kommen durch die Projektarbeit ständig neue Ideen und Detailmodelle sowie Umsetzungsbestandteile (Codes, Softwaremodule, Integritätsbedingungen etc.) zur IS-Architektur hinzu.

Das Festschreiben einer "fortan gültigen" IS-Architektur ist also weder möglich noch wünschenswert. Die IS-Architektur muss durch kontinuierliche Verbesserung und Erweiterung in den Prozess der Projektarbeit und der Veränderung von Geschäftsstrategien und Organisationen eingefügt werden. Besonders zu beachten sind:

- Der *Detaillierungsgrad der IS-Architektur* bestimmt die Änderungsrate. Die IS-Architektur sollte nicht so weit detailliert werden, dass jedes Projekt durch Erkenntnisse in der Analysephase die IS-Architektur ins Wanken bringt.

- Die *Nutzung von CASE-Tools* und *Repositories* ist für die Handhabung der Dynamik der IS-Architektur unerlässlich. Diese Werkzeuge unterstützen unterschiedliche Sichtweisen auf die Architekturdaten, und sie ermöglichen eine redundanzarme Datenverwaltung.

- Die im IS-Konzept verankerten *Methoden der Systementwicklung* erlangen hinsichtlich der Weiterentwicklung der Architektur besonderes Gewicht. Sind im Unternehmen unterschiedliche Methoden der Systementwicklung vorhanden, sind die Architekturdaten nicht austauschbar und integrierbar. Eine unternehmensweit einheitliche Methode der Systementwicklung unterstützt also die Wartung (Weiterentwicklung) der Architektur.

- Die Änderungen an der IS-Architektur müssen bei einer Stelle zusammenlaufen. Bei wachsendem Umfang der IS-Architektur ist es zusätzlich sinnvoll, Verantwortliche für *Teilsichten* der IS-Architektur oder nur für bestimmte logische Datenbanken oder Applikationen zu bestimmen.

• Die Änderungen an der IS-Architektur erfordern ein *Versions-Management*. Die "Architektur-Entwicklung" sammelt Änderungen und publiziert zu bestimmen Zeitpunkten eine neue Version ("Release") der IS-Architektur.

• *Kontrollpunkte im Projektmanagement* [vgl. die Funktion "Umsetzung der IS-Architektur", Punkt 3.2.3.2.3.] helfen Änderungswünsche an die IS-Architektur zu systematisieren.

• Die Grundzüge der IS-Architektur beschreiben das Geschäft des Unternehmens. Diese Grundzüge ändern sich durch die Projektarbeit nur bedingt. Wir empfehlen deshalb zusätzlich zur ständigen Aktualisierung alle 5-7 Jahre auch die Grundzüge der Architektur zu überdenken und an zukünftige Erfordernisse des Geschäfts anzupassen. Dies verhindert ein Erstarren in unternehmerisch überholten Architekturen.

organisatorische Verantwortung	Planung der IS-Architektur

Die Informationssystem-Architektur des Unternehmens wird arbeitsteilig zwischen dem Fachbereich und der Architektur-Entwicklung (Organisation, Funktionsmanagement, Datenmanagement) eines dezentralen Bereichs entwickelt.

Die Umsetzung von bereichsübergreifenden Integrationsbereichen erfordert die Entwicklung von "Teil"-Architekturen (z. B. Schnittstellenbeschreibungen, Datenstandards etc.) durch die zentrale Architektur-Entwicklung oder eine dezentrale Architektur-Entwicklung ("major user"). Die dezentrale Architektur-Entwicklung baut diese Teile der Architektur in die (dezentrale) eigene IS-Architektur ein.

Ausführungsmodus	Planung der IS-Architektur

Die Entwicklung und Pflege einer IS-Architektur ist eine ständige Aufgabe. Alle 5-7 Jahre werden die Grundzüge der Architektur überdacht und angepasst.

Input-Dokumente		Planung der IS-Architektur
Input	**von wem?**	**wofür?**
Integrationsbereiche	zentraler ISM-Stab	Identifikation von globalen Geschäfts-funktionen, Berücksichtigung der "Teil"-Architekturen der Integrationsbereiche in der eigenen IS-Architektur
Ist-Dokumentation des Geschäftssystems, Dokumente, Formulare	Organisation, Unternehmensplanung	Identifikation der Geschäftsfunktionen, Geschäftsobjekte, Entitätstypen und Datenflüsse
Ist-Dokumentation des Informationssystems und der Organisation (IS-Architektur)	IS-Bereiche des Unter-nehmens, zentrale und de-zentrale Architektur-Ent-wicklung	Identifikation von Lücken, Vermeidung von Mehrfachentwicklungen

Output-Dokumente		Planung der IS-Architektur
Output	**an wen?**	**wofür?**
Vorschlag zur IS-Architektur	dezentraler IS-Ausschuss	Verabschiedung

3.2.3.2.2.   Verabschiedung der Informationssystem-Architektur

Die IS-Architektur hat eine fundamentale Stellung in der Informationssystem-Entwicklung. Sie legt die Leitplanken für die Systementwicklung der nächsten Jahre fest. Die Umsetzung der IS-Architektur erfordert zahlreiche Projekte und bindet dadurch erhebliche Ressourcen. Projekte, die aus dem Tagesgeschäft entstehen, werden auf ihre Konsistenz mit der IS-Architektur geprüft und nur bei Übereinstimmung durchgeführt.

Die Verabschiedung der IS-Architektur ist nicht im Sinne einer einmaligen Entscheidung für eine Strategie zu verstehen. Änderungen in der Geschäftsstrategie, in der Organisation oder in den Erfolgsfaktoren und vor allen Dingen die Projektarbeit in den Entwicklungsgruppen bewegen die IS-Architektur ständig weiter.

Die Verantwortung des Fachbereichs für die IS-Architektur ist immer wieder zu betonen. Die Stelle "Architektur-Entwicklung" plant die Architektur zusammen mit dem Fachbereich. Das Fachbereichsmanagement entscheidet im Rahmen der Vertretung im dezentralen IS-Ausschuss einmal jährlich über die IS-Architektur.

Die Verabschiedung der IS-Architektur reiht sich in den folgenden Entwicklungs- und Abstimmungszyklus ein:

- Der zentrale IS-Bereich publiziert einmal jährlich die vom IS-Ausschuss verabschiedeten Integrationsbereiche. Aufgrund dieser Publikation und der bereichsübergreifenden Zusammenarbeit bei der Planung von Integrationsbereichen weiss die dezentrale Architektur-Entwicklung, welche Teile der "eigenen" IS-Architektur durch Integrationsbereiche betroffen sind.

- Die Teile der IS-Architektur, die von anderen IS-Bereichen im Rahmen von Integrationsbereichen entwickelt werden, übernimmt die dezentrale Architektur-Entwicklung in die IS-Architektur des dezentralen Bereichs.

- Die dezentrale Architektur-Entwicklung erarbeitet mit dem dezentralen Fachbereich die nicht von übergeordneten Integrationsbereichen betroffenen Teile des Organisations-, Daten- und Funktionsmodells.

- Neu entwickelte Teile der Architektur stellt der IS-Bereich ohne den formalen Umweg über den dezentralen IS-Ausschuss den Entwicklungsgruppen zur Verfügung.

- Die Entwicklungsgruppen stellen jeweils nach Projektabschluss die umgesetzten Teile der Architektur (Standards, Codes, Softwaremodule etc.) den Gruppen der Architektur-Entwicklung zur Dokumentation, Pflege und Archivierung zur Verfügung.

- Die dezentrale Architektur-Entwicklung stellt einmal jährlich eine aktuelle Version der IS-Architektur zusammen, entwickelt auf der Basis dieser Version der Architektur neue Projektideen (IS-Anträge) für das nächste Jahr und legt die IS-Architektur zusammen mit den IS-Anträgen dem dezentralen IS-Ausschuss und damit dem Linienmanagement des Fachbereichs zur Verabschiedung vor.

- Die Architektur-Entwicklung kennzeichnet jeweils die Teile der Architektur, die seit der letzten Vorlage geändert wurden, die von bereichsübergreifenden Integrationsbereichen betroffen sind und die bereits umgesetzt wurden.

- Der dezentrale IS-Ausschuss kontrolliert die Arbeiten der Architektur-Entwicklung und priorisiert im Rahmen des IS-Projektportfolio-Managements die entstandenen IS-Anträge und steuert dadurch die Umsetzung der IS-Architektur.

organisatorische Verantwortung	Verabschiedung ISA

Die Verabschiedung der IS-Architektur liegt grundsätzlich in der Kompetenz des dezentralen IS-Ausschusses.

Eine übergeordnete Kompetenz entsteht bei der Realisierung von bereichsübergreifenden Integrationsbereichen. Soweit es die Realisierung des Integrationsbereichs betrifft, hat der zuständige Projektausschuss des Integrationsbereichs die Kompetenz der Festlegung von Architekturmerkmalen.

Ausführungsmodus	Verabschiedung der IS-Architektur

Die Entwicklung der IS-Architektur ist eine kontinuierliche Aufgabe der Architektur-Entwicklung jedes dezentralen Bereichs. Einmal jährlich legt die Architektur-Entwicklung eine aktuell gültige Version der IS-Architektur sowie die daraus entstehenden Projektideen dem dezentralen IS-Ausschuss zur Verabschiedung vor.

Input-Dokumente		Verabschiedung der IS-Architektur
Input	**von wem?**	**wofür?**
IS-Architektur (Vorschlag)	(dezentraler) IS-Bereich	Beurteilung und Verabschiedung
Statusbericht zur Umsetzung der IS-Architektur	dezentraler IS-Leiter	Beurteilung der Umsetzung der bisherigen Architektur, Beschluss über Änderungen
Projektideen, IS-Anträge (Vorschlag)	(dezentraler) IS-Bereich	Entscheidung über Aufnahme in das IS-Projektportfolio

Output-Dokumente		Verabschiedung der IS-Architektur
Output	**an wen?**	**wofür?**
verabschiedete IS-Architektur	alle IS-Bereiche des Unternehmens, Organisation, IS-Entwicklung	Publikation, Vermeidung von Mehrfachentwicklung, Rahmenkonzept für die Entwicklungsarbeit im Projekt
IS-Anträge	ISM-Stab	Aufnahme in das IS-Projektportfolio

3.2.3.2.3.   Umsetzung der Informationssystem-Architektur

Einerseits wird die IS-Architektur durch eine *(a) Top-Down-Ableitung von Projekten* aus der Architektur, andererseits (b) durch die *Konsistenzprüfung einzelner Projekte, die Bottom-Up* aus den Fachbereichen kommen, umgesetzt. Die IS-Architektur ist also einerseits die Quelle für Projektideen (IS-Anträge) und andererseits der Rahmen für Projekte, die nicht direkt aus der IS-Architektur entstehen [vgl. Punkt 3.3.3.1.].

Die dezentrale Architektur-Entwicklung übernimmt zur Umsetzung der IS-Architektur die Rolle eines "Bauführers", der einerseits Projekte und Massnahmen zur Umsetzung der Architektur anstösst und andererseits die laufenden Arbeiten auf die Einhaltung der Architektur kontrolliert.

ad a)   Top-Down-Ableitung von Projekten

Die IS-Architektur repräsentiert einen Idealzustand und liefert damit die inhaltlichen Ziele der IS-Entwicklung. Vor diesem Hintergrund analysiert die Architektur-Entwicklung den Ist-Zustand. Sie überprüft aus applikatorischer Sicht, welche geschäftlichen Ziele die vorhandenen Applikationen, Datenbanken und organisatorischen Regelungen nicht erfüllen können und welche Lösungen denkbar sind. Die Architektur-Entwicklung geht also von den Erfolgsfaktoren des Geschäfts aus und stellt Fragen wie die folgenden:

* Welche Integrationsschritte fehlen im Ist-System? Welche Teile müssen geändert oder neu entwickelt werden?

* Welche Teile der IS-Architektur kann Standardanwendungs-Software verschiedener Softwarehäuser abdecken?

* Welche Dienstleistungen kann das Unternehmen seinen Kunden mit dem derzeitigen System nicht anbieten (z. B. EDIFACT-Anschluss)?

* Welche Kosten im Anwendungsbereich sind reduzierbar?

Sie stellt also die gleichen Fragen, die zur Entwicklung der IS-Architektur geführt haben, untersucht aber zusätzlich, wie diese Ziele am besten erreicht werden: durch Reorganisation, durch Modifikation der vorhandenen Systeme, durch Neuentwicklung oder durch den Zukauf von Software. Daraus entstehen IS-Anträge.

Nach der Entwicklung dieser IS-Anträge hat der Fachbereich und die Architektur-Entwicklung die Aufgabe, zusammen mit dem IS-Controlling die einzelnen Projekte zu bewerten (Kosten, Nutzen, Risiko, Strategiezusammenhang) und unter Berücksichtigung betrieblich möglicher Ablaufreihenfolgen in eine (vorläufige) Entwicklungsreihenfolge zu bringen. Diese Reihenfolge hilft dem dezentralen IS-Ausschuss bei der Verteilung der Ressourcen im IS-Projektportfolio-Management.

ad b)   Konsistenzprüfung für Bottom-Up entwickelte Projektideen

Bottom-Up entwickelte Projektideen werden durch folgende Massnahmen mit der IS-Architektur abgestimmt:

- Die Architektur-Entwicklung führt die Architektur und die daraus entstehenden Umsetzungsbestandteile im Repository.

- Die Entwicklungsgruppen müssen die bereits umgesetzten Teile der Architektur (Datendefinitionen, Zugriffsroutinen etc.) von der Architektur-Entwicklung beziehen und in der Projektarbeit verwenden.

- Die Entwicklungsgruppen legen Architekturteile (Entitätstypen, Module etc.) nicht selber an.

- Die Architektur-Entwicklung prüft die Phasenabschlussberichte der Entwicklungsteams auf die Einhaltung der ersten drei Massnahmen.

Bild 3.2.3.2.3./1: Massnahmen zur Konsistenzsicherung der Projektarbeit mit der IS-Architektur

Die Architektur-Entwicklung betreut in beiden Fällen ("Bottom-Up" und "Top-Down") die Umsetzung. Sie legt die zentralen Bestandteile der Architektur an (z. B. Entitätstypen im Data-Dictionary) und pflegt die Umsetzungsbestandteile. Verfügbare Umsetzungsbestandteile publiziert die Architektur-Entwicklung. Zukünftige Projekte müssen die bereits realisierten Umsetzungsbestandteile verwenden. Bild 3.2.3.2.3./2 stellt die Umsetzungsbestandteile der IS-Architektur und die Zuständigkeit innerhalb der Architektur-Entwicklung dar. Umsetzungsbestandteile sind jene realisierten bzw. implementierten Teile des Informationssystems, die gemäss Architektur mehrfach verwendbar und allgemein verbindlich sind.

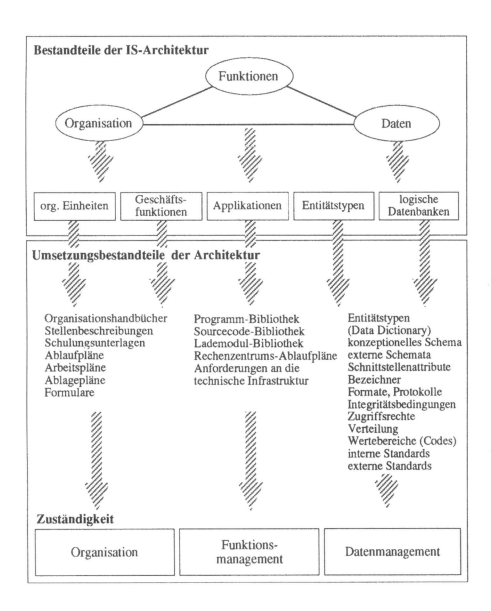

Bild 3.2.3.2.3./2: Umsetzungsbestandteile der Architektur

Organisatorische Verantwortung	Umsetzung der IS-Architektur

Für die Umsetzung der IS-Architektur ist grundsätzlich der dezentrale IS-Leiter verantwortlich. Dieser erhält vom dezentralen IS-Ausschuss den Auftrag zur Realisierung der verabschiedeten IS-Architektur und wird ermächtigt, entsprechende Projekte und Massnahmen zu initialisieren. Die Umsetzungsarbeit im Sinne der Pflege und Publikation ist Aufgabe der Architektur-Entwicklung.

Die Verantwortung für die Umsetzung der verabschiedeten Aufbau- und Ablauforganisation liegt in erster Linie bei den Führungskräften des Fachbereichs. Der Leiter des IS-Bereichs hat eine Unterstützungs- und Kontrollfunktion bei der Umsetzung der Organisation.

Ausführungsmodus	Umsetzung der IS-Architektur

Die Identifikation von Projektideen aus der IS-Architektur findet jährlich statt. Die Architektur-Entwicklung übernimmt ständig die in der Projektarbeit realisierten Umsetzungsbestandteile der IS-Architektur, archiviert, publiziert und pflegt diese.

Input-Dokumente		Umsetzung der IS-Architektur
Input	**von wem?**	**wofür?**
verabschiedete IS-Architektur	dezentraler IS-Ausschuss	Top-Down-Ableitung von IS-Anträgen, Einleitung von Massnahmen
Änderungswünsche an die IS-Architektur	Projektteams	Überarbeitung und Anpassung der IS-Architektur ("Bottom-Up")
Umsetzungsbestandteile	Projektteams	Archivierung, Publikation, Pflege

Output-Dokumente		Umsetzung der IS-Architektur
Output	**an wen?**	**wofür?**
Änderungsvorschläge zur IS-Architektur	dezentraler IS-Ausschuss	Verabschiedung
IS-Anträge	ISM-Stab	Aufnahme in das IS-Projektportfolio-Management
Umsetzungsbestandteile	Projektteams	Einhaltung der Architektur

3.2.3.2.4. Kontrolle der Informationssystem-Architektur

Für die Umsetzung der IS-Architektur sind drei *Kontrollmechanismen* vorgesehen:

a)   Der dezentrale IS-Leiter gibt einmal jährlich einen *Statusbericht* über die Realisierung der IS-Architektur ab.

b)   Der IS-Leiter führt eine jährliche *IS-Architektur-Besprechung* mit den Projektleitern der dezentralen Einheit durch.

c)   Die Architektur-Entwicklung beurteilt die *Konsistenz der Projektarbeit* mit der IS-Architektur.

ad a)   Statusbericht des dezentralen IS-Leiters

Der Statusbericht des IS-Leiters eines dezentralen Bereichs gibt über die Entwicklung (Änderung) und über die Realisierung der IS-Architektur im Berichtsjahr Auskunft. Er zeigt dem IS-Ausschuss auf, welche Projekte zur Realisierung der Architektur begonnen wurden und welchen Status diese Projekte haben.

ad b)   IS-Architektur-Besprechung mit Projektleitern

Der IS-Leiter führt jährlich mindestens eine speziell hierfür angesetzte *IS-Architektur-Besprechung* mit den in seinem Bereich tätigen Projektleitern durch. Diese Besprechungen sollen zeigen, wo Probleme mit der Informationssystem-Architektur entstehen und wie diese behandelt werden können. Der IS-Leiter muss bei Problemen geeignete Massnahmen zur Korrektur veranlassen.

ad c)   Kontrolle der Projektarbeit

Die Architektur-Entwicklung kontrolliert die Phasenabschlussberichte der einzelnen Projekte auf die Konsistenz mit der gültigen IS-Architektur. Das bedeutet für die Phasen eines Projekts:

- Vorstudie

  Kontrolle der betroffenen Funktionen und Daten; Hinweis auf die bereits
  vorhandenen und anzuwendenden Umsetzungsbestandteile der IS-Architektur bei der Architektur-Entwicklung

- Konzept

  Kontrolle der vom Projekt übernommenen Umsetzungsbestandteile der IS-
  Architektur; Klärung, welche Teile der IS-Architektur neu entwickelt und
  der Gruppe Architektur-Entwicklung zur Verfügung gestellt werden

- Realisierung

  Kontrolle, ob die bereits vorhandenen Umsetzungsbestandteile tatsächlich
  eingesetzt wurden; Übernahme der vom Projekt realisierten Umsetzungsbestandteile der IS-Architektur

organisatorische Verantwortung	Kontrolle der IS-Architektur

dezentraler IS-Ausschuss (Kontrolle der Umsetzung durch den IS-Leiter)

dezentraler IS-Leiter (jährliche Besprechung mit Projektleitern)

dezentrale Architektur-Entwicklung (kontinuierliche Kontrolle der Projektarbeit)

Ausführungsmodus	Kontrolle der IS-Architektur

Einmal jährlich wird die Umsetzung der IS-Architektur durch den Statusbericht
des dezentralen IS-Leiters beurteilt.

Die Kontrolltätigkeiten der dezentralen Architektur-Entwicklung finden kontinuierlich mit der Projektarbeit statt.

Input-Dokumente		Kontrolle der IS-Architektur
Input	**von wem?**	**wofür?**
Statusbericht des dezentralen IS-Leiters	dezentraler IS-Leiter	Berichterstattung zur Umsetzung der IS-Architektur
Phasenabschluss-berichte	Projektteams	Kontrolle der Übernahme von Umsetzungsbestandteilen der IS-Architektur
Projektergebnisse (Codes, Software, Stellenbeschreibungen etc.)	Projektteams	Kontrolle der Übernahme von Umsetzungsbestandteilen der IS-Architektur

Output-Dokumente		Kontrolle der IS-Architektur
Output	**an wen?**	**wofür?**
Massnahmen im Projektmanagement	Projektteams	Konsistenzsicherung der Projektarbeit
Änderungsanregungen zur IS-Architektur	Architektur-Entwicklung	Überarbeitung der IS-Architektur

3.2.3.3. Dokumente auf Ebene der IS-Architektur

Auf der Ebene der IS-Architektur definiert das SG ISM die folgenden Dokumente:

3.2.3.3.1.	Organisation
	a) Ablauforganisation
	b) Aufbauorganisation
3.2.3.3.2.	Funktionen
	a) Geschäftsfunktionenkatalog
	b) Applikationen
3.2.3.3.3.	Daten
	a) Geschäftsobjektkatalog
	b) Entitätstypenkatalog
	c) Konzeptionelles Datenmodell
	d) Logische Datenbanken
3.2.3.3.4.	Kommunikation
	a) Datenfluss
	b) Zugriff von Applikationen auf Datenbanken
3.2.3.3.5.	Statusbericht zur IS-Architektur

Bild 3.2.3.3./1: Dokumente auf der Ebene der IS-Architektur

Wir beschreiben die Dokumente in fünf eigenen Abschnitten. Die Reihenfolge der Dokumente orientiert sich an den drei Dimensionen der Architektur (Organisation, Funktionen, Daten), nicht an einer notwendigen Reihenfolge der Erstellung oder der Bedeutung einzelner Dokumente für das ISM.

Verwendung in Funktion	IS-Architektur

Alle Dokumente der IS-Architektur werden in Zusammenarbeit mit dem Fachbereich im Rahmen der Planung der IS-Architektur erarbeitet und während der Umsetzung der IS-Architektur weiterentwickelt und gepflegt.

Empfänger   **IS-Architektur**

Die Dokumente der IS-Architektur sind grundsätzlich dem dezentralen IS-Ausschuss zur Verabschiedung vorzulegen. Die tägliche Zusammenarbeit der Architektur-Entwicklung mit den Entwicklungsteams macht jedoch einen ständigen, formalen Umweg über den Ausschuss unmöglich. Neu entwickelte Teile der IS-Architektur stellt der IS-Bereich deshalb zunächst ohne Entscheidung des IS-Ausschusses für die Entwicklungsarbeit zur Verfügung. Einmal jährlich legt die Architektur-Entwicklung eine komplette Version der IS-Architektur dem IS-Ausschuss zur Verabschiedung vor.

Up-Date-Periode   **IS-Architektur**

Die Dynamik der Komponenten der IS-Architektur und die vielfältigen Beziehungen zwischen den Komponenten [vgl. Punkt 3.2.3.2.1.] sprechen dafür, die "Dokumente" der IS-Architektur nicht in Papierform zu führen, sondern rechnergestützte Werkzeuge zu verwenden. Die schriftliche Neuauflage (Publikation) durch die Architektur-Entwicklung erfolgt dann in Releases. Wir empfehlen, mindestens einmal jährlich auf der Basis der Ausschuss-Entscheidung eine komplette Dokumentation der IS-Architektur in Papierform zu veröffentlichen.

3.2.3.3.1.   Organisation

a)   Ablauforganisation

Die Ablauforganisation stellt den räumlichen und zeitlichen Ablauf der Geschäftsfunktionen eines Unternehmens dar. Neben dem physischen Materialfluss ist der
Informationsfluss abzubilden.

Die Darstellung der Ablauforganisation kann sich an der Wertkette des herge-
stellten Produkts oder auch an speziellen Vorgangsketten, wie z. B. der Neuprodukteinführung, der Durchführung einer Produktänderung oder der Bearbeitung
eines Kundenauftrags, orientieren.

Aufbau des Dokuments	**Ablauforganisation**

- organisatorische Angaben:

  Version, Unternehmensbereich, verantwortliche Stelle

- Bezeichner der Geschäftsfunktion:

  korrespondierender Bezeichner der Funktion aus dem Funktionsmanagement

- Zeitbedarf der Geschäftsfunktion:

  Ausführungshäufigkeiten, Zeitbedarf pro Ausführung, Durchlaufzeit, Zeitpro-
  fil

- Beschreibung der Verbindung zwischen den Geschäftsfunktionen:

  Art der Flussbeziehung, Art des Datentransports, Dauer der Verbindung

- verantwortliche Stelle, Ort der Ausführung

Beispiel   **Ablauforganisation**

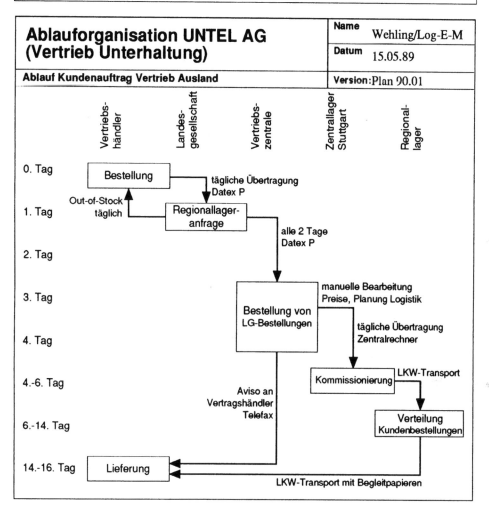

Ablauforganisation UNTEL AG
(Vertrieb Unterhaltung)

Name	Wehling/Log-E-M
Datum	15.05.89

Ablauf Kundenauftrag Vertrieb Ausland   Version:Plan 90.01

b)   Aufbauorganisation

Die Aufbauorganisation beschreibt die Stellenstruktur des Unternehmens. Darstellungsmittel für die Aufbauorganisation ist das Organigramm. Es stellt die disziplinarische Unterstellung der organisatorischen Einheiten dar.

Zusätzlich zur disziplinarischen Unterstellung zeigt die Aufbauorganisation die Zuordnung von Geschäftsfunktionen zu organisatorischen Einheiten.

Aufbau des Dokuments	Aufbauorganisation

Das Organigramm enthält die folgenden Angaben:

- organisatorische Angaben:

  Version

  Unternehmensbereich

  verantwortliche Stelle

- Stellenbezeichner

- Stelleninhaber

- Unterstellungsverhältnis

  Das Unterstellungsverhältnis kann entweder disziplinarisch oder fachlich sein. Bei fachlicher Unterstellung ist keine Weisungsbefugnis gegeben, die Unterstellung bezieht sich ausschliesslich auf die Abstimmung von Sachfragen.

- Verantwortung für Geschäftsfunktionen

  Die Verantwortung für Geschäftsfunktionen ist in einem parallel zum Organigramm zu führenden Katalog zu dokumentieren.

Beispiel	Aufbauorganisation

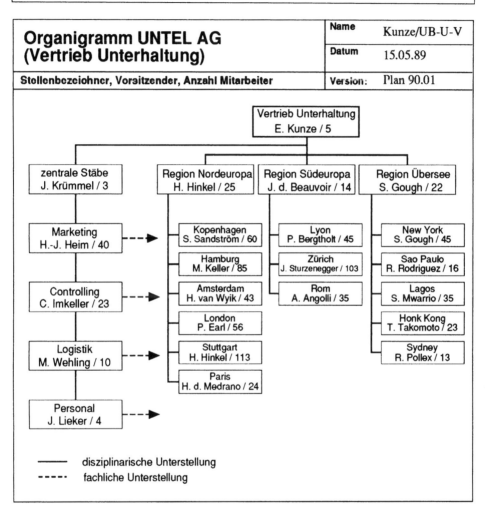

Organigramm UNTEL AG (Vertrieb Unterhaltung)

Name	Kunze/UB-U-V
Datum	15.05.89

Stellenbezeichner, Vorsitzender, Anzahl Mitarbeiter — Version: Plan 90.01

Vertrieb Unterhaltung
E. Kunze / 5

zentrale Stäbe
J. Krümmel / 3

Region Nordeuropa
H. Hinkel / 25

Region Südeuropa
J. d. Beauvoir / 14

Region Übersee
S. Gough / 22

Marketing
H.-J. Heim / 40

Kopenhagen
S. Sandström / 60

Lyon
P. Bergtholt / 45

New York
S. Gough / 45

Hamburg
M. Keller / 85

Zürich
J. Sturzenegger / 103

Sao Paulo
R. Rodriguez / 16

Controlling
C. Imkeller / 23

Amsterdam
H. van Wyik / 43

Rom
A. Angolli / 35

Lagos
S. Mwarrio / 35

London
P. Earl / 56

Honk Kong
T. Takomoto / 23

Logistik
M. Wehling / 10

Stuttgart
H. Hinkel / 113

Sydney
R. Pollex / 13

Paris
H. d. Medrano / 24

Personal
J. Lieker / 4

—— disziplinarische Unterstellung
- - - - fachliche Unterstellung

3.2.3.3.2. Funktionen

Die Dokumente im Bereich "Geschäftsfunktionen" enthalten alle Informationen zu rein funktionalen Aspekten der Architektur. Wir unterscheiden die Dokumente:

a) Geschäftsfunktionenkatalog

b) Applikationen

a) Geschäftsfunktionenkatalog

Aufbau des Dokuments	Geschäftsfunktionenkatalog

Der Geschäftsfunktionenkatalog enthält die Beschreibung aller Geschäftsfunktionen. Die Reihenfolge der einzelnen Beschreibungen richtet sich nach der Geschäftsfunktionenhierarchie, die gleichzeitig das Inhaltsverzeichnis (eingerückte Liste) dieses Katalogs ist. Die Geschäftsfunktionenhierarchie zeigt die Zerlegung von globalen in elementare Geschäftsfunktionen an.

Jede Beschreibung einer Geschäftsfunktion ist dabei wie folgt gegliedert:

- Nummer und Bezeichner der Geschäftsfunktion

- Schlagworte (Deskriptoren)

- Verbale Beschreibung

- In-/Output von Geschäftsobjekten

- Liste der relevanten Erfolgsfaktoren (Ziele/Strategien)

- Liste der ausführenden Organisationseinheiten mit MT und Kosten p.a.

- Ausführungsanzahl p.a.

- Auslöser der Geschäftsfunktion

- Kosten p.a.

- Zeitverhalten

Der *Bezeichner* setzt sich bei elementaren Geschäftsfunktionen mindestens aus einem Hauptwort (Gegenstand der Funktion) und einem Verb (Art der Funktion) zusammen (z. B. "Kunden aufnehmen" oder "Medienkontakte pflegen"). Bei nicht elementaren Geschäftsfunktionen genügt die Nennung des Gegenstands der Funktion ohne die nähere Bezeichnung der Art (z. B. "Verkauf" oder "Auftragsabwicklung"). *Schlagworte* (Deskriptoren) erleichtern das Auffinden von Geschäftsfunktionen und können für die Klassifizierung von Geschäftsfunktionen herangezogen werden. Der Inhalt einer Geschäftsfunktion umschreibt die Architektur-Entwicklung verbal, wobei eine Beschreibung für sich allein für die Verwender des Katalogs verständlich, aber so knapp wie möglich ausfallen sollte.

Der *In-/Output* zeigt die Geschäftssobjekte, die eine Geschäftsfunktion verwendet und erzeugt. Danach werden diejenigen *Erfolgsfaktoren* des Unternehmens aufgelistet, die die Ausführung der Geschäftsfunktion bestimmen. Die Liste der Erfolgsfaktoren kann durch die verbale Beschreibung der verfolgten Strategie ergänzt werden. Eine Liste der *ausführenden Organisationseinheiten* mit Manntagen, Kosten und Zeitverhalten hilft, die Gesamtkosten und den Zeitbedarf dieser Funktion und ihren Anteil an allen Geschäftsfunktionen des Unternehmens festzuhalten.

Beispiel	**Geschäftsfunktionenkatalog**

Geschäftsfunktionenkatalog   **UNTEL AG, UB Unterhaltung**

Abt. UB-U-AEFM, Funktionsmanagement   **Version: 1.0 (90)**

1) Geschäftsfunktionenhierarchie

1.   Vertrieb Unterhaltung

1.1.   Kunden aufnehmen

1.2.   Aufträge erfassen

1.3.   Aufträge abwickeln

1.4.   Marketingmassnahmen

1.4.1.   Geschäftsfeldplanung durchführen

1.4.2.   Medienkontakte pflegen

...   (hierarchische Liste der Geschäftsfunktionen)

...

2.   Logistik Unterhaltung

...

2) Beschreibung Geschäftsfunktionen

• Bezeichner: 1.1. **Kunden aufnehmen**

• Schlagworte: Verkauf, Kunde, Bonitätsprüfung, Aufnahme

• Beschreibung:

Diese Funktion umfasst alle Tätigkeiten, die im Zusammenhang mit der Aufnahme/-
Ablehnung eines Bewerbers auf eine Vertragshändlerlizenz entstehen. Der Bewerber richtet (telefonisch oder schriftlich) ein Aufnahmebegehren für die Aufnahme in
den Kreis der offiziellen Vertreiber von UNTEL-Produkten (Unterhaltung) an die für
ihn zuständige Vertriebsabteilung der Firma UNTEL AG. Die Bewerbungsdaten werden dort erfasst und an die zuständige Abteilung "Zentrales Rechnungswesen" wei-
tergeleitet, um dort (über eigene Dossiers oder Auskunftsdienste) geprüft zu werden. Der Vertrieb erhält dann entweder den Bescheid, dass der Bewerber als Kunde unter näher bezeichneten Konditionen aufgenommen oder dass der Bewerber
wegen mangelnder Bonität abgelehnt wird. In beiden Fällen wird vom Vertrieb eine
entsprechende Mitteilung an den Bewerber gesandt.

• Input: Aufnahmebegehren, Bonitätsmitteilung

• Output: Bonitätsanfrage, Mitteilung an Kunde

• Erfolgsfaktoren: Kundennähe, Verbesserung der Kostensituation

• Ausführende Oe: Vertrieb Lizenzhändler, Zentrales Rechnungswesen

• Manntage und Zeitverhalten: 200 p.a., durchschnittlich 3 Manntage pro
                                    Transaktion

• Auslöser der Geschäftsfunktion: Telefonische oder schriftliche Bewerbung

3) Gesamtübersicht Geschäftsfunktionen UNTEL Unterhaltung nach organisatorischen Einheiten

Geschäftsfunktionen der UNTEL AG (Unterhaltung)

Name	Datum
Kunze/UBU-V	15.05.89

Geschäftsfunktionshierarchie - Manntageaufwand in Organisationseinheiten*

	1	2	3	4	5	8	9	10	S
1 Verkauf	0	0	137	3255		22	228	0	7306
11 Kunden aufnehmen	0	0	0	548		0	0	0	548
12 Aufträge erfassen	0	0	0	1658			228	0	1998
13 Aufträge abwickeln	0	0	0	219	0		0	0	1380
14 Marketingmassnahmen	0	0	137	508	1341		0	0	1986
141 Geschäftsfeldplanung durchf.	0	0	137	226	2	0	0	0	588
142 Medienkontakte pflegen	0	0	0	0		0	0	0	214
143 Werbung konzipieren	0	0	0	0	45		0	0	458
144 Sponsoring durchführen	0	0	0	0	56		0	0	56
145 Vertreterbeziehungen pfle.	0	0	0	226	17	0	0	0	402
146 Geschäftsbeziehungen aufba.	0	0	0	56		0	0	0	270
15 Aussendienst koordinieren	0	0	0	108		22	0	0	962
151 Budgetierung des Aussend.	0	0	0	5	0	0	0	0	275
152 Arbeitsverträge verwalten	0	0	0	0		0	0	0	226
153 Lohnabrechnung Aussend.	0	0	0	23		10	0	0	252
154 Erfolgsrechnung Aussend.	0	0	0	32		10	0	0	207
16 Grosskundenbetreuung	0	0	0	214		0	0	0	432
2 Logistik	0	0	0	0	0		225	0	1567
21 Neue Artikel verwalten	0	0	0	0			0	0	229
22 Artikel bestellen	0	0	0	0		0	0	0	214
23 Lagerbestand überwachen	0	0	0	0			111	0	656
24 Frachtführung	0	0	0	0		0	115	0	466

* Die aufgeführten Manntage verstehen sich als durchschnittlicher Manntageaufwand pro Jahr in der einzelnen Niederlassung bzw. als relativer Manntageaufwand für eine Niederlassung in der Organisationseinheit der Zentrale

Organisationseinheiten:
1 Vertriebskanalkoordinator Zentrale
2 Regionalbereichskoordinator Zentrale
3 Niederlassungsleitung
4 Vertrieb
5 Marketing
6 Logistik
7 Administration
8 Informatik
9 Kundendienst
10 Montage

b) Applikationen

Aufbau des Dokuments	Applikationen

Die Abgrenzung von Applikationen enthält die Beschreibung aller Applikationen des Unternehmensbereichs in alphabetischer Reihenfolge, wobei alle Applikationen als elementar angesehen werden (keine Hierarchisierung). Die Beschreibung der Applikationen ist dabei wie folgt gegliedert:

• Nummer und Bezeichner der Applikation

• Schlagworte oder Deskriptoren

• Verbale Beschreibung

• Benutzte Datenbanken

• Liste der unterstützten Geschäftsfunktionen

• Verteilung

• Zuständigkeit für die Applikation

Die als "Benutzte Datenbanken" aufgezählten Datenbanken müssen in dem Dokument "Daten" [vgl. Punkt 3.2.3.3.3.] beschrieben sein. Generell gibt das Dokument hier an, ob es sich um einen lesenden (r) oder schreibenden (w) Zugriff handelt.

Die Liste der unterstützten Geschäftsfunktionen darf nur Geschäftsfunktionen enthalten, die im Geschäftsfunktionenkatalog aufgeführt und beschrieben sind.

Die Verteilung gibt an, ob die Applikation zentral oder dezentral verfügbar ist (Angabe der Organisationseinheit, die für die Applikation verantwortlich ist).

Beispiel	Applikationen

Applikationskatalog der UNTEL AG, UB Unterhaltung

Abt. UB-U-AEFM, Funktionsmanagement   **Version: 1.0 (90)**

• Bezeichner der Applikation: **Vertrieb UNTEL Unterhaltung**

• Schlagworte: Vertrieb, Unterhaltung, Auftragswesen

• Beschreibung:

Das Vertriebsinformationssystem unterstützt alle Aktivitäten der UNTEL AG, die sich im Zusammenhang mit der Auftragsbearbeitung im Unternehmensbereich Unterhaltung ergeben. Hierzu zählen neben der eigentlichen Auftragsbearbeitung die Provisionierung und interne Abrechnung von Aufträgen sowie die Aufgaben des Kundendienstes. Das Vertriebsinformationssystem ist eine Applikation, welche "On-Line"-orientiert ist.

• Datenbanken: VerkaufsDB (w), GeschäftspartnerDB (w)

• Geschäftsfunktionen:

        Auftrag erfassen

        Auftrag abwickeln

        Budgetierung des AD durchführen

        Erfolgsrechnung AD durchführen

        Lohnabrechnung AD initiieren

        Grosskundenbetreuung durchführen

        Provisionierung durchführen

        Kundendienst durchführen

• Verteilung: in der Zentrale und je Niederlassung

• Zuständigkeit für die Applikation: Vertrieb UB Unterhaltung

...

3.2.3.3.3. Daten

Dieses Dokument enthält alle Informationen zu rein datenbezogenen Aspekten der IS-Architektur. Es ist in die folgenden Abschnitte gegliedert:

a)   Geschäftsobjektkatalog

b)   Entitätstypenkatalog

c)   Konzeptionelles Datenmodell

d)   logische Datenbanken

Die einzelnen Teile dieser Dokumentation (a, b, c, d) entstehen in der Reihenfolge ihrer Nennung und bauen aufeinander auf.

Alle datenbezogenen Objekte, die in diesem Dokument behandelt werden, müssen einen eineindeutigen Bezeichner aufweisen, welcher Rückschlüsse auf den Inhalt des behandelten Objektes zulässt (keine Nummern oder Abkürzungen).

a) Geschäftsobjektkatalog

Aufbau des Dokuments	Geschäftsobjektkatalog

Der Geschäftsobjektkatalog enthält die Beschreibung aller Geschäftsobjekte in alphabetischer Reihenfolge. Jede Beschreibung ist dabei wie folgt gegliedert:

• Nummer und Bezeichner des Geschäftsobjekts

• Art des Geschäftsobjekts (Klassifikation, z. B. Dokument, Objekt, Person)

• Schlagworte/Keywords/Deskriptoren

• Verbale Beschreibung

• Erzeugende/Verwendende Geschäftsfunktion

• Verantwortliche Organisationseinheit(en)

• Anzahl

• Wachstum p. a.

• Bewegung p. a.

Die *Art des Geschäftsobjekts* gibt an, ob es sich um ein Dokument (z. B. ein Formular), eine Information (z. B. über einen Kunden) oder um ein physisches Objekt (z. B. einen Artikel) handelt.

Ein Geschäftsobjekt wird *verbal beschrieben*, wobei eine losgelöste Beschreibung für die Verwender des Katalogs verständlich, aber so knapp wie möglich ausfallen sollte.

Die *erzeugende/verwendende Geschäftsfunktion* zeigt an, welche Geschäftsfunktionen das Geschäftsobjekt verwenden und erzeugen.

Der Geschäftsobjektkatalog bildet die Basis für die Erstellung des Datenmodells ((c) konzeptionelles Datenmodell) und die Bildung von Entitätstypen ((b) Entitätstypenkatalog).

Beispiel	**Geschäftsobjektkatalog**

Geschäftsobjektkatalog   **UNTEL AG, UB Unterhaltung**

Abt. UB-U-AEDM, Datenmanagement   Version: 1.0 (90)

- Bezeichner: 3.1 **Personalanforderung**   • Art: Dokument

- Schlagworte: Mitarbeiter, Bedarf, Arbeitsplatz

- Beschreibung:

Die Personalanforderung ist ein Formular für die Personalsuche - und später auch für die *Stellenbeschreibung* - enthaltend Bedarf, Arbeitsplatzbeschreibung, Anforderungsprofil und Entwicklungsmöglichkeiten.

- Erzeugende Geschäftsfunktion: Mitarbeiter suchen

- Verwendende Geschäftsfunktion: Mitarbeiter einstellen

- Verantwortliche Oe: Personalabteilung

- Anzahl: 50

- Wachstum p.a.   10

- Bewegung p.a.   150

- Bezeichner: 5.4   **Kundenauftrag**   • Art: Dokument

- Schlagworte: Mitarbeiter, Kunde, Umsatz

- Beschreibung:

Ein Kundenauftrag erfolgt in Papierform oder über elektronischen Datenaustausch (Festlegung in IS-Architektur 2.0.(89)). Der Kundenauftrag enthält in einem Auftragskopf die Kundennummer, das Bestelldatum, das Lieferdatum und den Lieferort. Die Auftragsposten des Kundenautrags enthalten die Artikelnummer und die bestellte Anzahl pro Artikel.

- Erzeugende Geschäftsfunktion: Vertrieb, Vertriebshändler

- Verwendende Geschäftsfunktion: Aufrag erfassen

- Verantwortliche Oe: Vertrieb

- Anzahl: 500

- Wachstum p. a.:   150

- Bewegung p. a.:   15.000

.....

b) Entitätstypenkatalog

Aufbau des Dokuments	Entitätstypenkatalog

Der Entitätstypenkatalog beschreibt alle aus der Detaillierung der Geschäftsobjekte gebildeten Entitätstypen in alphabetischer Reihenfolge. Jede Beschreibung ist dabei wie folgt gegliedert:

- Nr. und Bezeichner des Entitätstyps

- Aliasnamen (Synonyme)

- Schlagworte/Deskriptoren

- Verbale Beschreibung

- Kernattribute

- Beziehungen zu anderen Entitätstypen

- Zugriffsberechtigungen (Organisationseinheiten)

- Datensicherungserfordernisse

- Volumen

- Wachstum / Bewegungen

Zu den *Kernattributen* zählen immer die Identifikationsschlüssel und die wichtigsten, betriebswirtschaftlich erforderlichen Attribute.

Bei den *Zugriffsberechtigungen* kann zusätzlich nach der Zugriffsart (erzeugen, ändern, löschen, lesen) unterschieden werden.

Beispiel	Entitätstypenkatalog

Entitätstypenkatalog   **UNTEL AG Unterhaltung**

Abt. UB-U-AEDM, Datenmanagement   Version: 1.0 (90)

- Bezeichner: 1.   **Geschäftspartner**

- Alias: Partner

- Schlagworte: Adresse, Partner

- Beschreibung:

Der Entitätstyp "Geschäftspartner" enthält alle nicht vom Typ des Geschäftspartners abhängigen Daten zu natürlichen oder juristischen Personen (insbesondere Lieferanten, Vertragshändler und Vertreter), die für die UNTEL AG von geschäftlichem Interesse sind. Insbesondere zählen hierzu die Angaben zur Adresse der jeweiligen Person.

- Attribute: Partner_Nr   (6-stellig, Identifikationsschlüssel)

              Adresse   (Strasse, PLZ, Ort, LKZ, Telephon, ...)

              Kontonummer   (Buchhaltung intern)

              Zweitadresse

              ....

- Beziehungen zu anderen Entitätstypen: Kunde, Lieferant, ...

- Zugriffsberechtigung: Einkauf, Vertrieb (alle Unternehmensbereiche), Personalabteilung

- Datensicherung: wöchentlich

- Volumen: 7.000

- Wachstum/Bewegungen: + 3 % p. a. / 2.000 p. a.

- Bezeichner: 1.1 **Kunde**

- Alias: Customer

- Schlagworte: Vertrieb, Händler

- Beschreibung:

Ein Kunde ist ein Geschäftspartner, der Waren bezieht, aber kein Vertragshändler ist. Hierzu zählen im wesentlichen die Lizenzhändler, die Kunden des Direktvertriebs und die Warenhausketten. Nicht dazu zählen die Interessenten (potentielle Vertragshändler).

- Attribute: Partner_Nr   (6-stellig, Identifikationsschlüssel)

                Region

                Vertragsbedingungen

                Umsatz

                ....

- Beziehungen zu anderen Entitätstypen: Geschäftspartner, Rechnung,
                                        Bestellung,...

- Zugriffsberechtigung: Vertrieb

- Datensicherung: wöchentlich

- Volumen: 2.500

- Wachstum/Bewegungen: + 3% p. a. / 1.450 p. a.

...

c) Konzeptionelles Datenmodell

Aufbau des Dokuments	**Konzeptionelles Datenmodell**

Das konzeptionelle Datenmodell zeigt die *logische Strukturierung* aller Entitätstypen. Hierbei wird die Darstellungsform eines *Datenbankstrukturdiagramms*, welches graphisch die Entitätstypen und Beziehungstypen zwischen Entitätstypen anzeigt, verwendet.

Das Datenbankstrukturdiagramm darf nur Entitätstypen enthalten, die im Entitätstypenkatalog beschrieben sind.

Beispiel	**Konzeptionelles Datenmodell**

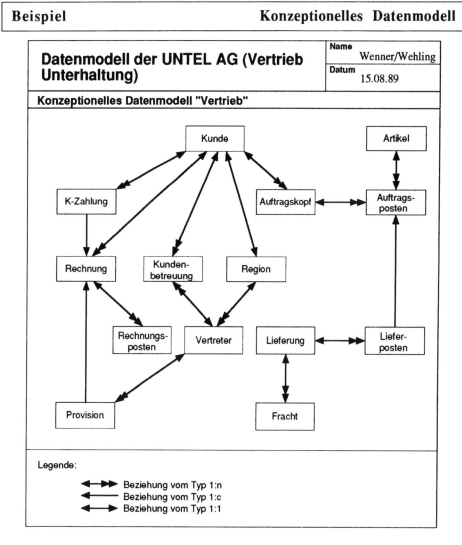

d) Logische Datenbanken

Aufbau des Dokuments	Logische Datenbanken

Das Dokument "logische Datenbanken" beschreibt alle Datenbanken (Teilsichten auf das konzeptionelle Datenmodell) anhand der in ihnen zusammengefassten Entitätstypen. Dieses Dokument muss alle Entitätstypen enthalten, die im konzeptionellen Datenmodell enthalten sind. Jede Beschreibung ist dabei wie folgt gegliedert:

- Nummer und Bezeichner der Datenbank

- Schlagworte/Deskriptoren

- Verbale Beschreibung

- Liste der enthaltenen Entitätstypen

- Standort (zentral/dezentral)

- organisatorische Verantwortung

- Zugriffsberechtigung

Beispiel	Logische Datenbanken

Logische Datenbanken   **UNTEL AG Unterhaltung**

Abt. UB-U-AEDM, Datenmanagement   Version: 1.0 (90)

- Bezeichner: 1.   Geschäftspartner DB

- Schlagworte: Geschäftspartner, Adresse, Name

- Beschreibung:

Die Geschäftspartner-Datenbank enthält alle Entitätstypen, die zur vollständigen Information über einen Geschäftspartner nötig sind. Insbesondere sind dies Informationen zu Namen, Anschrift, Bankverbindungen und betriebswirtschaftliche Daten wie z. B. Umsatz und Deckungsbeitrag.

- Entitätstypen: Geschäftspartner

                      Kunde

                      Lieferant

                      Verkaufsleiter

                      Vertreter

                      Einkäufer

                      Region

- Standort: dezentral, jeweilige Niederlassung

- Verantwortung: Vertrieb

...

3.2.3.3.4. Kommunikation

Das Dokument "Kommunikation" behandelt alle Aspekte von Datenflüssen zwischen Geschäftsfunktionen, Organisationseinheiten, Applikationen und Datenbanken auf der Ebene der Geschäftsobjekte. Das Dokument gliedert sich wie folgt:

a)   Datenfluss

b)   Zugriff von Applikationen zu logischen Datenbanken

Alle Datenflüsse, die in diesem Dokument behandelt werden, müssen einen Bezeichner aufweisen, der Rückschlüsse auf den Inhalt des Datenflusses zulässt.

a) Datenfluss

Aufbau des Dokuments	Datenfluss

Der Datenfluss enthält die Beschreibungen aller Datenflüsse in alphabetischer Reihenfolge. Jede Beschreibung ist dabei wie folgt gegliedert:

• Nummer und Bezeichner des Datenflusses

• Schlagworte oder Deskriptoren

• Verbale Beschreibung

• Quelle (Geschäftsfunktion, Organisatorische Einheit)

• Senke (Geschäftsfunktion, Organisatorische Einheit)

• Geschäftsobjekt

• Anzahl p. a. / Wachstum p. a.

Als *Quelle und Senke* werden bei der Beschreibung des Datenflusses sowohl die Geschäftsfunktion als auch die ausführende(n) organisatorische(n) Einheit(en) genannt. Unter *Geschäftsobjekt* werden alle Geschäftsobjekte aufgeführt, die Gegenstand des Datenflusses sind.

Die Zusammenfassung der Datenflüsse erfolgt im Datenflussplan.

Beispiel   **Datenfluss**

Datenflüsse   **UNTEL AG Unterhaltung**

Abt. UB-U-AE, Architektur-Entwicklung   **Version: 1.0   (90)**

1) Datenflussbeschreibungen

• Bezeichner: 3.1   Aufnahmebegehren

• Schlagworte: Kundenaufnahme, Vertrieb

• Beschreibung:

Der Datenfluss "Aufnahmebegehren" behandelt den Fluss der Basisinformationen
eines Interessenten für einen Händlervertrag vom Interessenten zum Vertrieb.

• Quelle: Kunde (Interessent)

• Senke: Bewerbung erfassen/Vertrieb

• Geschäftsobjekt: Aufnahmeantrag

• Anzahl/Wachstum: 200 p. a. / + 3%

...

2) Datenflussplan

Datenflüsse UNTEL AG UB Unterhaltung	Name Schmitz/UBU-AE
	Datum 29.07.90

Datenflüsse und Geschäftsfunktionen

Datenflussplan "Kunden-Aufnahme"

Kunde (extern)

Rechnungs-wesen

Aufnahme-begehren

Bonitäts-anfrage

Kunden-Aufnahme

Bonitätsbescheid

Geschäfts-partner-DB

Kunden-mitteilung

Legende:

Geschäftsobjekt Datenbestand

Geschäfts-funktion

liest
schreibt
liest/schreibt

3) Datenflüsse zwischen Geschäftsfunktionen

UNTEL AG (Unterhaltung)
Geschäftsfunktion benutzt Geschäftssobjekt

Name: Gushurt/Gahl/UBU
Datum: 27.07.90

Geschäftsobjekt zu Geschäftsfunktion

r = read
w = write

Geschäftsfunktion →
Geschäftsobjekt ↓

Geschäftsobjekt	Kunden aufnehmen	Auftragserfassung	Auftragsabwicklung	Geschäftsfeldplanung	Medienkontakte pflegen	Werbung konzipieren	Sponsoring durchführen	Vertreterbeziehungen pfle.	Geschäftsbez. aufbauen	Budgetierung d. Aussend.	Arbeitsverträge verwalten	Lohnabrechnung Aussend.	Erfolgsrechnung Aussend.	Grosskundenbetreuung	Neue Artikel verwalten	Artikel bestellen	Lagerbestand überwachen	Frachtführung	Buchhaltung	Führungskennzahlen erst.	Monats-/Jahresab. erst.	Berichtswesen	Budgetierung	Sach-/Personalkostencontr.	Personal anstellen	Personal ausbilden	Personalinformation verw.	Lohnverwaltung Innen	Schulungen durchführen	Personal führen	Ablauforganisation festl.	Projektarbeit	Berichtswesen Konzern	Weisung von Konzern	Adressneuzugänge bearb.	Adressen mutieren	Brutto-Abrechnung	....
Lieferant										w						r																			r	r	r	
Bewerber																									w		r											
Mitarbeiter											r																w	r	r	r	r	r			r	r		
Vertreter				r			r	w	r		r		r																						r	r	r	
Einkäufer													r	r											w		r								r	r		
Kunde	w	r	r	r						r				r																					r	r		
Personalanford.																											w	r	r		r							
Personalakte											r		r										r	r			w	r	r		r							
B-Lieferkondit.													r				w						r															
L-Bestellung																w	r			r																		
B-Lieferangebot																w																						
B-Lieferung																w																						
L-Rechnung																			w																			
Teilbestand																r	w		r	r	r																	
Maschinenbestand																				r	r																	
Bestellbestand	w																			r	r																	
Fakturabestand																			w	r	r		r	r														
L-Rechnungsbest.																			w	r	r		r	r														
Vertreterbestand								w												r				r														
Artikelbestand																w				r	r		r	r														
Budget																				r	r	r	w	r														
Monatsabschluss																					w	r	r	r									r	r				
Jahresabschluss																					w	r	r	r									r	r				
Führungsinfo				r																w	r	r	r										r	r				
Führungskennzahl				r																w			r										r	r				
Marketing-Konzept				w	r	r	r	r	r																													
Stückliste																																						
Teil																r																						
Montage																																						
Artikel																w	r																					
Fertigungsauftrag																w																						
Bestellung	w												r		r	r																						
Provision	w							r				r	r		r																							
Fracht																	r	w																				
Lieferung																	r	r																				
Rechnung	w																																					
....																																						

b) Zugriff von Applikationen auf logische Datenbanken

Aufbau des Dokuments	Zugriff Applikationen auf Datenbanken

Dieses Dokument stellt in Tabellenform Applikationen und logische Datenbanken gegenüber, wobei angezeigt wird, ob die jeweilige Datenbank gelesen oder geschrieben wird.

Alle logischen Datenbanken und Applikationen müssen im Applikationskatalog bzw. im Datenbankkatalog beschrieben sein.

Beispiel	Zugriff von Applikationen auf logische Datenbanken

UNTEL AG UB Unterhaltung
Applikationen und Datenbanken

Name: Schmitz/UBU-AE
Datum: 29.07.90

Zugriff von Applikationen (Geschäftsfunktionen) auf logische Datenbanken (Oe)

logische Datenbank / Applikation Geschäftsfunktionen	Geschäftspartner DB — Vertrieb (zentral)	Auftrags-DB — Vertrieb (dezentral)	FiBu DB — ReWe (zentral)	Produkt DB — F&E (dezentral)	MIS DB — Zentrale (zentral)
1 Vertrieb U-Unterh. Auftrag erfassen Auftrag abwickeln ...	W	W		R	R
2 ReWe-FiBu Erfolgsrechnung AD Buchhaltung ...	R	R	W		
3 F&E-Applikation CAD-Lieferanten Konstruktionsdaten ...				W	
4 Marketing Geschäftsfeldplanung Vertreterbeziehungen ...	R	R	R	R	W
5 Management Info Führungskennzahlen Budgetierung ...	R	R	R		W
6					

R: Read
W: Read/Write

3.2.3.3.5. Statusbericht zur IS-Architektur

Neben den Projektberichten, die der dezentrale IS-Ausschuss regelmässig begutachtet, erhält der Ausschuss einmal jährlich einen kurzen Statusbericht des IS-Leiters, der mit einer speziellen Perspektive auf die Weiterentwicklung und Umsetzung der IS-Architektur die Projektarbeit zusammenfasst. Basis für die Erstellung dieses Berichts ist die Besprechungsrunde des IS-Leiters mit den Entwicklungsgruppen in seinem Bereich. Der Statusbericht erläutert die getroffenen bzw. noch notwendigen Projekte und Massnahmen zur Umsetzung der Architektur.

Aufbau des Dokuments   **Statusbericht zur IS-Architektur**

---

* organisatorische Angaben:
  Unternehmensbereich
  Unterschriften: dezentraler IS-Leiter

* bisher abgeschlossene Projekte zur Umsetzung der IS-Architektur:
  seit dem letzten Berichtszeitpunkt durchgeführte Projekte und Bericht über die
  erreichten und nicht erreichten Nutzenpotentiale

  Bezeichner, betroffene Geschäftsfunktionen und Organisationseinheiten, Zeitraum, Kurzbeschreibung, geplante Kosten/Nutzen, erreichte Kosten/Nutzen

* momentan laufende Projekte zur Umsetzung der IS-Architektur:
  Projektbezeichner, betroffene Geschäftsfunktionen und Organisationseinheiten, Realisierungszeitraum, Kurzbeschreibung, beabsichtigte Nutzenpotentiale, geplante Kosten, Probleme/Risiken

* Probleme bei der Umsetzung der IS-Architektur:
  Probleme technischer Art, Probleme organisatorischer Art

* Massnahmen zur Überwindung der Probleme bei der Umsetzung:
  Änderung der IS-Architektur, personelle Umbesetzungen, Änderungen des Zeitrahmens

---

Verwendung in Funktion   **Statusbericht zur IS-Architektur**

Kontrolle der IS-Architektur

Empfänger	Statusbericht zur IS-Architektur

dezentraler IS-Ausschuss

zentraler IS-Leiter

Up-Date-Periode	Statusbericht zur IS-Architektur

einmal jährlich an den dezentralen IS-Ausschuss abzugeben

Beispiel	Statusbericht zur IS-Architektur

Der Statusbericht zur Umsetzung der IS-Architektur entspricht in Inhalt und Darstellung dem Statusbericht zur Umsetzung von Integrationsbereichen [vgl. Punkt 3.2.2.3.3.]. Wir zeigen deshalb kein eigenes Beispiel auf.

3.3.   IS-Projektportfolio

IS-Projektportfolio-Management beschäftigt sich mit der Entwicklung und Steuerung des IS-Projektportfolios eines überschaubaren (dezentralen) Bereichs eines Unternehmens, d. h. aller laufenden und geplanten IS-Projekte. Es verbindet die planende Ebene der Architektur mit der ausführenden Ebene des Projektmanagements. Aus der Architektur (Integrationsbereiche und IS-Architektur) entstehen Projekte, die zu Applikationen und Datenbanken führen. Einen Überblick über die Funktionen, Dokumente und beteiligten organisatorischen Stellen vermittelt der Ablaufplan in Bild 3.3.2./1.

3.3.1.   Zielsetzung

- Verbesserung der Effektivität der Systementwicklung durch zielorientierten Einsatz der Ressourcen (Steuerung über den Preis)

Im Mittelpunkt des IS-Projektportfolio-Managements steht die Auswahl der richtigen Projekte. Sie orientiert sich an den Zielen der Unternehmensführung und betrieblichen Notwendigkeiten. Das SG ISM strebt an, dass der Fachbereich aufgrund der Kosten entscheidet, ob ein Projekt oder eine Änderung durchgeführt wird. Die Durchsetzung dieses Prinzips erfolgt in erster Linie über das IS-Projektportfolio-Management. Jede Entscheidung über einen IS-Antrag hat sich am Kriterium der Wirtschaftlichkeit, d. h. einer Gegenüberstellung von Kosten und Nutzen, zu orientieren.

Die Vergabe von Entwicklungsprojekten nach aussen steht nicht im Mittelpunkt des SG ISM. Der Ablauf des IS-Projektportfolio-Managements erlaubt es jedoch, dass für IS-Anträge von externen Unternehmen Offerten im Sinne von Machbarkeitsstudien angefertigt werden und so das "Outsourcing", ein aktueller Aspekt des Informationsmanagements, Eingang in das SG ISM findet [vgl. zum "Outsourcing": I/S Analyzer 1990].

- Kontrolle der Wirtschaftlichkeit

Das IS-Projektportfolio-Management kontrolliert den Einsatz der Personen und der finanziellen Ressourcen. Grundlage sind Zeitaufschreibungen aller beteiligten Mitarbeiter.

- Durchsetzung der Idee überschaubarer Projekte

    Projekte im Rahmen des SG ISM dauern per Definition maximal eineinhalb Kalenderjahre, und es sind nicht mehr als sieben Mitarbeiter beteiligt. Grössere Projekte (Rahmenprojekte) sind entsprechend zu unterteilen.

- Ganzheitliche Betrachtung aller IS-Anforderungen

    Die IS-Projekte eines Bereichs werden in ihrer Gesamtheit betrachtet. Bei der Bearbeitung der IS-Anträge spielt die Form der Implementierung (rein organisatorische Lösung, PC oder Host) keine Rolle. Die inhaltliche Lösung des Problems steht im Vordergrund des IS-Projektportfolio-Managements.

    Typische Vorhaben der individuellen Datenverarbeitung, d. h. Applikationen und Datenbanken auf dem PC oder Host, die einzelne Personen für ihren eigenen Gebrauch anfertigen, klammert das SG ISM aus.

- Systematische Behandlung von IS-Anträgen und ihre Umsetzung in Applikationen

    Sowohl Anforderungen, die "Top-Down" aus der Ebene Architektur abgeleitet sind, als auch Anforderungen, die "Bottom-Up" in den Fachbereichen entstehen, werden gesammelt, in Form von IS-Anträgen ausgearbeitet, bewertet und münden bei positiver Entscheidung in Projekte, welche die Fachlösungen umsetzen.

- Entscheidung über Projekte auf einer fundierten Basis

    Für potentielle Projekte werden Machbarkeitsstudien ausgearbeitet, bevor der dezentrale IS-Ausschuss über ihre Durchführung entscheidet. Sie geben den Beteiligten (IS-Ausschuss, IS-Bereich, Fachbereich) eine Grundlage für die Entscheidung.

- Differenzierte Behandlung von Projekten und Änderungen

    Das SG ISM sieht für IS-Anträge, deren voraussichtlicher Aufwand kleiner als zwei Mannmonate ist und die bestehende Applikationen betreffen, ein unbürokratisches Vorgehen vor ("Änderungsmanagement" im Rahmen der IS-Betreuung [vgl. Punkt 3.5.1.]). Für das Änderungsmanagement wer-

den im Rahmen der Planung Kapazitäten reserviert, die auf keinen Fall
überschritten werden dürfen.

• Förderung experimenteller Projekte

Das Informationssystem-Management soll die Innovation im Unternehmen
nicht behindern. Neue Technologien und neue Anwendungsbereiche erfordern experimentelle Projekte. Für solche Projekte müssen im Auftrag des
Fachbereichs (IS-Ausschuss) Mittel zur Verfügung gestellt werden. Die
Ausführungen zur Projektbewertung und Projektsteuerung gelten in abge-
schwächter Form.

3.3.2.   Ablaufplan

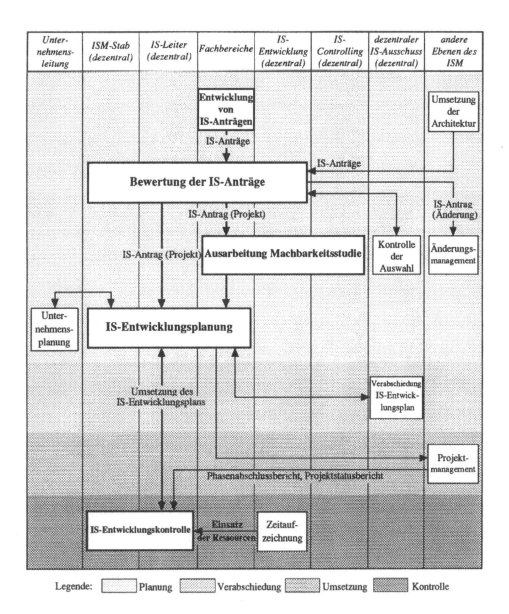

Bild 3.3.2./1: Ablaufplan Ebene IS-Projektportfolio

3.3.3.   Teilfunktionen auf Ebene des IS-Projektportfolios

3.3.3.1. Entwicklung von IS-Anträgen

Die Funktion "Entwicklung von IS-Anträgen" hat zum Ziel, *alle* Ideen, die der Weiterentwicklung des Informationssystems dienen, als IS-Anträge zu formulieren, um sie *einheitlich* innerhalb des IS-Projektportfolio-Managements zu bearbeiten.

IS-Anträge dokumentieren die Vorschläge, die zu Veränderungen der Organisation und betrieblichen Informationsverarbeitung führen. Es genügt nicht, eine "gute" Idee zu haben. Der Antragsteller muss die Idee ausformulieren und soweit ausarbeiten, dass Dritte (IS-Bereich, IS-Ausschuss, andere von der Idee Betroffene) die Auswirkungen objektiv beurteilen können. Fach- und IS-Bereich sind von Anfang an aufgefordert, sich Gedanken über die Wirtschaftlichkeit eines IS-Projekts zu machen.

Jeder Mitarbeiter eines Unternehmens, der eine neue Anforderung erkennt, füllt einen IS-Antrag aus und reicht ihn an den (dezentralen) ISM-Stab weiter. Dabei wird kein Unterschied gemacht, ob es sich um potentielle Host- oder PC-Lösungen handelt. Eine Entscheidung über die Form der Implementierung findet erst im Laufe des Projekts statt.

Das SG ISM unterscheidet zwei Wege, wie IS-Anträge entwickelt werden:

a)   Top-Down Entwicklung

b)   Bottom-Up Entwicklung

ad a)   Top-Down Entwicklung

Architekturen (Integrationsbereiche und IS-Architektur) werden im SG ISM in Projekten umgesetzt. Sie entstehen durch Analyse der Architektur. Diesen Vorgang bezeichnen wir als Top-Down Entwicklung von Informationssystemen [vgl. Punkt 3.2.3.2.3.].

Der *Fachbereich* setzt die Architektur um. Der IS-Bereich unterstützt ihn soweit wie möglich. Die Ideen für die IS-Anträge entwickeln Fach- und IS-Bereich in gemeinsamen Sitzungen unter Verwendung von Moderationstechniken wie Metaplan [vgl. Schillinger 1983], strukturierte Workshops etc. Die Mitarbeiter des IS-Bereichs systematisieren den Prozess soweit wie möglich, z. B. durch Analyse der Lücken zwischen Ist- und Soll-Architekturen. Die Mitarbeiter des Fachbereichs stellen den Zusammenhang zum Geschäft her. Die Ergebnisse der Sitzungen werden im Formular IS-Antrag beschrieben.

Top-Down Entwicklung von Projekten bedeutet nicht, dass diese Projekte automatisch mit allen notwendigen Ressourcen ausgestattet und durchgeführt werden. In der Regel gibt es nämlich mehr IS-Anträge, als Ressourcen zur Verfügung stehen. Das IS-Projektportfolio-Management verteilt die knappen Ressourcen.

ad b)   Bottom-Up Entwicklung

Bottom-Up Entwicklung von IS-Anträgen bedeutet, dass die kreativen Ideen, die bei der täglichen Arbeit im Fachbereich, in informellen Gesprächen oder in Sitzungen entstehen, erfasst und für die Weiterentwicklung des Informationssystems genutzt werden. Das Wissenspotential der Mitarbeiter ist - wie das innerbetriebliche Vorschlagswesen in vielen Betrieben hinlänglich beweist - eine wesentliche Quelle der Innovation. Die spontane Entwicklung von Ideen beruht auf Wissen, Erfahrung und Innovationskraft der Mitarbeiter. Das Entwickeln zukunftsorientierter Anforderungen zur Weiterentwicklung des Informationssystems setzt Erfahrungen im Umgang mit Informationssystemen und Kenntnisse ihrer Grenzen und Möglichkeiten voraus. Nur durch ständige *Ausbildung* sind die Mitarbeiter in der Lage, diese Aufgabe zu erfüllen. IS-Management muss diese Quelle der Weiterentwicklung erschliessen.

Ein Bottom-Up entwickelter IS-Antrag wird im nächsten Schritt des IS-Projektportfolio-Managements, der Funktion "Bewertung der IS-Anträge", daraufhin überprüft, ob er mit der Architektur des dezentralen Bereichs abgestimmt ist. Die Stelle "Architektur-Entwicklung" übernimmt diese Aufgabe.

Organisatorische Verantwortung	**Entwicklung von IS-Anträgen**

IS-Anträge entstehen in enger Zusammenarbeit des Fach- und IS-Bereichs. Diese Aussage gilt für die Bottom-Up und auch für Top-Down Entwicklung von IS-Anträgen. Der ständige Dialog ist notwendig, um umsetzbare Ideen zu entwickeln. Jede der Parteien sorgt dafür, dass ihre Interessen Berücksichtigung finden.

Ausführungsmodus	Entwicklung von IS-Anträgen

Top-Down Entwicklung von IS-Anträgen ist eine regelmässige Aufgabe. Sie wird parallel zur strategischen Planung im ersten Halbjahr vorgenommen.

Die Bottom-Up Entwicklung von IS-Anträgen ist eine kontinuierliche Aufgabe aller Stellen eines Unternehmens.

Input Dokumente		Entwicklung von IS-Anträgen
Input	**von wem?**	**wofür?**
IS-Konzept, Integrationsbereiche, IS-Architektur	Architektur-Entwicklung	Top-Down Entwicklung von IS-Anträgen
Idee, IS-Antrag	Fachbereich, Unternehmensleitung, IS-Bereich, IS-Benutzerunterstützung	Bottom-Up Entwicklung von IS-Anträgen
Möglichkeiten der Informationstechnik	ISM-Stab, Informatik-Dienste	Entwicklung neuer Anforderungen
Informationen über das Informationssystem bei Kunden/Konkurrenz	Verkäufer, Einkäufer, IS-Bereich	Entwicklung neuer Anforderungen

Output-Dokumente		Entwicklung von IS-Anträgen
Output	**an wen?**	**wofür?**
IS-Antrag	ISM-Stab, Architektur-Entwicklung, dezentraler IS-Leiter	Bewertung der IS-Anträge

3.3.3.2. Bewertung der IS-Anträge

Ziel dieser Funktion des SG ISM ist es, alle IS-Anträge eines Bereichs zu erfassen und zu beurteilen. Im Zentrum steht die Entscheidung, welche IS-Anträge im Rahmen des IS-Projektportfolio-Managements und welche im Rahmen des Änderungsmanagements weiter bearbeitet werden.

Eine zielorientierte Weiterentwicklung des Informationssystems findet nur dann statt, wenn alle IS-Anträge eines Bereichs von einer Stelle erfasst und systematisch bearbeitet werden. Das SG ISM vermeidet ungeplante Änderungen. Nur ein "Flaschenhals" kann den geplanten und koordinierten Aufbau der betrieblichen Informationsverarbeitung gewährleisten.

Die Bewertung der IS-Anträge läuft in sieben Schritten ab:

a)   Vervollständigung und Strukturierung des IS-Antrags

b)   Konsistenzprüfung von IS-Antrag und IS-Architektur

c)   Strukturierung und Aufteilung des Antrags

d)   Entscheidung über das weitere Vorgehen

e)   Klassifikation des IS-Antrags

f)   Auswahl der Projekte für eine Machbarkeitsstudie

g)   Initialisierung der Machbarkeitsstudie

ad a)   Vervollständigung und Strukturierung des IS-Antrags

Im ersten Schritt *überprüft* der ISM-Stab, ob für einen IS-Antrag eine Realisierungschance besteht. Zusätzlich prüft der Stab, ob der Antrag soweit ausgearbeitet ist, dass er den Antrag weiterbearbeiten kann. Für die Weiterbearbeitung im Rahmen des IS-Projektportfolio-Managements sind in erster Linie Angaben über die erwarteten Nutzeneffekte und über die entstehenden Kosten relevant. Exakte Angaben sind in diesem frühen Stadium weder für seine Kosten noch für seinen Nutzen möglich. Fach- und IS-Bereich (IS-Controlling) erarbeiten die Informationen so gut wie möglich. Der Vergleich mit bereits abgeschlossenen Projekten erleichtert die Schätzung der Aufwendungen für neue, ähnliche Vorhaben.

Die Erfassung und Ablage durch den dezentralen ISM-Stab ermöglicht zusätzlich eine Prüfung, ob ein ähnlicher IS-Antrag schon einmal bearbeitet wurde.

ad b)   Konsistenzprüfung von IS-Antrag und IS-Architektur

Die Stelle "Architektur-Entwicklung" prüft jede Anforderung, die Bottom-Up entstanden ist, auf ihre Vereinbarkeit mit der verabschiedeten Architektur. Sie überprüft, ob sich die Anforderungen in die festgelegte Organisation, die Daten und Funktionen einbauen lässt oder nicht.

IS-Anträge, die nicht mit der Architektur vereinbar sind, untersucht die Architektur-Entwicklung daraufhin, ob sie Hinweise für Änderungen an der Architektur (Integrationsbereiche oder IS-Architektur) enthalten. Falls nicht, werden sie abgelehnt. Planende Arbeiten auf Ebene der Architektur und des IS-Konzepts sind nur dann sinnvoll, wenn sie auch in der operativen Arbeit konsequente Berücksichtigung finden.

ad c)   Strukturierung und Aufteilung des IS-Antrags

Der geschätzte personelle Aufwand für IS-Anträge reicht von wenigen Tagen bei kleinen Änderungen bis zu vielen Mannjahren bei der Realisierung von Integrationsbereichen. Das SG ISM sieht eine differenzierte Bearbeitung von IS-Anträgen je nach geschätztem Aufwand vor. Die Erfahrung mit IS-Projekten hat gezeigt, dass ein Erfolgsfaktor für die erfolgreiche Durchführung von Projekten ihre Überschaubarkeit darstellt. Deshalb entsprechen Projekte im SG ISM der folgenden Regel:

Innerhalb des SG ISM dauern Projekte nicht länger als 18 Kalendermonate. Sie können von maximal sieben Personen bewältigt werden. Insgesamt soll der Personalaufwand nicht mehr als 100 Mannmonate betragen.

Die Anwendung dieser Regel führt dazu, dass der IS-Bereich die Inhalte eines grossen IS-Antrags strukturieren und die Inhalte u. U. auf mehrere Einzelanträge und dadurch auch Einzelprojekte verteilen muss. Inhaltlich zusammenhängende Projekte werden in einem *Rahmenprojekt* verbunden. Daraus geht hervor, wie die Projekte sachlich und zeitlich zusammenhängen.

Die Analyse der Architektur im Rahmen der Funktion "Umsetzung der Informationssystem-Architektur" [vgl. Punkt 3.2.3.2.3.] führt oft zum Resultat, dass grosse Teile der Architektur durch *Standardanwendungs-Software* umgesetzt werden können. Standardanwendungs-Software kann wegen der Komplexität und Grösse nicht in einem einzelnen Projekt implementiert werden. Mehrere getrennte IS-Anträge (Projekte) entstehen aus dem Rahmenprojekt der Einführung der Standardanwendungs-Software.

Erfahrene Mitarbeiter des Fach- und IS-Bereichs strukturieren die IS-Anträge und teilen sie, falls notwendig, auf mehrere Einzelanträge auf.

ad d)   Entscheidung über das weitere Vorgehen

Ist der IS-Antrag ausgefüllt, d. h. liegen insbesondere die Aufwandsschätzungen vor und besteht über den Inhalt des IS-Antrags zwischen Fach- und IS-Bereich Einigkeit, kann der IS-Leiter entscheiden, wie der IS-Antrag weiter bearbeitet wird. Das SG ISM sieht drei Möglichkeiten vor [vgl. Bild 3.3.3.2./1].

Alle Projekte mit einem Aufwand von weniger als zwei Mannmonaten, die bestehende Applikationen oder Datenbanken betreffen, werden als Änderungsanträge im Rahmen des Änderungsmanagements [vgl. Punkt 3.5.1.] weiterbearbeitet. Durch diese enge Schranke ist gewährleistet, dass das Änderungsmanagement kleinen IS-Anträgen vorbehalten ist. Für alle IS-Anträge, deren Aufwand auf mehr als zwei Mannjahre veranschlagt wird, ist eine Machbarkeitsstudie anzufertigen. Entwicklungen, deren Realisierungsaufwand voraussichtlich unter zwei Mannjahren beträgt, gehen ohne Machbarkeitsstudie in die IS-Entwicklungsplanung ein. Es handelt sich vor allem um Erweiterungen bestehender Applikationen und Datenbanken sowie um kleine Neuentwicklungen.

Der ISM-Stab ist dafür verantwortlich, dass alle IS-Anträge, die zu einem Rahmenprojekt gehören, gemeinsam beurteilt werden. Er verhindert, dass durch "geschicktes" Aufteilen eines IS-Antrags auf mehrere kleine Projekte das Anfertigen einer Machbarkeitsstudie umgangen wird.

In der betrieblichen Praxis gibt es immer wieder IS-Anträge, deren Aufwand im frühen Stadium ihrer Bearbeitung schwer einzuschätzen ist. Die Entscheidung darüber, auf welchem Weg ein IS-Antrag realisiert wird, ist nicht endgültig.

Liegen bessere Informationen vor, z. B. präzisere Aufwandschätzungen, kann die Entscheidung revidiert werden.

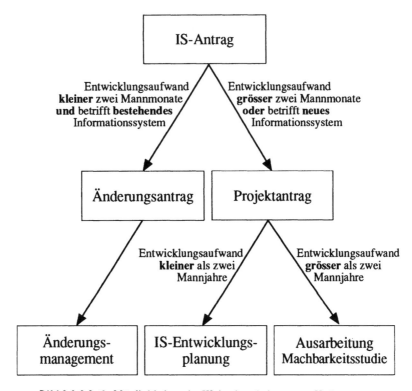

Bild 3.3.3.2./1: Möglichkeiten der Weiterbearbeitung von IS-Anträgen

Die folgenden Schritte der Funktion "Bewertung von IS-Anträgen" beziehen sich nur auf "Projektanträge" im Sinne von Bild 3.3.3.2./1.

ad e)   Klassifikation der Projekte

Nächster Schritt ist die Klassifikation der Projekte nach verschiedenen Kategorien. Ziel der Klassifikation ist es, den Inhalt eines IS-Antrags transparent zu machen und auf dieser Basis die Entscheidung über eine weitere Bearbeitung vorzustrukturieren. Zusätzlich legt die Klassifikation der Projekte eine Basis für die Diskussion der Verwendung von Ressourcen im IS-Bereich.

Verschiedene Kriterien kommen in Frage:

- Muss-, Kann- und experimentelle Projekte

- Zuordnung zu betrieblichen Funktionalbereichen

- Zweck des Projekts

Ein Einteilungskriterium ist die Unterscheidung zwischen *Muss-, Kann- und experimentellen Projekte*. Muss-Projekte sind Vorhaben, die aus gesetzlichen Vorgaben sowie technischen und geschäftlichen Anforderungen resultieren und unabwendbar sind. Sie müssen auf jeden Fall durchgeführt werden. Muss-Projekte aus gesetzlicher Sicht resultieren z. B. aus Änderungen von Vorschriften zur Altersvorsorge. Technische Muss-Projekte können z. B. aus Defekten von Hardware resultieren und geschäftliche Muss-Anforderungen aus Veränderungen der Lohnstruktur nach Verhandlungen mit der Betriebskommission oder aus Akquisitionen. Kann-Projekte sind im Gegensatz dazu Vorhaben, die geschäftlich sinnvoll, aber nicht unbedingt erforderlich sind. Experimentelle Projekte sind solche Vorhaben, bei denen ein geschäftlicher Nutzen noch nicht unmittelbar erkennbar ist, bei denen aber Technologien oder Anwendungsbereiche untersucht werden, denen in Zukunft hohe Bedeutung beigemessen wird. Experimentelle Projekte realisieren keine betriebliche Anwendung; sie beschränken sich auf die Entwicklung von Prototypen.

Neben der Klassifizierung nach Kann- und Mussprojekten ist eine Zuordnung nach dem *betrieblichen Funktionalbereich,* auf den sich der IS-Antrag bezieht, möglich. Diese Klassifikation zeigt auf der einen Seite, wenn aus einem Bereich viele IS-Anträge kommen (Belastungsspitzen), auf der anderen Seite sieht man, wenn versucht wird, ohne Berücksichtigung der Ebene Architektur eine Applikation durch viele kleine IS-Anträge umzubauen.

Eine dritte Möglichkeit der Einordnung besteht nach dem Zweck des Projekts:

- Neue Applikation

- Ersatz einer bestehenden Applikation

- Erweiterung einer bestehenden Applikation

- Beseitigung eines Fehlers

ad f)   Auswahl der Projekte für eine Machbarkeitsstudie

Im Normalfall gibt es in einem dezentralen Bereich mehr IS-Anträge, für die Machbarkeitsstudien durchgeführt werden sollten, als Kapazitäten vorhanden sind. Im Rahmen des IS-Projektportfolio-Managements sind deshalb die IS-Anträge auszuwählen, für die eine Machbarkeitsstudie angefertigt wird. Die Verantwortung für diese Auswahl liegt beim Fachbereich. Die Auswahl ist nicht leicht, da zu diesem Zeitpunkt die Vorschläge für neue Projekte noch nicht sehr konkret sind. Es besteht die Gefahr, dass zu einem frühen Zeitpunkt wegen unzureichender Informationen wichtige IS-Anträge nicht weiterverfolgt werden. Auf der anderen Seite kann aus wirtschaftlichen Gründen nicht jeder IS-Antrag als Machbarkeitsstudie ausgearbeitet werden.

Folgende Kriterien spielen bei dieser Auswahl eine Rolle:

- Umsetzung der geplanten Architektur
- Basisauftrag des ISM aus dem IS-Konzept
- Unterstützung der Unternehmensziele
- Realisierungschance
- Informationstechnische Notwendigkeiten

Checkliste 3.3.3.2./2: Auswahl von Projekten für Machbarkeitsstudien

Der Informationsstand über die IS-Anträge erlaubt es in der Regel nicht, eine genaue Evaluation anhand detaillierter Kriterien durchzuführen. Wichtigstes Entscheidungskriterium ist die Umsetzung der Architektur. Fach- und IS-Bereich nehmen in gemeinsamen Gesprächen eine Abschätzung vor und entscheiden, für welche IS-Anträge Machbarkeitsstudien ausgearbeitet werden sollen [vgl. Earl 1990, S. 69ff.].

Rahmenprojekte werden durch Machbarkeitsstudien zusammengehalten. Die Anfertigung von Machbarkeitsstudien für alle Einzelprojekte und Massnahmen eines Rahmenprojekts ist nicht erforderlich.

Zu den Sitzungen des dezentralen IS-Ausschusses erstellt der ISM-Stab jeweils eine Liste mit den IS-Anträgen, die vorliegen und weiter bearbeitet werden. Der dezentrale IS-Ausschuss hat die Möglichkeit, bei Bedarf einzugreifen, d. h. zusätzliche Machbarkeitsstudien zu verlangen oder bereits in Angriff genommene zu streichen. Er ist die Appellationsinstanz und entscheidet in Zweifelsfällen.

Der dezentrale IS-Ausschuss sorgt dafür, dass genügend Machbarkeitsstudien angefertigt werden. Eine echte Auswahl von Projekten ist nur dann möglich, wenn mehr Machbarkeitsstudien vorliegen, als Kapazität zur Entwicklung vorhanden ist.

ad g)   Initialisierung der Machbarkeitsstudie

Letzter Schritt der Funktion "Bewertung der IS-Anträge" ist die Initialisierung der Machbarkeitsstudie. Wichtigste Aufgabe ist es, den Verantwortlichen für eine Machbarkeitsstudie, das Team und den Start- sowie den Endtermin festzulegen. Der dezentrale IS-Leiter macht dem IS-Ausschuss einen Vorschlag.

Verantwortlich für die Durchführung einer Machbarkeitsstudie sollte nach Möglichkeit ein Mitarbeiter sein, der bei positiver Entscheidung als Projektleiter in Frage kommt. Er ist so von Anfang an am Vorhaben beteiligt.

Organisatorische Verantwortung	**Bewertung der IS-Anträge**

Die Bewertung der IS-Anträge ist in erster Linie eine Aufgabe des Fachbereichs. Der IS-Bereich steht beratend zur Seite. Er unterstützt den Fachbereich durch sein Wissen über die Möglichkeiten der Computerunterstützung und seine Kenntnisse des bestehenden Systems. Der dezentrale IS-Ausschuss überwacht die Auswahl der IS-Anträge. Die organisatorische Abwicklung dieser Funktion übernimmt der dezentrale ISM-Stab.

Ausführungsmodus	**Bewertung der IS-Anträge**

Die Bewertung der IS-Anträge ist eine ständige Aufgabe des Informationssystem-Managements. Kontinuierlich entstehen IS-Anträge und müssen auf ihre Verwendbarkeit hin geprüft werden. Die Mitarbeiter des ISM-Stabs informieren den Fachbereich über den "Einsendeschluss" für die nächste Planungsrunde.

Input-Dokumente		Bewertung der IS-Anträge
Input	**von wem?**	**wofür?**
IS-Antrag	Fachbereich, IS-Bereich	Bewertung des IS-Antrags
IS-Konzept	zentraler IS-Leiter, zentraler IS-Ausschuss	Entscheidung über IS-Anträge
Unternehmensziele, Strategie	Unternehmensleitung	Entscheidung über IS-Anträge

Output-Dokumente		Bewertung der IS-Anträge
Output	**an wen?**	**wofür?**
Projektantrag mit Aufwand > 2 MJ	dezentraler IS-Ausschuss, IS-Leiter, Team für die Machbarkeitsstudie	Ausarbeitung Machbarkeitsstudie
Projektantrag mit Aufwand < 2 MJ	ISM-Stab, dezentraler IS-Leiter	IS-Entwicklungsplanung
Änderungsantrag	ISM-Stab	Änderungsmanagement
Liste mit angenommenen und abgelehnten IS-Anträgen	dezentraler IS-Ausschuss	Information und Genehmigung (Appellationsinstanz), Kontrolle der Auswahl

3.3.3.3. Ausarbeitung Machbarkeitsstudie

Eine Machbarkeitsstudie schafft eine fundierte Grundlage für die Entscheidung über ein Projekt. Sie ist jedoch kein Präjudiz dafür, dass ein IS-Antrag realisiert wird.

Die Machbarkeitsstudie unterscheidet sich von der *Vorstudie* des IS-Projekts. Während die Vorstudie die Grundlage für eine erfolgreiche Projektdurchführung legt, ist die Machbarkeitsstudie Grundlage der Entscheidung über das Projekt. Die Machbarkeitsstudie konzentriert sich auf die Beschreibung der Ziele, des Nutzens und des Aufwands eines Projekts, während eine Vorstudie eher Hinweise gibt, wie die inhaltliche Lösung eines Projekts aussehen kann.

Das SG ISM limitiert den Aufwand für eine Machbarkeitsstudie auf:

- ein Team bestehend aus maximal drei Mitgliedern

- einen Aufwand von maximal drei Mannmonaten

- eine Dauer von maximal zwei Kalendermonaten

Das Team für die Machbarkeitsstudie sollte aus dem *zukünftigen Projektleiter,* der von der Fachbereichsseite kommen sollte, einem Vertreter des IS-Bereichs und einem Vertreter des IS-Controllings zusammengesetzt sein. Der Projektleiter kümmert sich um die benutzerbezogenen, inhaltlichen Aspekte der Lösung. Der IS-Vertreter bearbeitet die Informatik- und Organisationsseite und der Teilnehmer von der Seite des IS-Controllings beschäftigt sich mit der Wirtschaftlichkeit.

Es ist Aufgabe des Projektleiters, dafür zu sorgen, dass die Beschäftigung mit einer Themenstellung im Rahmen einer Machbarkeitsstudie bei den am Rande Beteiligten nicht die falsche Erwartung erweckt, es entstehe bereits die endgültige Lösung. Ergebnis der Funktion "Ausarbeitung Machbarkeitsstudie" ist ein Schlussbericht (*Machbarkeitsstudie*). Er enthält eine kurze Management Summary.

Folgende Schritte einer Machbarkeitsstudie sind zu durchlaufen:

a)   Ermittlung der Ausgangslage

b)   Entwicklung der Ziele und eines Lösungsansatzes

c)   Wirtschaftlichkeitsanalyse

d)   Risikoanalyse

e)   Projektorganisation

f)   Projektplanung

ad a)   Ermittlung der Ausgangslage

Die Situationsanalyse zeigt auf, welchen funktionalen Umfang der in dem Projekt zu bearbeitende Bereich hat und welche Probleme bei der Ausführung dieser Funktionen im gegenwärtigen System bestehen. Erster Schritt der Situationsanalyse ist deshalb, die für das Projekt vorgesehene Funktionsbreite aus dem IS-Antrag zu überprüfen und weiter zu konkretisieren. Darauf folgt eine Erhebung der groben Struktur der Geschäftsfunktionen (Häufigkeiten und Mengen), der organisatorischen Zuständigkeiten für diese Funktionen und der Probleme bei der Informationsversorgung dieser Funktionen.

ad b)   Entwicklung der Ziele und eines Lösungsansatzes

Das kleine Team, das für die Durchführung der Machbarkeitsstudie verantwortlich ist, entwickelt auf der Grundlage der ermittelten Probleme und der Zielvorstellungen Lösungsmöglichkeiten für das Projekt.

Stellt man fest, dass der IS-Antrag gemäss den Begrenzungen des SG ISM nicht in einem Projekt erledigt werden kann oder handelt es sich um ein Rahmenprojekt, strukturiert das Team die Lösung, bildet oder bestätigt die einzelnen Teilprojekte und stellt die Abhängigkeiten zwischen ihnen dar.

Bei der Konzeption des Lösungsansatzes empfiehlt es sich, mehrere Alternativen zu erstellen. Vor allem für die Lösungen der Softwareteile ist der Einsatz von Standardanwendungs-Software zu berücksichtigen. Das Team bewertet die Lösungsalternativen und arbeitet die gewählte Variante im Hinblick auf Organisation, Applikationen, Datenbanken und Infrastruktur (z. B. Hardware) aus.

Diese Lösungsansätze müssen sich an die Vorgaben aus dem IS-Konzept halten. Bestehende Abweichungen sind zu begründen.

Jeder Lösungsansatz, der aus einem IS-Antrag entwickelt wurde, ist auf sein Verhältnis zur Architektur und Organisation zu überprüfen. Der Nutzen eines Projekts entsteht nicht nur aus sich selbst heraus, sondern auch aus seiner Funktion im gesamten Informationssystem.

ad c)   Wirtschaftlichkeitsanalyse

Die Betrachtung der Wirtschaftlichkeit der Projekte muss Kosten und Nutzen im IS-Bereich und auf der Fachbereichsseite berücksichtigen. Eine Bewertung des Projekts ist nicht möglich, wenn nur einseitig die Kosten aus dem IS-Bereich (insbesondere IS-Entwicklung) betrachtet werden. Die Amortisationsdauer ist eine geeignete Kennzahl, verschiedene Projekte und Entscheidungsalternativen miteinander zu vergleichen. Bild 3.3.3.3./1 zeigt, wie eine Wirtschaftlichkeitsanalyse strukturiert sein kann [vgl. hierzu auch Seibt 1990].

Quantitativer Nutzen	1991	1992	1993	....
Einmaliger Nutzen ...				
Laufender Nutzen ...				
Gesamt				
Quantitative Kosten	1991	1992	1993	....
Einmalige Kosten ...				
Laufende Kosten ...				
Gesamt				
Amortisationsdauer				

Bild 3.3.3.3./1: Wirtschaftlichkeitsanalyse in der Machbarkeitsstudie

---

Qualitativer Nutzen:

- z. B. allgemein höherer Bedienungskomfort
- z. B. Reduzierung der Nachkontrolle durch Direktkontrolle bei der Buchung

Qualitative Kosten

- z. B. bei Anfragen an die Buchhaltung kann es in der Umstellungsphase zu Wartezeiten kommen
- .....

Bild 3.3.3.3./1 (Fortsetzung): Wirtschaftlichkeitsanalyse in der Machbarkeitsstudie

ad d)   Risikoanalyse

Mit Hilfe der Checkliste 3.3.3.3./2 sucht man die Risikofaktoren des Projekts [vgl. Mertens/Schumann/Hohe 1989, Nagel 1989, Meyer-Piening 1987, Droste 1986, S. 105 u. 113].

ad e)   Projektorganisation

Die Projektorganisation legt fest, wer in welcher Funktion und mit welchem zeitlichen Einsatz an der Durchführung eines Projekts beteiligt ist.

Drei grundsätzliche organisatorische Modelle kommen in Frage [vgl. Daenzer 1988, S. 132]:

- Projekteinflussorganisation
- reine Projektorganisation
- Matrixprojektorganisation

Projekt/Projektgrösse

    Konkurrenzsituation bei Ressourcen

    Kompetenz/Erfahrung des Projektleiters

    Erfahrung der Anwender

    Teamverfügbarkeit

    Motivation des Anwender-Managements

    Benutzervertretung im Projektteam

    Zur Verfügung stehende Zeit

    Abhängigkeit von anderen Projekten

    Anzahl der Schnittstellen zu anderen Applikationen

    Anzahl der involvierten Fachabteilungen

    Involvierung externer Mitarbeiter

    Ausmass der organisatorischen Änderungen

    Grundeinstellung der Mitarbeiter des Fachbereichs

Strukturierungsgrad des Projekts

    Relative Grösse des Projekts

    Strukturierungsmöglichkeiten der zu unterstützenden Aufgaben

Technologische Faktoren

    Systementwicklungsumgebung

    Erfahrungen mit der anzuwendenden Informationstechnik

    Verfügbarkeit der Informationstechnik

    Erstumstellung eines Arbeitsgebiets

Checkliste 3.3.3.3./2: Risikoanalyse für IS-Projekte

Projekteinflussorganisation bedeutet, dass kein Projektmitarbeiter mit seiner ganzen Arbeitszeit dem Projekt zugeordnet ist. Der Projektleiter kann nur koordinierend auf die Projektmitarbeiter Einfluss nehmen. In einer *reinen Projektorganisation* werden die Projektmitarbeiter aus ihrer Linienposition herausgelöst und stehen voll dem Projekt zur Verfügung. Die Matrixprojektorganisation stellt einen Kompromiss zwischen den beiden anderen gegensätzlichen Organisationsformen dar. Sie wird in den meisten Projekten gewählt. In diesen Projekten gibt es sowohl Mitarbeiter, die mit ihrer vollen Arbeitszeit für das Projekt zur Verfügung stehen, als auch solche, die nur teilweise mitarbeiten. Für die Projekte ist es besser, wenn wenige Mitarbeiter den überwiegenden Teil ihrer Arbeitszeit (>70%) zur Verfügung stehen, als wenn viele Mitarbeiter nur zu einem kleinen Teil (<30%) ihrer Arbeitszeit mitarbeiten.

In der betrieblichen Praxis haben sich Projektorganisationen bewährt, die aus Projektausschuss, Projektleitung, Projektteam und einzelnen Arbeitsgruppen bestehen [vgl. Bild 3.3.3.3./3].

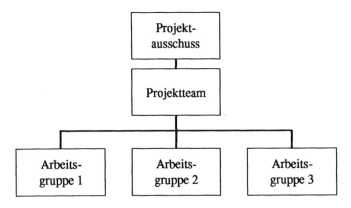

Bild 3.3.3.3./3: Beispiel einer Projektorganisation (Organigramm)

Arbeitsgruppen setzten sich mit inhaltlichen Schwerpunkten eines Projekts auseinander. Ihre Leiter und die Projektleitung bilden das Projektteam. Es koordiniert in wöchentlichen Sitzungen den Ablauf des Projekts. Die Projektleitung ist dafür verantwortlich, dass die Projektziele erreicht werden. Der Projektausschuss überwacht das Projekt und sorgt für einen Ausgleich der Interessen unter den beteiligten Parteien.

Der Projektleiter wird so früh wie möglich bestimmt. Im optimalen Falle ist er bereits für die Machbarkeitsstudie verantwortlich. Die Arbeitsgruppe UISA geht davon aus, dass die *Projektleitung* von einem Mitarbeiter aus dem Fachbereich übernommen wird.

Ergebnis des Schritts "Projektorganisation" ist es, dass die Projektbeteiligten namentlich benannt werden. Insbesondere die Mitarbeiter aus dem Fachbereich sind mit ihrem Namen und dem Anteil ihrer Arbeitszeit, der für das Projekt zur Verfügung steht, zu bestimmen. IS-Projekte brauchen Mitarbeiter, welche die Fähigkeit zur Abstraktion, ein tiefes Verständnis des Anwendungsgebiets, eine unternehmerische Sicht und eine hohe Leistungsbereitschaft mitbringen. Stehen sie nicht zur Verfügung, sinken die Erfolgschancen eines Projekts.

Die in der Machbarkeitsstudie aufgestellte Projektorganisation ist nicht für den Ablauf des ganzen Projekts verbindlich. Nach Abschluss jeder Phase wird sie überprüft und bei Bedarf angepasst.

ad f)   Projektplanung
Im letzten Schritt der Machbarkeitsstudie stellt das Projektteam eine Zeitplanung für das Projekt auf und prüft sorgfältig, ob Aufwände und Termine realistisch sind. Eine graphische Darstellung vermittelt einen Überblick über die wichtigsten Projektphasen und ihre Dauer. Der voraussichtliche Endtermin ist aus der Projektplanung ersichtlich.

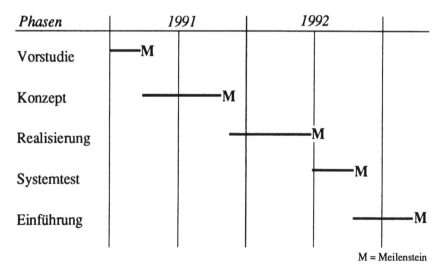

Bild 3.3.3.3./4: Beispiel einer Projektplanung (Balkendiagramm)

Organisatorische Verantwortung	Ausarb. Machbarkeitsstudie

Jeweils ein Vertreter des Fachbereichs, der IS-Entwicklung und des IS-Controllings erarbeiten die Machbarkeitsstudie in Teamarbeit gemeinsam. Der Leiter des Teams kommt aus dem Fachbereich.

Ausführungsmodus	Ausarbeitung Machbarkeitsstudie

Machbarkeitsstudien werden bei Bedarf durchgeführt. Die einzelnen Studien sind gegenseitig so zu koordinieren, dass keine aussergewöhnlichen Belastungen für einzelne Fachabteilungen oder den IS-Bereich entstehen.

Input-Dokumente	Ausarbeitung Machbarkeitsstudie

Input	von wem?	wofür?
IS-Antrag (Projekt)	dezentraler IS-Ausschuss	Auslöser für Machbarkeitsstudie
Informationen über Ausgangslage, Ziele, Lösungsansätze und finanzielle Daten	Fachbereiche, IS-Entwicklung, dezentraler IS-Leiter	Ausarbeiten der Machbarkeitsstudie

Output-Dokumente	Ausarbeitung Machbarkeitsstudie

Output	an wen?	wofür?
Machbarkeitsstudie	Team (Fachbereich, IS-Entwicklung, IS-Controlling), ISM-Stab, dezentraler IS-Ausschuss	IS-Entwicklungsplanung

3.3.3.4. IS-Entwicklungsplanung

Ziel der IS-Entwicklungsplanung ist es, auf der Grundlage der Machbarkeitsstudien und der IS-Anträge mit einem Aufwand, der kleiner ist als zwei Mannjahre, die Projekte auszuwählen, die in Angriff genommen werden sollen, für ihre Realisierung die personellen und finanziellen Kapazitäten festzulegen und die Projekte in eine zeitliche Abfolge zu bringen. Die Entscheidungen in diesem Prozess treffen die Fachbereichsvertreter im dezentralen IS-Ausschuss.

IS-Entwickungsplanung findet in einem *langfristigen Zeitraum* (3 - 5 Jahre) im Rahmen der strategischen Planung und im Rahmen der Budgetierung jeweils *kurzfristig* für ein Jahr statt [vgl. Bild 3.3.3.4./1].

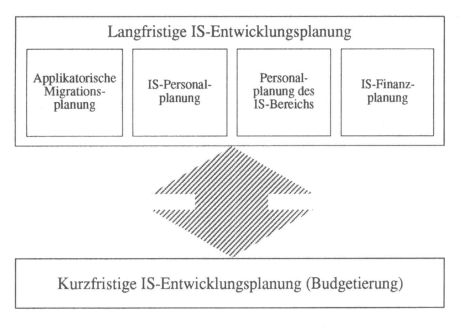

Bild 3.3.3.4./1: Stufen der IS-Entwicklungsplanung

Die in der Arbeitsgruppe UISA vertretenen Unternehmen empfehlen, alle fünf bis sieben Jahre eine von Grund auf neue langfristige Planung vorzunehmen. Diese Forderung beschränkt sich nicht auf die IS-Entwicklungsplanung, sondern bezieht sich auch auf das IS-Konzept und die Architektur.

Im Rahmen des SG ISM konzentrieren wir uns auf die Beschreibung der Funktionen und Dokumente der *langfristigen Planung*.

Die langfristige IS-Entwicklungsplanung führt zu einem *IS-Entwicklungsplan*, der aus dem applikatorischen Migrationsplan, dem Personalplan für Fach- und IS-Bereich, einer Personalplanung des IS-Bereichs und einem Finanzplan besteht. Migrations-, Personal- und Finanzplan stellen drei Sichtweisen auf das IS-Projektportfolio-Management dar. Aus dem IS-Entwicklungsplan werden die Planungen für die einzelnen organisatorischen Einheiten der Linienorganisation (Abteilungen/Kostenstellen) abgeleitet.

Folgende Punkte kennzeichnen die Ausgangslage der IS-Entwicklungsplanung:

- Die Unternehmensleitung legt den Rahmen für die finanzielle und personelle Entwicklung des IS-Bereichs fest.

- Ein bestimmter Anteil der Kapazitäten für Systementwicklung ist für das Änderungsmanagement reserviert.

- In der Subfunktion "Bewertung der IS-Anträge" wurden Muss-Projekte identifiziert. Sie sind entsprechend ihren Terminen zu berücksichtigen.

- Ein Teil der IS-Anträge kommt direkt aus der Funktion "Bewertung von IS-Anträgen" in die Entwicklungsplanung, für einen anderen Teil liegen Machbarkeitsstudien vor [vgl. Bild 3.3.3.2./1].

Folgende Schritte sind im Rahmen der IS-Entwicklungsplanung zu durchlaufen:

a)   Ermittlung der unternehmerischen Rangfolge

b)   Ermittlung der betrieblichen Reihenfolge

c)   Aufstellung des applikatorischen Migrationsplans

d)   Personal- und Finanzplanung

e)   Risikoanalyse

ad a)   Ermittlung der unternehmerischen Rangfolge der Projekte

Die unternehmerische Rangfolge bringt zum Ausdruck, wie stark die Projekte die Unternehmensstrategie unterstützen. Das Ergebnis dieses Schrittes ist das Dokument *"Unternehmerische Rangfolge der Projekte"*. Die Rangfolge kann auf verschiedene Art und Weise ermittelt werden [vgl. Punkt 2.7., Griese 1990, Kühn/Kruse 1985, S. 460, McFarlan/McKenney/Pyburn 1983, Nagel 1989, Nagel 1990, Bryan 1990, Reiß 1990]:

• Gegenüberstellung der Projekte und der Unternehmensziele, der kritischen Erfolgsfaktoren oder der Wirtschaftlichkeit der Projekte

• Gewichtung der Projekte durch ausgewählte Führungskräfte

Bei der ersten Vorgehensweise werden zunächst Listen mit den wichtigsten *Unternehmenszielen* bzw. kritischen Erfolgsfaktoren des Geschäfts aufgestellt bzw. aus dem IS-Konzept übernommen [vgl. Punkt 3.1.4.]. Für jedes Projekt wird dann festgehalten, ob es die einzelnen Unternehmensziele oder Erfolgsfaktoren unterstützt. Diejenigen Projekte geniessen höchste Priorität, die möglichst viele Ziele oder Erfolgsfaktoren unterstützen.

Der Vorteil dieser Methode ist die offene Diskussion der unternehmerischen Bedeutung anhand vereinbarter Kriterien. Natürlich bleibt auch damit Raum für Subjektivität. Die Gewichtung von Zielen, differenzierte Zielerreichungsgrade und die Berechnung etwa im Sinne einer Nutzwertanalyse [vgl. Brauchlin 1990, S. 217ff., Zangenmeister 1976] vermitteln eine Scheingenauigkeit und lenken eher von den Bewertungsproblemen ab. Wir verzichten daher auf die Darstellung solcher Bewertungsmethoden.

Gewichtung durch ausgewählte Führungskräfte kann bedeuten, dass man diesen in einem Workshop die entscheidungsreifen Projekte vorstellt und sie auffordert, nach ihrer Einschätzung der Bedeutung Punkte zu vergeben. Das Projekt, das die meisten Punkte auf sich vereinigt, geniesst höchste Priorität. Auf eine Detaillierung der unternehmerischen Bedeutung wird verzichtet.

ad b)   Ermittlung der betrieblichen Reihenfolge der Projekte

Die unternehmerische Rangfolge der Projekte bildet nur eine Sichtweise auf die Projekte. Daneben existieren weitere Zusammenhänge zwischen den Projekten selbst und zwischen den Projekten und dem bestehenden Informationssystemen, die eine bestimmte Reihenfolge bei der Bearbeitung der Projekte notwendig machen. Das SG ISM fasst diese "sachlogischen" Abhängigkeiten als betriebliche Abhängigkeiten zusammen. Sie werden im Dokument *"Betriebliche Reihenfolge der Projekte"* beschrieben.

Checkliste 3.3.3.4./2 zeigt eine Auswahl von Faktoren, die einen Einfluss auf die betriebliche Reihenfolge der Projekte haben können.

- Betriebswirtschaftliche Zusammenhänge (z. B. Abweichungsanalysen im Rechnungswesen können nur dann angestellt werden, wenn Ist- und Solldaten zur Verfügung stehen)

- Realisierung eines ganzen Rahmenprojekts (inhaltlich zusammengehörende Projekte, wie z. B. Einführung einer Standardanwendungs-Software, die aus Kapazitätsgründen getrennt wurden) [vgl. Punkt 3.3.3.2.]

- Verfügbarkeit von Mitarbeitern und Know How im Fachbereich (Vermeiden von Mehrfachbelastungen)

- Schrittweise Einführung (pro Abteilung, pro dezentralem Bereich etc.)

- Restriktionen und Probleme der bestehenden Infrastruktur (Hardware, Software, Räume)

- Verfügbarkeit neuer Infrastruktur

- Empfehlungen von Anbietern (z. B. bei Standardanwendungs-Software, die Reihenfolge, in der die Module installiert werden sollten)

- Aufbau von Know How bei den Mitarbeitern

Checkliste 3.3.3.4./2: Betriebliche Abhängigkeiten

Infrastrukturprojekte, die sehr oft bei einer Beurteilung der Projekte aus unternehmerischer Sicht nicht berücksichtigt werden, finden über die betrieblichen Abhängigkeiten Eingang in das IS-Projektportfolio des Unternehmens.

ad c)   Aufstellung des applikatorischen Migrationsplans

Die unternehmerische Rangfolge und die betriebliche Reihenfolge führen in der Regel zu verschiedenen Reihenfolgen der Projekte. Dies sei an einem Beispiel verdeutlicht:

Aus geschäftlicher Sicht haben z. B. Führungsinformationssysteme eine hohe
Priorität. Diese Priorisierung vernachlässigt aber, dass man nur dann Manage-
mentauswertungen erstellen kann, wenn man die entsprechenden Daten aus opera-
tionellen Systemen auf dem Rechner hat. Entsprechend müssen vor den Füh-
rungssystemen in der Abfolge der Projekte operationelle Anwendungen kommen,
welche die gewünschten Daten liefern.

Um den Konflikt zwischen den verschiedenen Rangfolgen zu lösen, schlägt das
SG ISM folgendes Vorgehen vor:

- Wahl des Projekts, das in der unternehmerischen Rangfolge an erster Stelle
  steht.

- Bestimmen der Projekte, die im Rahmen der betrieblichen Reihenfolge zu
  seiner Erreichung notwendig sind.

- Wahl des Projekts, das in der unternehmerischen Rangfolge an zweiter
  Stelle steht.

- Bestimmen der Projekte, die im Rahmen der betrieblichen Reihenfolge zu
  seiner Erreichung notwendig sind.

- usw.

Bild 3.3.3.4./3: Festlegen der Reihenfolge der Projekte

Dieses Vorgehen gewährleistet, dass geschäftliche Prioritäten Vorrang vor den betrieblichen Abhängigkeiten haben. Die Fachbereiche entscheiden über die Weiterentwicklung des Informationssystems.

Mit diesem Vorgehen können theoretisch alle Projekte in eine Reihenfolge gebracht werden. In Workshops und Sitzungen erzielen der Fach- und IS-Bereich
einen Konsens. Resultat ist eine *Wunschliste der Projekte*. Wieviel von ihr realisiert werden kann, hängt von den Ressourcen ab, die zur Verfügung stehen.

Nächster Schritt ist der Abgleich dieser Wunschliste mit den vorhandenen und geplanten personellen und finanziellen Kapazitäten. Grundlage sind die Aufwandsschätzungen aus den IS-Anträgen und den Machbarkeitsstudien. Ihnen stehen die
bestehenden Kapazitäten und ihre geplante Entwicklung entgegen. Von Seiten der
Geschäftsleitung entstehen im Rahmen der Unternehmensplanung Vorgaben, wie
die weitere finanzielle und personelle Entwicklung ablaufen soll.

Ziel ist ein applikatorischer Migrationsplan [vgl. Bild 3.3.3.4./4], der mit der Entwicklung der personellen und finanziellen Ressourcen abgestimmt ist.

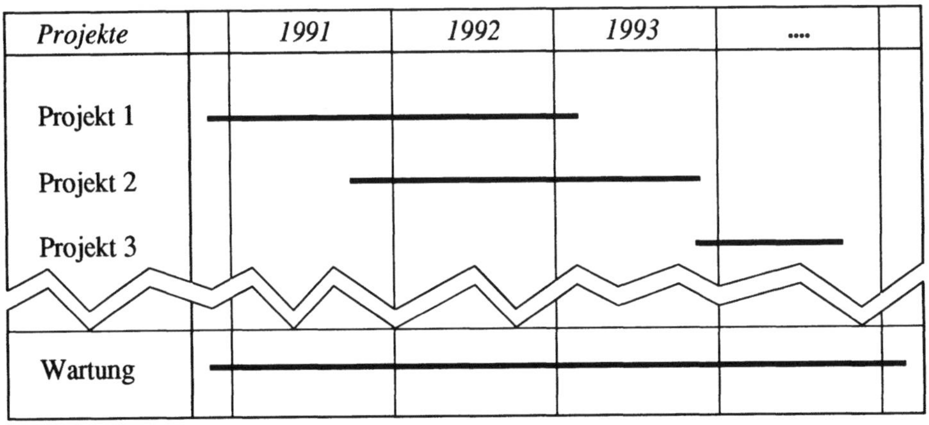

Bild 3.3.3.4./4: Struktur eines applikatorischen Migrationplans

Im ersten Schritt werden die Kapazitäten für Muss-Projekte und die reservierte Quote für Änderungen von den Kapazitäten, die gemäss der ersten Planung zur Verfügung stehen, subtrahiert. Auf der Grundlage der verbleibenden Kapazität ermittelt der ISM-Stab, welche Projekte realisiert werden können. Fach- und IS-Bereich beurteilen gemeinsam, ob die Ziele der Informationsverarbeitung (IS-Konzept) mit diesem Ergebnis erreicht werden können.

In vielen Unternehmen ist das Resultat des ersten Abgleichs unbefriedigend. In der Regel besteht ein grosser *Nachfrageüberhang* nach Entwicklungsleistungen, d. h. es gibt sehr viele Anforderungen, die auch mittelfristig nicht angegangen werden, wenn nicht eine Erhöhung der Kapazitäten stattfindet. Diese Situation führt in der Regel zu Gesprächen mit der Geschäftsleitung über eine Erhöhung des Personalbestands und der finanziellen Mittel für externe Mitarbeiter, um schneller die gewünschten Projekte zu realisieren. Insbesondere ist die Vergabe einzelner Aufgabenteile, ganzer Aufgaben oder Projekte nach aussen zu prüfen, um darüber entscheiden zu können.

Oft sind die Anforderungen der Fachbereiche nur durch eine kontinuierliche Erhöhung des Personalbestands des Fach- und IS-Bereichs über Jahre zu errei-chen. Dies hat selten den gewünschten unmittelbaren kapazitätserhöhenden Ef-fekt. Ein Ausbau der Mitarbeiteranzahl ist nicht kurzfristig wirksam. Die neuen

Mitarbeiter sind in die bestehende Organisation zu integrieren. Die IS-Entwicklungsplanung hat sich am Kriterium "Machbarkeit" zu orientieren. Entsprechend vorsichtig sind die verfügbaren Kapazitäten zu kalkulieren, wenn ein Personalaufbau geplant wird.

ad d)   Personal- und Finanzplanung

Ist die applikatorische Migrationsplanung abgeschlossen, entstehen aus ihr Personal- und Finanzpläne.

Die Machbarkeitsstudien und IS-Anträge enthalten Angaben über den Personalbedarf. Sie werden entsprechend der Zeitplanung des applikatorischen Migrationsplans berücksichtigt und führen zu einem *IS-Personalplan*, der die Belastung des Fach- und IS-Bereichs durch die Projekte zeigt. Die Wartung ist integriert. Aus dem IS-Personalplan wird abgeleitet, welche Kapazitäten der IS-Bereich zur Verfügung stellt, damit der applikatorische Migrationsplan eingehalten werden kann.

Applikatorischer Migrationsplan, IS-Personalplan und die Schätzungen für Sachausgaben in den IS-Anträgen und den Machbarkeitsstudien führen zu einem *IS-Finanzplan*. Die Personalkosten werden zu einem festen Satz umgerechnet. Der IS-Finanzplan zeigt die Höhe der Investitionen in das Informationssystem über einen langfristigen Zeitraum.

ad e)   Risikoanalyse

Im nächsten Schritt ist der *IS-Entwicklungsplan* daraufhin zu untersuchen, welches *Terminrisiko* mit der Gesamtheit der Projekte verbunden ist. Es geht dabei nicht nur darum, Faktoren zu identifizieren, die den Entwicklungsplan verzögern können, sondern auch nach Faktoren zu suchen, die noch Sicherheitsreserven enthalten und dadurch das Gesamtrisiko der Durchsetzung des Entwicklungsplans reduzieren.

In der Checkliste 3.3.3.4./5 sind einige Punkte aufgeführt, die bei der Risikoanalyse des IS-Entwicklungsplans zu analysieren sind, weil sie verzögernd auf den Plan wirken können:

- Anzahl parallel laufender Projekte

- Anzahl Innovationen im Anwendungsbereich

- Qualifikation des Projektleiters

- Verfügbarkeit der Projektmitarbeiter, insbesondere derjenigen des Fachbereichs

- Einsatz von Hilfsmitteln (z. B. neue Entwicklungsumgebung)

- Gegenseitige Abhängigkeit der Projekte/Schnittstellen

- Abhängigkeit von Einzelpersonen

- Beanspruchung der Leitung des Fachbereichs

- Zeitplanung (Militärdienst, Krankheit, Urlaub, Ausbildung der Mitarbeiter)

Checkliste 3.3.3.4./5: Risikoanalyse des IS-Entwicklungsplans

Das SG ISM strebt an, dass die Planung so vorsichtig sein sollte, dass auch bei Eintritt unvorhergesehener Ereignisse, wie z. B. einer längeren Erkrankung des Projektleiters, eine realistische Chance auf Planerreichung besteht.

Ist die Vorbereitung des IS-Entwicklungsplans durch den ISM-Stab und den IS-Leiter abgeschlossen, wird er dem dezentralen IS-Ausschuss zur *Verabschiedung* vorgestellt. Der IS-Leiter und der dezentrale IS-Ausschuss haben die Aufgabe, die Konsistenz der Planungsarbeit mit den im IS-Konzept und der IS-Architektur festgelegten Zielsetzungen durchzusetzen.

Bei der Beurteilung des IS-Entwicklungsplans und der zugrundeliegenden Machbarkeitsstudien ist die Einhaltung des IS-Konzepts und der Zusammenhang mit der Architektur zu prüfen. Der Ausschuss kann sowohl auf die Reihenfolge der Projekte, als auch auf die geplante Kapazitätsentwicklung Einfluss nehmen. Der dezentrale IS-Ausschuss genehmigt den IS-Entwicklungsplan (mit oder ohne Änderungen) oder weist ihn zur Überarbeitung zurück.

Ist der IS-Entwicklungsplan verabschiedet, wird er auf die betroffenen organisatorischen Einheiten der Linienorganisation, wie z. B. Abteilungen und Kostenstellen, umgelegt. Jeder Linienverantwortliche im Fach- und IS-Bereich hat die Aufwendungen, die durch den IS-Entwicklungsplan entstehen, in seiner Planung zu berücksichtigen.

Die erste Erstellung eines IS-Entwicklungsplans verursacht für ein Unternehmen grossen Aufwand. Es besteht die Gefahr, dass die einmal erstellten Pläne für lange Zeit unverändert bleiben. IS-Entwicklungsplanung hat nur dann einen Sinn, wenn der Plan jährlich an die neuen Gegebenheiten angepasst wird.

Organisatorische Verantwortung	IS-Entwicklungsplanung

Fach- und IS-Bereich (dezentraler IS-Leiter) führen die IS-Entwicklungsplanung gemeinsam durch. Der ISM-Stab ist für die Organisation verantwortlich. Der dezentrale IS-Ausschuss verabschiedet den IS-Entwicklungsplan.

Ausführungsmodus	IS-Entwicklungsplanung

Der langfristige IS-Entwicklungsplan wird einmal im Jahr, parallel zur strategischen Planung überarbeitet [vgl. Bild 2.5.6./1]. Die kurzfristige Planung der IS-Entwicklung wird gleichzeitig mit der Budgetierung vorgenommen.

Input-Dokumente		IS-Entwicklungsplanung
Input	**von wem?**	**wofür?**
IS-Anträge (Projekte)	Fachbereich, ISM-Stab	Applikatorische Migrationsplanung
Machbarkeitsstudien	Teams	Applikatorische Migrationsplanung
Vorgabe für Personal- und Finanzplanung aus der Unternehmensplanung (kurz- und langfristig)	Unternehmensleitung (Gesamtunternehmen und dezentrale Einheiten)	Applikatorische Migrationsplanung

Output-Dokumente		IS-Entwicklungsplanung
Output	**an wen?**	**wofür?**
Langfristiger IS-Entwicklungsplan	dezentraler IS-Ausschuss (IS-Leiter), Personalabteilung (Planung), Finanzabteilung (Planung), betroffene Fachbereiche	Projektmanagement, langfristige Unternehmensplanung
kurzfristiger IS-Entwicklungsplan (Budget)	dezentraler IS-Ausschuss (IS-Leiter), Personalabteilung (Budget), Finanzabteilung (Budget), betroffene Fachbereiche	Projektmanagement, Budgetierung

3.3.3.5. IS-Entwicklungskontrolle

Die IS-Entwicklungskontrolle im Rahmen des IS-Projektportfolio-Managements vollzieht sich in folgenden Subfunktionen:

a)   Projektfortschrittskontrolle

b)   Kontrolle des IS-Entwicklungsplans

c)   Projektnachkontrolle

ad a)   Projektfortschrittskontrolle

Projektfortschrittskontrolle bedeutet, dass sich der dezentrale IS-Leiter mit Unterstützung seines ISM-Stabs ständig mit dem Ablauf der Projekte beschäftigt. Gesprächspartner sind in erster Linie die Projektleiter. Bei den Gesprächen mit ihnen spielen folgende Punkte eine Rolle:

- Einhaltung und Überschreitung von Terminen
- inhaltliche Konzepte
- Probleme und Nutzen des Einsatzes von Methoden und Tools
- Zusammenarbeit mit dem Fachbereich
- Fragen der Mitarbeiterführung

Checkliste 3.3.3.5./1: Projektfortschrittskontrolle

Ergänzend zur Kontrolle von Projekten im Rahmen der IS-Entwicklungskontrolle kontrolliert der Projektausschuss die Projektleitung, das Projektteam und die Arbeitsgruppen. Diese Kontrollmechanismen gehören zum Projektmanagement [vgl. Punkt 3.4.] und laufen parallel zu den Kontrollen im Rahmen des IS-Projektportfolio-Managements ab.

ad b)   Kontrolle des IS-Entwicklungsplans

Der IS-Leiter stellt für den dezentralen IS-Ausschuss jeweils zu den Sitzungen einen Bericht ("Statusbericht zur Umsetzung des IS-Entwicklungsplans") zusammen. Er gibt Aufschluss über den Stand der Projekte und die Verwendung der Ressourcen.

Die Kontrolle des IS-Entwicklungsplans geht über die Kontrolle eines einzelnen Projekts hinaus und enthält eine Gesamtsicht aller Projekte. Sie baut auf den Phasenabschlussberichten und Projektstatusberichten auf, welche die Projektteams erstellen. Der dezentrale IS-Leiter fordert diese Berichte rechtzeitig vor jeder Sitzung des IS-Ausschusses an und fasst sie in dem Bericht "Statusbericht zur Umsetzung des IS-Entwicklungsplans" zusammen.

Von besonderem Interesse für den dezentralen IS-Ausschuss ist die Kontrolle der eingesetzten Ressourcen. Der dezentrale IS-Leiter gibt Rechenschaft, ob die effektive Verwendung der Ressourcen den Plänen und damit den Zielen entspricht. Grundlage sind die Zeitaufschreibungen der Projektmitarbeiter. Nur eine kontinuierliche Kontrolle des Einsatzes der personellen Ressourcen gewährleistet, dass die Pläne zur Reduktion des Wartungsaufwands nicht durch ungeplante Tätigkeiten unterlaufen werden.

Liegt aus einem der Projekte ein Phasenabschlussbericht vor, prüft die Architektur-Entwicklung, ob die Resultate mit der Architektur übereinstimmen [vgl. Punkt 3.2.3.2.3.]. Das Ergebnis dieser Untersuchung fliesst in den Statusbericht zur Umsetzung des IS-Entwicklungsplans ein.

ad c)   Projektnachkontrolle

In IS-Anträgen und Machbarkeitsstudien werden für die Projekte Ziele, vor allem auch in bezug auf Kosten und Nutzen (Wirtschaftlichkeit), gesetzt. Sie betreffen nicht nur den Entwicklungsaufwand im IS- und Fachbereich, sondern auch die laufenden Kosten der Applikation [vgl. Punkt 3.3.3.1. und 3.3.3.3.].

Im Rahmen der IS-Entwicklungskontrolle untersucht das IS-Controlling im Sinne einer *Informationssystem-Revision*, ob diese Ziele erreicht wurden oder nicht [vgl. IFA 1988]. Die Prüfpunkte sind in der Checkliste 3.3.3.5./2 zusammengefasst.

Eine Projektnachkontrolle kann nicht unmittelbar nach Ende eines Projekts erfolgen. Sie ist erst dann sinnvoll, wenn sich die neuen Abläufe eingespielt haben und die Software ihre "Kinderkrankheiten" verloren hat. Die Arbeitsgruppe UISA ist

der Meinung, dass eine Projektnachkontrolle ca. ein Jahr nach der Einführungsphase des Projekts durchgeführt werden sollte.

- Soll-Ist-Vergleich der Entwicklungskosten
- Soll-Ist-Vergleich der Kosten des Betriebs
- Erfahrungen mit der organisatorischen Lösung
- Erfahrungen mit der eingesetzten Software
- Tauglichkeit der IS-Schulung
- Konsequenzen für weitere Projekte

Checkliste 3.3.3.5./2: Projektnachkontolle (IS-Revision)

Organisatorische Verantwortung	IS-Entwicklungskontrolle

Die IS-Entwicklungskontrolle nehmen der dezentrale IS-Ausschuss, der dezentrale IS-Leiter und das dezentrale IS-Controlling wahr. Das IS-Controlling übernimmt ihre Organisation. Der IS-Leiter und sein ISM-Stab erstellen den "Statusbericht zur Umsetzung des IS-Entwicklungsplans". Bei der Projektnachkontrolle
arbeitet das IS-Controlling eng mit dem ehemaligen Projektleiter zuammen.

Ausführungsmodus	IS-Entwicklungskontrolle

Die kontinuierliche Projektfortschrittskontrolle wird im Sinne eines "Managements by Exception" ständig durchgeführt. Der Statusbericht zur Umsetzung des
IS-Entwicklungsplans wird jeweils für die Sitzungen des dezentralen IS-Ausschusses angefertigt (zweimal jährlich). Die Projektnachkontrolle findet ca. ein
Jahr nach Abschluss eines Projekts statt.

Input-Dokumente		IS-Entwicklungskontrolle
Input	**von wem?**	**wofür?**
Projektstatusbericht, Phasenabschlussbericht	Projektleiter	Projektfortschrittskontrolle, Kontrolle des IS-Entwicklungsplans

Output-Dokumente		IS-Entwicklungskontrolle
Output	**an wen?**	**wofür?**
Entscheidungen, Massnahmen	IS-Bereich, Projektteams	Problemlösung, Umsetzung der Architektur

3.3.4.   Dokumente auf Ebene des IS-Projektportfolios

3.3.4.1. IS-Antrag

Der IS-Antrag ist eine kurze Beschreibung einer Idee zur Weiterentwicklung des Informationssystems. Er stellt sicher, dass die Idee systematisch weiter verfolgt wird.

Aufbau des Dokuments	IS-Antrag

Ein IS-Antrag hat eine minimale formale Struktur. Der Antrag ermöglicht, dass die IS-Anforderungen so unbürokratisch wie möglich zu Papier gebracht werden.

- Organisatorische Angaben:
  Bezeichner des Antrags, Identifikationsnummer, Erstellungsdatum, Datum des Eingangs im IS-Bereich

- Verwendung des Antrags:
  Verwendungszweck des Antrags, als Projektantrag mit oder ohne Machbarkeitsstudie oder als Änderungsantrag [vgl. Bild 3.3.3.2./1] (Diese Angaben werden erst ausgefüllt, wenn eine zuverlässige Schätzung über den Aufwand vorliegt.)

- Beschreibung:
  kurze Darstellung der Ausgangslage, der Ziele und inhaltlichen Lösungsansätze des IS-Antrags

- Wirtschaftlichkeit:
  Angaben zu Kosten und Nutzen (quantitative und qualitative, laufende und einmalige) über mehrere Jahre hinweg im IS- und Fachbereich. Grundlage sind Aufwandschätzungen. Der Aufwand der Mitarbeiter in Mannmonaten ist genau auszuweisen.

- Wunschtermin:
  Datum, an dem der Fachbereich wünscht, dass das Vorhaben beendet sein soll.

- Abhängigkeiten von anderen Projekten

- Beziehungen zu anderen Projekten (innerhalb eines Rahmenprojekts)

- Unterschriften:
  Genehmigungsweg des Antrags
  Der Genehmigungsweg wird durch die Kompetenzordnung im Unternehmen geregelt.

Verwendung in Funktion	IS-Antrag

Entwicklung von IS-Anträgen

Bewertung der IS-Anträge

Ausarbeitung Machbarkeitsstudie

IS-Entwicklungsplanung

Änderungsmanagement

Empfänger	IS-Antrag

Der dezentrale ISM-Stab sammelt die IS-Anträge und organisiert ihre weitere Bearbeitung.

Beispiel	IS-Antrag

Wir zeigen zwei Beispiele für IS-Anträge:

- Verwendung als Änderungsantrag

- Verwendung als Projektantrag

IS-Antrag der UNTEL AG, UB Unterhaltung

Name des Antrags: Änderung in den Masken "Erfassung Kunde 1" und "Erfassung Kunde 2"

Ersteller des Antrags: G. Kaiser

Erstellungsdatum: 2.2.1991

Eingang im IS-Bereich: 8.2.1991

Verwendung des IS-Antrags: Änderungsantrag

Beschreibung:

Bei der Erfassung neuer Kunden zeigt es sich immer wieder, dass das Feld "Erster Kontakt" mit dem Kunden bereits auf der ersten Maske eingegeben werden sollte. Denn die meisten Kunden werden erst als Kunden und nicht, wie im Benutzerhandbuch vorgesehen, als Interessenten erfasst. Das Feld "Erster Kontakt" ist auf der zweiten Maske, auf der die Kundenkontakte beschrieben werden. Für einen schnelleren Arbeitsfluss ist es wünschenswert, das Feld "Erster Kontakt" auf die Maske 1 "Kundenstammdaten" zu übernehmen.

Wirtschaftlichkeit:

quantitativ:

	1991	1992	1993	1994
Kosten	10.000			
extern				
intern				
Nutzen				
Aufwand in MM				

qualitativ:

- Verbessserung des Arbeitsflusses (Senken des Erfassungaufwands um 10%)

- Erhöhen der Arbeitszufriedenheit

Abhängigkeiten von anderen Projekten: keine

Wunschtermin: sofort

Genehmigung des Antrags:

Unterschrift Fachbereich: B. Gründel, Vertrieb UBU

Unterschrift IS-Bereich: A. Adam, IS-Leiter UBU

IS-Antrag der UNTEL AG, UB Unterhaltung

Name des Antrags: Neues Verkaufssystem

Ersteller des Antrags: G. Kaiser, Vertrieb UBU; K. Schmitz, Leiter
Architektur-Entwicklung

Erstellungsdatum: 3. März 1990

Eingang im IS-Bereich: 20. März 1990

Verwendung des IS-Antrags: Projektantrag mit Machbarkeitsstudie

Beschreibung:

Das Projekt "Neues Verkaufssystem" hat zum Ziel, den Verkauf des Unternehmensbereichs Unterhaltung neu zu gestalten. Dabei soll sowohl die bestehende organisatorische Lösung als auch die Computerunterstützung in Frage gestellt werden.

Entstehen soll eine Lösung, die es erlaubt, einen schnelleren und besseren Zugang zu Kundeninformationen zu haben. Der bessere Zugang verkürzt die Dauer der Auftragsbearbeitung wesentlich. Zusätzlich werden alle vorhandenen Informationen "On-line" zur Verfügung gestellt. Bessere Prognosen über den Verlauf des Geschäfts sollten nach Einführung des neuen Systems möglich sein.

Das neue Verkaufssystem ist die Basis einer Standardisierung des Verkaufs an allen Standorten des Unternehmensbereichs Unterhaltung der UNTEL AG. Schnittstellen mit dem Integrationsbereich "Logistik Europa" des Konzerns sind zu berücksichtigen.

Das neue Verkaufssystem löst die bisherige alte Applikation in diesem Bereich ab. Angestrebt wird, soweit wie möglich die Standardanwendungs-Software der Firma TBQ einzusetzen.

....

Wirtschaftlichkeit:

quantitativ:

	1991	*1992*	*1993*	*1994*
Kosten				
extern	1.000.000	1.000.000	1.000.000	1.000.000
intern	1.500.000	1.500.000	1.500.000	1.500.000
Nutzen	500.000	500.000	2.500.000	3.500.000
Aufwand in MM	200	200	200	200

qualitativ:

- Schnellerer Mittelrückfluss, da bestehende Schwierigkeiten in der Fakturierung überwunden werden

- Senkung des Wartungsaufwands

- Schnellere Verfügbarkeit der Informationen

- Abbau von Stellen im Bereich der Datenerfassung und Kontrolle

- Behinderungen während der Umstellungsphase

- ...

Abhängigkeiten von anderen Projekten

Das Projekt "Neues Verkaufssystem" ist in die Realisierung des Integrationsbereichs "Logistik Europa" einzubinden.

Wunschtermin: So schnell wie möglich

Genehmigung des Antrags:

Unterschrift Fachbereich: G. Neis, Leiter des IS-Ausschusses

Unterschrift IS-Bereich: A. Adam, IS-Leiter UBU

3.3.4.2. Machbarkeitsstudie

Ein IS-Antrag wird durch eine Machbarkeitsstudie soweit ausgearbeitet, dass Klarheit darüber besteht, was mit einem Projekt erreicht werden soll und welchen Aufwand die Durchführung mit sich bringt. Die Machbarkeitsstudie beantwortet die folgenden Fragen:

- Was sind die Ziele des Projekts?

- Welches sind die grundsätzlichen Lösungsmöglichkeiten?

- Wie steht es um die Wirtschaftlichkeit des Projekts?

Werden IS-Anträge in mehrere Projekte aufgespalten (kein Projekt länger als 1,5 Jahre!), wird nicht für jedes einzelne Projekt eine eigene Machbarkeitsstudie angefertigt, sondern *eine* für das ganze Rahmenprojekt.

Aufbau des Dokuments	Machbarkeitsstudie

Die Machbarkeitsstudie umfasst ca. 20 Seiten.

- Organisatorische Angaben:
  Name des Unternehmensbereichs, Erstellungsdatum, Name der Teammitglieder, Inhaltsverzeichnis, Name des Projekts

- Management Summary:
  Zusammenfassende Beurteilung der Ergebnisse der Machbarkeitsstudie auf maximal einer Seite DIN A4 mit einem Vorschlag für die weiteren Schritte.

- Ausgangslage/Probleme:
  Ausgangslage, Probleme der Informationsverarbeitung im Ist-System, Randbedingungen, funktionaler Rahmen des Projekts (Ist-Organisation, Liste der Funktionen und Daten)

- Ziele/Pflichtenheft:
  Ziele, Anforderungen (Muss und Kann)

- Beschreibung/Fachlösung/Lösungansatz:
  Aufbau- und Ablauforganisation (Organigramm, grobes Funktionendiagramm); Daten- und Funktionshierarchie; Daten- und Funktionsbeschreibung;
  Datenflussdiagramme; alternative Möglichkeiten der Implementierung; Bezug
  zur Architektur, welche Elemente werden verwendet, die aus der Architektur
  resultieren

- Wirtschaftlichkeit:
  Angaben zu Kosten und Nutzen (quantitative und qualitative, laufende und einmalige) über mehrere Jahre hinweg im IS- und Fachbereich

  Grundlage hierfür sind die Aufwandschätzungen des IS-Ausschusses.

- Risikoanalyse:
  Bewertung der Risiken der Durchführung des Projekts, Struktur [vgl. Checkliste 3.3.3.3./2]

- Projektorganisation:
  Organigramm mit den Namen der Mitarbeiter und Angabe des Anteils der Arbeitszeit, die jeder Mitarbeiter für das Projekt zur Verfügung steht

- Projektplanung:
  Ablauf des Projekts gegliedert nach Phasen, Darstellung als Tabelle oder Balkendiagramm (Meilensteine müssen klar erkennbar sein.)

Verwendung in Funktion	Machbarkeitsstudie

IS-Entwicklungsplanung

Vorstudie/Initialisierung des Projekts

Empfänger	Machbarkeitsstudie

Verantwortliche im Fachbereich, dezentraler IS-Leiter, dezentraler Leiter IS-Entwicklung, Leiter Architektur-Entwicklung und die Mitglieder des dezentralen IS-
Ausschusses

Up-Date Periode	Machbarkeitsstudie

Die Machbarkeitsstudie ist ein statisches Dokument. Sie wird nach Abschluss nicht mehr verändert.

Beispiel	Machbarkeitsstudie

UNTEL AG
Unternehmensbereich Unterhaltung
Machbarkeitsstudie

Integrierter Verkauf

Verfasser:

L.Haake

X.Maier

G.Kaiser

Stuttgart, Mai 1990

Inhaltsverzeichnis

1. Management-Summary

2. Ausgangslage

    2.1. Die Sicht der Leitung des Unternehmensbereichs Unterhaltung

    2.2. Die Sicht der Verkaufsleitung

    2.3. Die Sicht der Verkaufsabteilungen

    2.4. Die Sicht des IS-Bereichs

3. Ziele

4. Lösungsansatz

    4.1. Struktur

    4.2. Verhältnis zur Architektur

    4.3. Organisation

    4.4. Funktionen

    4.5. Daten

    4.6. Möglichkeiten der Umsetzung

5. Wirtschaftlichkeit

    5.1. Quantitative Angaben

    5.2. Qualitative Angaben

6. Risikoanalyse

7. Projektorganisation

8. Projektplanung

1. Management-Summary

Mit dem Informationssystem "Integrierter Verkauf" wird jede Vetriebsniederlassung in der Lage sein,

- schnellere und bessere Informationen über die Kunden zu haben,

- die Abwicklung eines Auftrags vom Eingang bis zur Fakturierung schneller und kostengünstiger abzuwickeln,

- präzisere Prognosen über die Entwicklung der Verkaufszahlen abzugeben und

- durch Auswertung aller vorhandenen Informationen den Verkauf deckungs-beitragsorientiert zu steuern.

Basis für die Erreichung dieser Ziele sind neue organisatorische Lösungen im Vertrieb, die soweit wie möglich computerunterstützt funktionieren müssen.

Das Team, das die Machbarkeitsstudie durchgeführt hat, ist zum Schluss gekommen, dass für die Realisierung die Standardanwendungs-Software der Firma TBQ in Frage kommt.

Eine Wirtschaftlichkeitsanalyse des Projekts zeigt, dass in den ersten vier Jahren einmalige Gesamtkosten in der Höhe von ca. 18 Mio SFr anfallen werden und mit einer Erhöhung der laufenden Kosten um 700.000 p. a. ab 1992 zu rechnen ist. Ihnen steht ab 1993 ein Nutzen von ca. SFr. 4 Mio pro Jahr gegenüber.

Das Projekt "Integrierter Verkauf" berücksichtigt Synergien mit dem Integrationsbereich "Logistik Europa" des Konzerns.

Das Gesamtprojekt ist in verschiedene Teilprojekte zu untergliedern. Die Einführung muss schrittweise, Standort für Standort, erfolgen. Das Team schlägt Stuttgart für ein Pilotprojekt vor.

...

Das Team, das die Machbarkeitsstudie angefertigt hat, kommt zum Schluss, dass das System in Angriff genommen werden sollte und stellt den Antrag, es mit höchster Priorität in der applikatorischen Migrationsplanung zu berücksichtigen.

2. Ausganglage

2.1. Die Sicht der Leitung des Unternehmensbereichs Unterhaltungselektronik

. . . .

2.2. Die Sicht der Vertriebsleitung

Der Vetrieb der UNTEL AG basiert auf einer EDV-Lösung, die ca. 15 Jahre alt ist. Sie gewährleistet nach wie vor die Abwicklung des laufenden Geschäfts.

Verschiedene Anforderungen, die auf den Vertrieb in den nächsten Jahren zukommen werden, erfordern eine Anpassung der jetzigen Lösung in organisatorischer Hinsicht.

Die Vertriebsabteilungen der einzelnen Standorte (Zürich und Stuttgart) und der Niederlassungen (Frankreich und Italien) und die Lagerstandorte Hamburg und Lyon sind so zu verbinden, dass die Kundennähe (Unternehmensziel) entscheidend verbessert werden kann.

...

Die Aufbau- und Ablauforganisation des Vetriebs des UBs Unterhaltung wurde seit Einführung der EDV-Lösung nicht mehr verändert. Die "Vetriebssekretariate" erfassen grosse Mengen an Daten mehrmals. Sie geben die Daten in das Host-System für die Auftragsabwicklung und parallel in verschiedene Personal Computer für Auswertungen ein.

Mit der Einführung des "Integrierten Vetriebs" ist der Verkauf zu reorganisieren, Rationalisierungsreserven sind so weit wie möglich auszunutzen.

......

2.3. Die Sicht der Verkaufsabteilungen

......

Die bestehende Lösung führt zu Doppelspurigkeiten bei der Erfassung der Daten. Das System ist umständlich. Selbst kleinere Änderungen und Anpassungen können nur mit grossem Aufwand realisiert werden.

....

2.4. Die Sicht der IS-Abteilung

Im Zusammenhang mit dem Integrationsbereich "Logistik Europa" wird eine neue Geschäftspartnerdatenbank aufgebaut. Sie ist auch Basis des Projekts "Integrierter Verkauf". .....

3. Ziele

- Verbesserung der Effizienz von Marketing-Massnahmen durch die systematische Erfassung und Auswertung von Produkt- und Kundeninformationen
    - Erhöhung des Umsatzes von "Key-Accounts" um 25% bis Ende 1994
    - Erreichung eines relativen Marktanteils von 75% gegenüber der stärksten Konkurrenz in mindestens 10 Ländern der EG bis Ende 1995

    ....

- Einsparung von 5% Provisionsaufwand durch einheitliche Provisionierung des Aussendienstes bis Mitte 1993

- Senkung des Personalbestands um 25 Stellen (Abbau der Sekretariate, Verlagern von Aufgaben, Vereinfachungen) bis Anfang 1993

- Reduktion der Entwicklungszeit von Neuprodukten ("Time to market") um 20% bis Ende 1995

.....

4. Lösungsansatz

4.1. Struktur des Systems "Integrierter Verkauf"

Der Machbarkeitsstudie für das System "Integrierter Verkauf" liegt der IS-Antrag "Neues Verkaufssystem" zugrunde, der aus der Architektur des Unternehmensbereichs Unterhaltungselektronik abgeleitet wurde.

Eine integrierte Verkaufslösung lässt sich nicht in einem Projekt erreichen. Wir unterscheiden daher innerhalb des *Rahmenprojekts "Integrierter Verkauf"* die folgenden Einzelprojekte:

- Geschäftspartner-Datenbank

- Verkaufsadministration

- Verkaufsprognose

- Verkaufssteuerung

Jedes dieser Subprojekte ist als eigenes Projekt im Projektportfolio zu bearbeiten.

....

4.2. Verhältnis zur Architektur

Das Rahmenprojekt "Integrierter Verkauf" beruht auf dem konzeptionellen Daten-modell der UNTEL AG/Unternehmensbereich Unterhaltung und dem entsprechen-den Geschäftsfunktionenkatalog.

Der Integrationsbereich "Logistik Europa" hat die Aufgabe, über die Unternehmens-bereiche Unterhaltungselektronik, Haushalt und Industrie hinweg eine gemeinsame Lösung für die Lagerhaltung und den Transport zu realisieren. Das integrierte Ver-kaufssystem beachtet die gemeinsamen Schnittstellen. .....

4.3. Organisation

....

Ein Grundmodell für die zukünftige Aufbauorganisation des Vetriebs kann wie folgt aussehen:

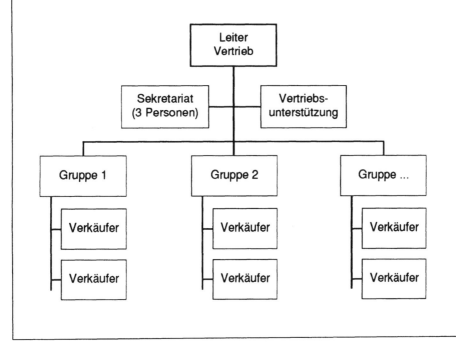

Diese Aufbauorganisation schafft die bisherigen Vetriebssekretariate fast vollständig ab. ...

4.4. Funktionen

• Funktionshierarchie:

Verkauf Unterhaltung

    Kunden aufnehmen

      ....

    Aufträge erfassen

    Aufträge abwickeln

      Fakturierung

.....

• Funktionsbeschreibungen:

...

4.5. Daten

.....

4.6. Möglichkeiten zur Umsetzung

Grundsätzlich stehen zwei Möglichkeiten für die Implementierung offen:

• Eigenentwicklung

• Standardanwendungs-Software

Das Team hat beide Möglichkeiten zuammen mit Vetretern aus den betroffenen Fachbereichen analysiert.

Das IS-Konzept der UNTEL AG sieht in erster Linie den Einsatz von Standardanwendungs-Software vor.

.....

Das Team der Machbarkeitstudie schlägt den Einsatz von Standardanwendungs-Software der Firme TBQ AG vor.

Die folgende Tabelle fasst die Ergebnisse der Analyse zusammen:

Kriterien \ Alternativen	TBQ AG	ALPHA AG	GAMMA AG
Leistungs-umfang (Daten, Funktionen)	++	+	++
Technische Konzeption	+	++	0
Erfahrungen	++	0	+
Beurteilung d. Lieferanten	++	+	+
Kosten	0	+	++
Rang	**1**	**3**	**2**

5. Wirtschaftlichkeit

Wirtschaftlichkeitsbetrachtung Projekt "Integrierter Verkauf"

	1991	*1992*	*1993*	*1994*
Quantitativer Nutzen				
Einmaliger Nutzen				
Einsparung Büromöbel				
Verkauf Gebrauchtrechner	100,000			
....				
Laufender Nutzen				
Einsparung Mietaufwand	50,000	50,000	50,000	50,000
Abbau Sekretariate			2,000,000	2,000,000
....				
Summe	1,000,000	1,000,000	4,000,000	4,000,000
Quantitative Kosten				
Einmalige Kosten				
Geschäftspartnerdatenbank	3,000,000	3,000,000		
Verkaufsadministration			2,500,000	2,500,000
Verkaufsprognose		2,000,000	2,000,000	
Verkaufssteuerung				1,000,000
Laufende Kosten				
Wartung SW	150,000	300,000	400,000	400,000
Wartung HW	250,000	250,000	300,000	300,000
...				
Summe	3,400,000	5,550,000	5,200,000	4,200,000

Amortisationsdauer: ca. 6 Jahre

Qualitativer Nutzen:
- allgemein höherer Bedienungskomfort
- Reduzierung der Nachkontrolle durch Direktkontrolle bei der Buchung
- deckungsbeitragsorientierte Führung
- Kundennähe durch höhere Auskunftsbereitschaft

Qualitative Kosten:

....

6. Risikoanalyse

• Unsicherheit über zukünftige Branchenstandards im Warenverkehr.

....

7. Projektorganisation

Gemäss IS-Konzept der UNTEL AG trägt der Fachbereich die Verantwortung für seine Informationssysteme.

Das Team der Machbarkeitsstudie schlägt die folgende Projektorganisation für den Start des Projekts "Verkaufsadministration", des ersten Einzelprojekts, vor:

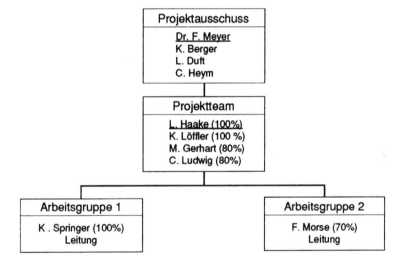

Von grosser Wichtigkeit für den Erfolg des Projekts ist, dass die Mitarbeiter entsprechend den Abmachungen zur Verfügung stehen.

8. Projektplanung

Grundlage der Projektplanung ist die Fortsetzung des Projekts "Geschäftspartner Datenbank" im Zuge der Realisierung des geplanten Integrationsbereichs "Logistik Europa" entsprechend der Planung der Projektgruppe "Logistik Europa" und der Start mit dem Einzelprojekt "Verkaufsadministration". Das folgende Bild zeigt die einzelnen Schritte im Überblick.

3.3.4.3. Unternehmerische Rangfolge der Projekte

Das Dokument "Unternehmerische Rangfolge der Projekte" dokumentiert die Rangfolge der Projekte aus der Sicht der Unternehmensstrategie und Unternehmensleitung.

Auf dem Weg zur definitiven unternehmerischen Rangfolge der Projekte gibt es je nach verwendeter Methode verschiedene Zwischenstufen. In diesem Buch ist nur das zusammenfassende Schlussdokument enthalten

Aufbau des Dokuments	Unternehmerische Rangfolge

- Organisatorische Angaben:
  Name des Unternehmensbereichs; Periode, für welche die Rangfolge gilt

- Verwendete Technik:
  Welche Technik wurde angewendet, um die Rangfolge zu ermitteln (Metaplan, kritische Erfolgsfaktoren, Unternehmensziele, persönliche Prioritäten). Werden z. B. Unternehmensziele verwendet, die in einem Leitbild, einer Unternehmenspolitik oder einer Unternehmensstrategie erklärt sind, ist eine Referenz anzugeben.

- Beteiligte Personen:
  Aufgeführt wird der Personenkreis, der an der Bewertung beteiligt war. Es muss als Begleitpapier eine Liste geben, aus dem die Beteiligten namentlich hervorgehen.

- Projekte:
  Neue und bereits laufende Projekte

  Alle Projekte müssen mit einem eindeutigen Bezeichner versehen sein, der dem entspricht, der in anderen Dokumenten (IS-Antrag, Machbarkeitsstudie) verwendet wird.

- Angewendete Kriterien:
  Die Kriterien, z. B. Unternehmensziele, Amortisationsdauer oder Erfolgsfaktoren, die für die Entscheidung verwendet wurden, sind anzugeben. Zusätzlich

ist zu dokumentieren, welcher Quelle sie entspringen (Schriftliche Unternehmensstrategie, Brainstorming einer Gruppe von Führungskräften).

- Bewertung:
  Die Zuordnung der Kriterien zu den Projekten muss aus dem Dokument ersichtlich sein.

- Darstellungsart:
  Verschiedene Methoden und Techniken sind möglich, um die Projekte entsprechend ihrer Bedeutung zu ordnen. Sie führen zu verschiedenen Darstel-
  lungsarten (Tabellen, Graphiken etc.).

- Kommentare:
  Bemerkungen und Kommentare, wie z. B. Minderheitsvoten, die während des
  Prozesses anfallen, können in dieser Rubrik dokumentiert werden.

Verwendung in Funktion	Unternehmerische Rangfolge

IS-Entwicklungsplanung

Empfänger	Unternehmerische Rangfolge

Der dezentrale IS-Leiter und der ISM-Stab verwenden die unternehmerische
Rangfolge als Basis ihrer Planung. Sie liegt dem dezentralen IS-Ausschuss als
Ausgangspunkt für den IS-Entwicklungsplan vor.

Up-Date Periode	Unternehmerische Rangfolge

Das Dokument wird mindestens einmal im Jahr überarbeitet. Dies bedeutet, dass
neue hinzugekommene und bereits geplante Projekte miteinander verglichen werden. Ergebnis ist die neue Rangfolge der Projekte.

Beispiel	Unternehmerische Rangfolge

UNTEL AG, UB Unterhaltung, IS-Entwicklungsplan 1991-1992

Unternehmerische Rangfolge der Projekte 1991

	Projekte \ Unternehmensziele	Amortisations-dauer in Jahren	Verbessern Kundennähe	Entwicklung Mitarbeiter	Verbessern Informations-fluss	Rang-folge
laufende	Geschäfts-partner-DB	5	++	+	+	2
	Anlage-rechnung					MUSS
neue	Finanz-buchhaltung	3	0	0	++	3
	Rechnungs-wesen	3	0	+	++	5
	Verkaufs-prognose	6	0	0	++	6
	Verkaufsad-ministration	6	++	0	+	3
	Verkaufs-steuerung	6	++	+	++	1
	Lager-buchhaltung	5	0	0	+	7

Diese Rangfolge wurde am 19. Mai 1990 von den Mitgliedern des dezentralen IS-Ausschusses des Unternehmensbereichs Unterhaltung anlässlich eines Workshops erarbeitet.

3.3.4.4. Betriebliche Reihenfolge der Projekte

Das Dokument " Betriebliche Reihenfolge der Projekte" zeigt eine Reihenfolge der Projekte aus sachlogischer und inhaltlicher Sicht. Sie ist unabhängig von den vorhandenen oder geplanten Kapazitäten.

Aufbau des Dokuments	Betriebliche Reihenfolge

- Organisatorische Angaben

  Unternehmensbereich, Periode, für welche die betriebliche Reihenfolge gilt

- Verwendete Kriterien

  Je nach Kriterium [vgl. Checkliste 3.3.3.4./2], das zur Ermittlung der betrieblichen Reihenfolge herangezogen wird, kann es zu unterschiedlichen Reihenfolgen kommen. Deshalb ist anzugeben, welches Kriterium den Ausschlag für eine bestimmte betriebliche Reihenfolge gibt.

- Darstellungsart

  Projektflusspläne (angelehnt an Datenflusspläne), Balkendiagramme, Netzpläne, Tabellen

  Die unternehmerische Rangfolge der Projekte kann in das Dokument eingearbeitet sein, um Widersprüche zwischen unternehmerischer Rangfolge und betrieblicher Reihenfolge der Projekte zu dokumentieren.

- Kommentare

  Bemerkungen, Einschränkungen, Präzisierungen des Inhalts

Verwendung in Funktion	Betriebliche Reihenfolge

IS-Entwicklungsplanung

Empfänger	Betriebliche Reihenfolge

Der dezentrale IS-Leiter und sein ISM-Stab benötigen das Dokument als Basis der IS-Entwicklungsplanung.

Up-Date Periode	Betriebliche Reihenfolge

Das Dokument wird mindestens einmal jährlich während der Mittelfristplanung überarbeitet. Gibt es neue IS-Anforderungen, die zu Projekten führen, ist die Reihenfolge der Projekte aus informationstechnischer Sicht während des Jahres anzupassen.

Beispiel	Betriebliche Reihenfolge

Wir stellen zwei Beispiele für betriebliche Reihenfolgen von Projeken dar. Sie resultieren aus der Anwendung von zwei Kriterien:

- Zeitliche Reihenfolge der Einführung verschiedener Applikationen an verschiedenen Standorten (Tabelle)

- Empfehlungen des Lieferanten von Standardanwendungs-Software (Projektflussplan)

UNTEL AG, UB Unterhaltung, IS-Entwicklungsplan 1991-1992

Betriebliche Reihenfolge der Projekte
(nach Applikationen und Standorten)

Applikationen / Standorte	Geschäfts-partner DB	Verkaufs-administration	Verkaufs-prognose	Verkaufs-steuerung
Stuttgart	1	8	11	13
Zürich	2	9	12	13
Ingolstadt	3	12		
Schaffhausen	3			
Baselland	4	10		
Italien	5	8		
Frankreich	5	8		

Ziffern = Reihenfolge, in der die Applikationen eingeführt werden können

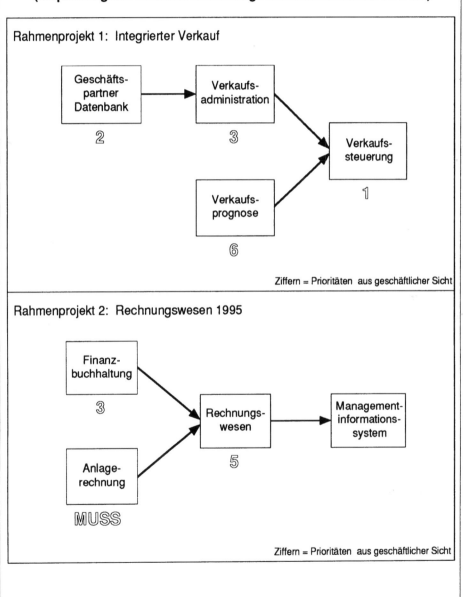

UNTEL AG, UB Unterhaltung, IS-Entwicklungsplan 1991-1992

Betriebliche Reihenfolge der Projekte
(Empfehlung des Standardanwendungs-Softwareherstellers TBQ AG)

Rahmenprojekt 1: Integrierter Verkauf

Geschäfts-partner Datenbank
2

Verkaufs-administration
3

Verkaufs-steuerung
1

Verkaufs-prognose
6

Ziffern = Prioritäten aus geschäftlicher Sicht

Rahmenprojekt 2: Rechnungswesen 1995

Finanz-buchhaltung
3

Anlage-rechnung
MUSS

Rechnungs-wesen
5

Management-informations-system

Ziffern = Prioritäten aus geschäftlicher Sicht

3.3.4.5. IS-Entwicklungsplan

Der IS-Entwicklungsplan zeigt die laufenden und geplanten Projekte, die ein Unternehmen oder ein dezentraler Bereich in einem Zeitraum von drei bis fünf Jahren bearbeiten will, in ihrem zeitlichen Ablauf und ihren personellen und finanziellen Auswirkungen. Er besteht aus vier Teilen:

- Applikatorischer Migrationsplan

- IS-Personalplan

- Personalplan des IS-Bereichs

- IS-Finanzplan

Die vier Pläne gehen auseinander hervor. Grundlage ist der applikatorische Migrationsplan. Er zeigt, in welcher zeitlichen Reihenfolge die Projekte bearbeitet werden. Aus ihm heraus wird die Personal- und Finanzplanung erstellt. Die Arbeitsgruppe UISA ist der Meinung, dass der IS-Personalplanung (IS- und Fachbereich) eine eigenständige Rolle zukommt, denn erfahrungsgemäss sind die Kapazitäten der Mitarbeiter ein zentraler Erfolgsfaktor für die Umsetzung von Migrationsplänen.

Auf die entsprechenden Personalpläne der Fachbereiche wirken neben dem applikatorischen Migrationsplan viele andere Faktoren ein. Diese Pläne sind nicht Bestandteil des IS-Entwicklungsplans. Jeder Bereich (Kostenstelle oder Abteilung), der Mitarbeiter zur Verfügung stellt, die im IS-Personalplan berücksichtigt sind, sollte aufgrund dieser Angaben eine Detailplanung durchführen. Nur so erkennt der Leiter des jeweiligen Bereichs, ob er sich im erforderlichen Ausmass an der Realisierung des applikatorischen Migrationsplans beteiligen kann.

Die IS-Entwicklungsplanung berücksichtigt laufende und neue Projekte und den Bereich der Wartung. In allen Teilplänen ist das Änderungsmanagement zu berücksichtigen

Aufbau des Dokuments   IS-Entwicklungsplan

- Organisatorische Angaben:
Name des Unternehmensbereichs, Planungsperiode, Ersteller, Datum, Inhaltsverzeichnis

- Applikatorischer Migrationsplan:
Der applikatorische Migrationsplan zeigt, wie die Projekte zeitlich ablaufen, wann sie beginnen und enden und welche parallel laufen. Häufig wird ein Balkendiagramm zur Darstellung des applikatorischen Migrationsplans verwendet. Andere Darstellungsformen, wie z. B. Netzpläne, sind möglich.

- IS-Personalplan:
Der IS-Personalplan zeigt den personellen Projektaufwand im *IS- und Fachbereich*. Er weist pro Projekt aus, wieviele Mitarbeiter aus dem Fach-, wieviele Mitarbeiter aus dem IS-Bereich und wieviele externe Mitarbeiter benötigt werden, um den applikatorischen Migrationsplan umzusetzen.

- Personalplan des IS-Bereichs:
Die Personalplanung für den IS-Bereich ist im SG ISM Bestandteil des IS-Entwicklungsplans.

- IS-Finanzplan:
Aus dem Finanzplan sind die finanziellen Aufwendungen ersichtlich, die benötigt werden, um den Migrationsplan zu realisieren. Kosten für Mitarbeiter, für Sachmittel und für externe Berater werden getrennt ausgewiesen. Je nach Strukturierungstiefe der Kostenrechnung in einem Unternehmen (Kostenstellenrechnung) werden die Aufwendungen weiter verfeinert.

Die Umlage von Infrastrukturkosten, z. B. des Ausbaus des Rechenzentrums, der Netzwerke oder der Arbeitsplatzausstattung der Mitarbeiter des Fachbereichs, die im applikatorischen Migrationsplan berücksichtigt sind, kann je nach Unternehmen verschieden gelöst werden. Das SG ISM sieht vor, dass im IS-Finanzplan nur die Kosten enthalten sind, die sich direkt den Projekten zurechnen lassen. Infrastrukturausgaben sind, auch wenn sie zum erstenmal für ein bestimmtes Projekt aus dem applikatorischen Migrationsplan eingesetzt werden, in der Planung der Informatik-Dienste [vgl. Bild 2.5.3./1] zu berücksichtigen. Von Investitionen in die Infrastruktur profitieren alle Applikationen.

Belastet man ein Projekt mit diesen Ausgaben, so ist seine Beurteilung in den Wirtschaftlichkeitsbetrachtungen stark benachteiligt.

| **Verwendung in Funktion** | **IS-Entwicklungsplan** |

IS-Entwicklungsplanung

Finanzplanung des dezentralen Bereichs

Personalplanung des dezentralen Bereichs

| **Empfänger** | **IS-Entwicklungsplan** |

Der dezentrale IS-Leiter stellt den IS-Entwicklungsplan auf. Sein ISM-Stab unterstützt ihn. Verabschiedet wird er vom dezentralen IS-Ausschuss.

Der applikatorische Migrationsplan wird im Fach- und IS-Bereich publiziert. Er wird als *"Public Relation"-Instrument* verwendet. Ziel ist es, über die direkt Betroffenen hinaus zu informieren, wie das Informationssystem weiterentwickelt wird.

| **Up-Date Periode** | **IS-Entwicklungsplan** |

Der IS-Entwicklungsplan wird für einen Zeitraum von 3 - 5 Jahren aufgestellt und parallel zur strategischen Planung jährlich überarbeitet. Im Rahmen der Budgetierung wird er für das nächste Jahr detailliert.

Beispiel   **IS-Entwicklungsplan**

IS-Entwicklungsplan UNTEL AG UB Unterhaltung
1991 - 1994

Inhaltsverzeichnis:

1. Applikatorischer Migrationsplan

2. IS-Personalplan

3. Personalplan des IS-Bereichs

4. IS-Finanzplan

Stuttgart, UBU IS

1. Applikatorischer Migrationsplan

Applikatorischer Migrationsplan 1991 - 1994

	Projekte	1991	1992	1993	1994	
RP. Int Verkauf	Geschäfts-partner DB					
	Verkaufs-administration					
	Verkaufs-steuerung					
RP RW 1995	Anlage-rechnung					
	Finanz-buchhaltung					
	Rechnungs-wesen					
	Wartung					

RP = Rahmenprojekt

Der applikatorische Migrationsplan enthält zwei Rahmenprojekte und die Wartung. Aufgrund der geschäftlichen Prioritäten liegt der Schwerpunkt in den Jahren 1991 und 1992 bei dem Rahmenprojekt "Integrierter Verkauf". Das bereits laufende Projekt "Geschäftspartner-Datenbank" schafft die Voraussetzungen für die Projekte "Verkaufsadministration" und "Verkaufssteuerung". Das Projekt "Verkaufssteuerung" wird 1995 begonnen.

Das Mussprojekt "Anlagerechnung", das bereits 1990 begonnen hat, wird 1991 weitergeführt. 1992 ist der Einstieg in das Rahmenprojekt "Rechnungswesen 1995" vorgesehen. Erstes Projekt ist die Finanzbuchhaltung. Ab Mitte 1993 wird zusätzlich parallel am Projekt "Rechnungswesen" gearbeitet.

....

2. IS-Personalplan

Der IS-Personalplan weist eine gleichmässige Belastung des IS-und Fachbereichs durch die Projekte des applikatorischen Migrationsplans auf. Um keine Erhöhung des Personalbestands vornehmen zu müssen, kommen ca. 10% der Mitarbeiter von aussen. Der Anteil Wartung soll bei ca. 40% konstant gehalten werden.

....

IS-Personalplan UNTEL Unterhaltung 1991 - 1994

	1991	1992	1993	1994
Geschäftspartner DB				
IS-Bereich	10	10		
Fachbereich	10	10		
Externe	4	4		
Verkaufsadministration				
IS-Bereich			8	8
Fachbereich			8	8
Externe			2	2
Verkaufssteuerung				
IS-Bereich				5
Fachbereich				5
Externe				
Anlagerechnung				
IS-Bereich	4			
Fachbereich	4			
Externe	1			
Finanzbuchhaltung				
IS-Bereich		7	7	
Fachbereich		7	7	
Externe		2	2	
Rechnungswesen				
IS-Bereich			2	4
Fachbereich			2	4
Externe			2	2
Wartung				
IS-Bereich	14	12	12	12
Fachbereich	14	12	12	12
Externe				
Summe IS	28	29	29	29
Summe Fachbereich	28	29	29	29
Summe Externe	5	6	6	4
Total	61	64	64	62
Anteil Wartung in %	45	38	38	39

3. Personalplan des IS-Bereichs

Personalplan des IS-Bereichs UB Unterhaltung 1991 - 1994

	1991	1992	1993	1994
IS-Leitung	1	1	1	1
ISM-Stab	2	2	2	2
IS-Controlling	1	1	1	1
Organisation	5	5	5	5
Datenmanagement	3	3	3	3
Funktionsmanagement	2	2	2	2
IS-Schulung	2	2	2	2
IS-Benutzerunterstützung	1	1	1	1
IS-Entwicklung Leitung	1	1	1	1
IS-Entwicklung Gruppe 1	5	5	5	5
IS-Entwicklung Gruppe 2	4	4	4	4
IS-Entwicklung Gruppe 3	4	4	4	4
IS-Entwicklung Gruppe 4	4	4	4	4
Summe	35	35	35	35
davon für Projekte	28	29	29	29
Externe	5	6	6	4

Der Personalbestand des IS-Bereichs bleibt in der Planungsperiode konstant. Der applikatorische Migrationsplan kann von den vorhandenen Mitarbeitern bewältigt werden. In der Planungsperiode stehen durchschnittlich 80% der Kapazitäten für Projekte und das Änderungsmangement zur Verfügung. Die verbleibenden 20%, vor allem Leitungskosten, sind für die übergreifenden Planungen und die Abstimmung mit anderen Stellen des UNTEL-Konzerns vorgesehen.

...

4. IS-Finanzplan

Der Finanzplan zeigt, dass die Ausgaben für die Projekte und die Wartung sich bei einem Niveau von ca. 7 Mio. SFr pro Jahr einpendeln. Investitionen in die Infrastruktur, insbesondere der Ausbau des Rechenzentrums (Ersatz der IBM 3090-180S), des Netzwerkes und die Ausrüstung weiterer Arbeitsplätze mit Workstations sind nicht berücksichtigt......

IS-Finanzplan 1991 - 1994

	1991	1992	1993	1994	Summe
Geschäftspartner DB					
Personalkosten	2'000'000	2'000'000			4'000'000
Sachkosten	200'000	500'000			700'000
Kosten externe Beratung	800'000	800'000			1'600'000
Summe					**6'300'000**
Verkaufsadministration					
Personalkosten			1'600'000	1'600'000	3'200'000
Sachkosten			300'000	100'000	400'000
Kosten externe Beratung			400'000	400'000	800'000
Summe					**4'400'000**
Verkaufssteuerung					
Personalkosten				1'000'000	1'000'000
Sachkosten				100'000	100'000
Kosten externe Beratung					
Summe					**1'100'000**
Anlagerechnung					
Personalkosten	800'000				800'000
Sachkosten	500'000				500'000
Kosten externe Beratung	200'000				200'000
Summe					**1'500'000**
Finanzbuchhaltung					
Personalkosten		1'400'000	1'400'000		2'800'000
Sachkosten		600'000	600'000		1'200'000
Kosten externe Beratung		400'000	400'000		800'000
Summe					**4'800'000**
Rechnungswesen					
Personalkosten			400'000	800'000	1'200'000
Sachkosten			300'000	100'000	400'000
Kosten externe Beratung			400'000	400'000	800'000
Summe					**2'400'000**
Wartung					
Personalkosten	2'800'000	2'400'000	2'400'000	2'400'000	10'000'000
Sachkosten	200'000	200'000	200'000	200'000	800'000
Kosten externe Beratung					
Summe					**10'800'000**
Summe Personal	**5'600'000**	**5'800'000**	**5'800'000**	**5'800'000**	**23'000'000**
Summe Sachmittel	**900'000**	**1'300'000**	**1'400'000**	**500'000**	**4'100'000**
Summe Externe Beratung	**1'000'000**	**1'200'000**	**1'200'000**	**800'000**	**4'200'000**
Total	7'500'000	8'300'000	8'400'000	7'100'000	**31'300'000**

Mitarbeiter intern: SFr 100´000 p.a.
Mitarbeiter extern: SFr 200´000 p.a.

3.3.4.6. Statusbericht zur Umsetzung des IS-Entwicklungsplans

Der Statusbericht zur Umsetzung des IS-Entwicklungsplans zeigt die Fortschritte und Probleme in den Projekten und einen Soll-Ist-Vergleich von Personal- und Finanzplanung des IS-Bereichs. Er zeigt insbesondere, ob die Mitarbeiter entsprechend dem IS-Personalplan eingesetzt wurden oder ob es Kompromisse z. B. zugunsten erhöhter Wartung gegeben hat.

Der dezentrale IS-Leiter erstellt diesen Bericht für den dezentralen IS-Ausschuss in seiner Eigenschaft als Verantwortlicher für die Umsetzung der geplanten Architektur. Der Bericht ist so aufgebaut und ausformuliert, dass er sowohl Mitarbeiter des IS wie auch des Fachbereichs informiert.

Dieser Bericht verdichtet die Phasenabschlussberichte und Projektstatusberichte aus den Projekten zu einem umfassenden Soll-Ist-Vergleich.

Aufbau des Dokuments	**Statusbericht IS-Entwicklungsplan**

- Organisatorische Angaben:
  Name des Unternehmensbereichs, Planungsperiode, Ersteller, Datum, Inhaltsverzeichnis

- Stand der Projekte:
  Für jedes laufende Projekt: Stand der Arbeiten (im Vergleich zum applikatorischen Migrationsplan), bestehende Probleme, Abhängigkeiten zwischen den Projekten, Anträge aus den Projekten

- Umsetzung der Architektur:
  Probleme, Hinweise für Änderungen

- Verwendung der Ressourcen (Mitarbeiter):
  Gegliedert nach den Kategorien "Projekte" und "Änderungsmanagement" sind enthalten: Soll-Manntage, Ist-Manntage, Differenzen und soweit notwendig Erklärungen für die Abweichungen.

- Finanzielle Situation:
  Gegliedert entsprechend dem IS-Finanzplan nach den einzelnen Projekten und
  Änderungsmanagement: Solldaten, Istdaten, Differenzen in SFr und soweit
  notwendig Erklärungen für die Abweichungen

- Zusammenarbeit mit anderen Bereichen:
  Probleme bei der täglichen Arbeit und Vorschläge für Verbesserungen innerhalb und ausserhalb des Unternehmensbereichs

- IS-Konzept:
  Probleme bei der Anwendung des IS-Konzepts und Vorschläge zur Umgestal-
  tung des IS-Konzepts (Anträge)

- Anträge:
  Konsequenzen aus dem Stand der Umsetzung des IS-Entwicklungsplans wer-
  den explizit angegeben. Zusammenfassung der Vorschläge aus den einzelnen
  Abschnitten des Berichts.

Verwendung in Funktion	Statusbericht IS-Entwicklungsplan

IS-Entwicklungskontrolle

Unternehmensführung (Information)

Empfänger	Statusbericht IS-Entwicklungsplan

dezentraler IS-Ausschuss

zentraler IS-Ausschuss

Leitung der dezentralen Bereiche

Up-Date Periode	Statusbericht IS-Entwicklungsplan

Der Bericht "Stand der Umsetzung des IS-Entwicklungsplans" wird zweimal jährlich erstellt.

Beispiel	Statusbericht IS-Entwicklungsplan

Untel AG

Unternehmensbereich Unterhaltung

**Umsetzung des IS-Entwicklungsplans
in der Periode 1.7.1991 - 31.12.1991**

1. Stand der Projekte

Geschäftspartner-Datenbank

Vorstudie und Konzept dieses Projekts sind abgeschlossen. Die ausgewählte Standardanwendungs-Software ist installiert. Der Verkauf konnte nach langen Diskussionen und mehreren Referenzbesuchen davon überzeugt werden, dass der Verkaufsteil der Standardanwendungs-Softwarefamilie PRIMA der TBQ AG seine Anforderungen erfüllt.

Die ausländischen Niederlassungen werden die Lösung übernehmen. Sie .....

Anlagerechnung

Das Projekt ist termingerecht abgeschlossen worden. Die Daten wurden erfolgreich migriert. Die Applikation geht am 1. Januar 1992 in Produktion.

.....

Finanzbuchhaltung

Die Initialisierung des Projekts ist abgeschlossen. Der Projektleiter (Leiter des Teams, das bereits die Machbarkeitsstudie durchgeführt hat) und die Projektorganisation sind bestimmt. Das Kick-Off Meeting ist auf den 10. Januar 1992 festgelegt.

2. Umsetzung der Architektur

Die Phasenabschlussberichte wurden von der Stelle "Architektur-Entwicklung" auf ihre Kompatibilität mit der verabschiedeten Architektur geprüft. Folgende Punkte sind festzuhalten:

....

3. Verwendung der Ressourcen

	Monat / Vorhaben	Juli	August	September	Oktober	November	Dezember
Projekte	GP-DB	112	98	105	111	100	109
	...	40	35	38	50	55	60
	Ist						
	Soll						
	Diff.						
Wartung	Änd A 1123	12	20				
	Änd B 343		3	4			
	Änd A 1124	17	19	5			
	...						
	Ist	388	360	401	420	445	350
	Soll	400	380	420	420	400	340
	Diff.	12	20	19	0	-45	-10

(alle Angaben in Manntagen)

In der Berichtsperiode konnte der IS-Bereich den Personalplan weitgehend problemlos umsetzen. Der Anteil der Wartung konnte mit ca. 40% in der geplanten Bandbreite gehalten werden. ....

4. Finanzielle Situation

Umsetzung des IS-Entwicklungsplans, Aufwand
1.1.1991 - 31.12.1991

	Soll	Ist	Differenz
Geschäftspartner DB			
Personalaufwand	2'000'000	1'700'000	-300'000
Sachaufwand	200'000	300'000	100'000
Kosten Externe Beratung	800'000	1'300'000	500'000
Summe	3'000'000	3'300'000	300'000
Anlagerechnung			
Personalaufwand	800'000	1'100'000	300'000
Sachaufwand	500'000	550'000	50'000
Kosten Externe Beratung	200'000	210'000	10'000
Summe	1'500'000	1'860'000	360'000
.....			
Wartung			
Personalaufwand	2'800'000	2'600'000	-200'000
Sachaufwand	200'000	200'000	0
Kosten Externe Beratung	0	200'000	200'000
Summe	3'000'000	3'000'000	0
.....			
Total	7'500'000	8'160'000	**660'000**

Das Budget ist im Jahr 1991 um ca. 9% überschritten worden. Grund ist der Ersatz des eigenen Personals durch externe Mitarbeiter. Lücken, die durch Abgänge entstanden sind, konnten nicht durch Neueinstellungen ausgefüllt werden.

5. Zusammenarbeit mit anderen Bereichen

Die Zusammenarbeit mit den Informatik-Diensten verläuft hervorragend. Bei der Installation der Standardanwendungs-Software gab es kaum Probleme. Die Erweiterung der Rechnerkapazität erfolgte rechtzeitig. Die Softwareentwicklungsarbeiten verliefen ungestört.

Mit dem Unternehmensbereich Industrieprodukte ergeben sich im Rahmen der Realisierung des Integrationsbereichs "Logistik Europa" einige Probleme. Die Standardisierungsbemühungen werden vom UB Industrie unterwandert. Eine Sitzung des zuständigen Projektausschusses ist bereits geplant. ....

......

6. IS-Konzept

Das IS-Konzept bewährt sich nach wie vor im Einsatz. Die Entscheidung für Standardanwendungs-Software der Firma TBQ war richtig. Die Module erfüllen die Bedürfnisse der Fachbereiche und sind jeweils termin- und kostengerecht eingeführt worden.

.....

7. Anträge

1. Der dezentrale IS-Ausschuss Unterhaltung fordert die zentrale und die dezentralen Personalabteilungen auf, die Anstrengungen bei der Personalsuche zu intensivieren. Für die unbesetzten Stellen sollen bis zum 1. 3. 1992 neue Mitarbeiter gefunden sein.

2. ....

3.4. IS-Projekt

Das Projektmanagement steuert die Umsetzung der im IS-Projektportfolio-Management ausgewählten Projektanträge in Applikationen, Datenbanken und organisatorische Lösungen. Projektmanagement ist ein Teil des ISM, der schon lange intensiv bearbeitet wird. Es existiert eine unübersehbare Menge an Methoden in der Theorie und Praxis [vgl. Hansel/Lomnitz 1987, Lock 1987, Madauss 1990, Nicholas 1990, Reschke/Schelle/Schnopp 1989]. Im Rahmen dieses Buchs gehen wir nicht detailliert auf das Projektmanagement ein. Wir verweisen auf bekannte und in der Praxis etablierte Methoden, wie z. B. IFA-PASS [IFA 1988], Orgware etc. Wir beschreiben im folgenden lediglich die Zielsetzung, einige wesentliche Aspekte des IS-Projektmanagements und seine Einbettung in das St. Galler ISM.

3.4.1. Zielsetzung

• Termin- und budgetorientierte Projektdurchführung

Der Ablauf des Projekts wird in verschiedene Phasen unterteilt. Das Ende jeder Phase ist ein Meilenstein. Ein definierter Stand der Arbeiten muss erreicht sein und in Form eines Phasenabschlussberichts dokumentiert werden.

• Systematische und kontinuierliche Kontrolle

An jedem Meilenstein findet eine geplante Qualitätssicherung statt. Der Projektausschuss kontrolliert die Erreichung von Termin- und Budgetzielen sowie den inhaltlichen Stand des Projekts.

• Umsetzung von IS-Konzept, Architektur und Machbarkeitsstudie

Nicht alle Entscheidungen, die in einem Projekt anfallen, können frei und unabhängig getroffen werden. IS-Konzept, Architektur und Machbarkeitsstudie geben einen Rahmen vor. Viele Festlegungen sind bereits getroffen, bevor das eigentliche Projekt beginnt. Projektmanagement im SG ISM bedeutet, sich in dem vorgegebenen Rahmen zu bewegen und die Vorgaben umzusetzen.

•   Weiterentwicklung der Architektur

In der Projektarbeit wird die geplante Architektur umgesetzt. Die realisierten Teile der Architektur (Standards, Daten- und Funktionsmodelle, Progamm-module, Datenbeschreibungen) sind an die Architektur-Entwicklung weiter-zuleiten.

3.4.2. Einbettung des Projektmanagements in das SG ISM

Bild 3.4.2./1 stellt die wichtigsten Aspekte des Projektmanagements und seine Einbettung in das SG ISM dar.

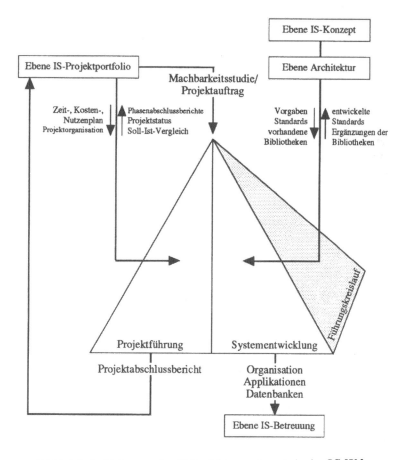

Bild 3.4.2./1: Einbettung des IS-Projektmanagements in das SG ISM

Aus dem *IS-Projektportfolio-Management* erhält das einzelne Projekt einen abgegrenzten Inhalt (Organisation, Funktionen, Daten) zur Realisierung. Mit der Machbarkeitsstudie definiert das IS-Projektportfolio-Management zusätzlich einen Zeit-, Kosten- und Nutzenplan sowie die Projektorganisation. Eine Kontrolle dieser Vorgaben erfolgt in Form von Phasenabschlussberichten und Projektstatusberichten, die jeweils Soll-Ist-Vergleiche bezüglich der Zeit-, Kosten- und Nutzenplanungen enthalten. Der Projektausschuss kontrolliert auf der Ebene des IS-Projekts die Erreichung von Plänen. Bei grösseren Abweichungen (Änderung der Ziele des Projekts, Überschreiten einer Toleranzgrenze bei den Kosten) informiert der Projektausschuss den dezentralen IS-Ausschuss.

IS-Konzept und *Architektur* konkretisieren sich auf Projektebene in der Methodik der Systementwicklung, Methodik des Projektmanagements, in Standards bezüglich der Organisation (Zuordnungen von Geschäftsfunktionen auf organisatorische Einheiten, standardisierte Ablauforganisation, Formulare etc.), Funktionen (Funktionsmodellierungen, Programm-Bibliotheken etc.) und Daten (Datenmodelle, Standards, Data Dictionary Einträge etc.). Die Projektarbeit muss diese Vorgaben der Architektur berücksichtigen. Das einzelne IS-Projekt ergänzt die *Umsetzung der Architektur* durch die entwickelten Standards, Beschreibungen und Projektergebnisse [vgl. Bild 3.2.3.2.3./2]. Diese übergibt das Projektteam an die Architektur-Entwicklung zur Dokumentation, Publikation und Pflege.

Die angefertigten Dokumentationen von Applikationen, Datenbanken und organisatorischen Lösungen gehen an die Benutzerunterstützung, die erstellten Schulungsunterlagen an die IS-Schulung auf der *Ebene der IS-Betreuung*.

Ein Jahr nach Beendigung des Projekts evaluiert der ISM-Stab das einzelne Projekt im Hinblick auf die erreichten Nutzenpotentiale und auf notwendige Massnahmen zur besseren Realisierung. Der dezentrale IS-Ausschuss hat so die Möglichkeit, die Erreichung der Nutzenpotentiale zu kontrollieren.

3.4.3.   Teilfunktionen auf Ebene des IS-Projekts

Drei Dimensionen des Projektes stehen im Vordergrund [vgl. Bild 3.4.3./1]:

Projekte werden in *Projektphasen* abgewickelt. Das SG ISM lehnt sich bezüglich der Projektphasen an die Methode IFA-PASS an [vgl. Zehnder 1986, IFA 1988].

Wir unterscheiden die Phasen "Vorstudie/Initialisierung", "Konzept", "Realisierung", "Systemtest" und "Einführung".

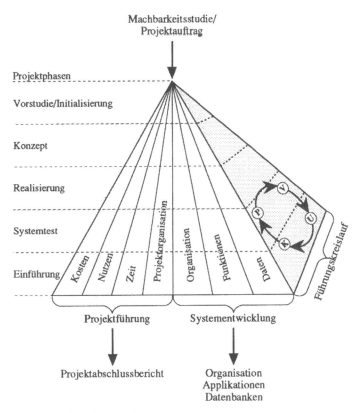

Bild 3.4.3./1: Dimensionen des Projektmanagements

Die Systementwicklung ist ein Prozess der schrittweisen Verfeinerung - in Bild 3.4.3./1 durch die Pyramidenform veranschaulicht. Die Kritiker phasenorientierter Projektmanagement-Modelle beanstanden, dass die Phasenabschlüsse willkürlich sind. Diesem Einwand ist mit einer präzisen Vorgabe der Phasenergebnisse zu begegnen. Das Projektmanagement braucht die Phasen, um über die Abschlussberichte den Fortschritt kontrollieren zu können. Die Ergebnisse der Projektarbeit sind Entwicklungsergebnisse und Ist-Daten für das Projektmanagement.

Die inhaltliche Projektarbeit ist durch die Entwicklung von organisatorischen Lösungen, Applikationen und Datenbanken gekennzeichnet. Hier geht es um die Realisierung der in der Machbarkeitsstudie zugewiesenen *Projektziele*.

Die Dimension der Projektführung innerhalb eines IS-Projekts ergänzt die Planung und Kontrolle der *Kosten*, des *Nutzens* und der *Zeit* sowie die *Projektorganisation*.

In jeder Phase des Projekts ist der von uns definierte *Führungskreislauf* zu vollziehen. Planung in einer Phase bedeutet die Festlegung von Aktivitäten-, Termin- und Ergebnisplänen. Diese Pläne sind die Basis für die Arbeit des Projektausschusses. Die Umsetzung der Planung erfolgt in Verantwortung des Projektleiters während der Phase. Mit Hilfe des Phasenabschlussberichts (Arbeitsergebnisse, Zeitaufschreibungen, Kostenbericht etc.) kontrolliert der Projektausschuss den Erfüllungsgrad der Planungen. Zusätzlich ist der Phasenabschlussbericht die Grundlage für die Kontrolle der Umsetzung von IS-Konzept (durch zentralen ISM-Stab), von Integrationsbereichen und IS-Architektur (durch die Stelle Architektur-Entwicklung).

Der Führungskreislauf gilt in gleicher Weise für die eigentliche Projektführung (Zeit, Kosten, Nutzen, Projektorganisation) wie für die Systementwicklung (Ergebnisse der Entwicklung von Funktionen, Daten, Organisation).

Die wesentlichen Aspekte des Projektmanagements behandeln wir nach den Projektphasen. Für jede Phase werden kurz die wichtigsten Elemente des Führungskreislaufs und des Zusammenhangs mit den anderen Ebenen des SG ISM erläutert.

3.4.3.1. Vorstudie/Initialisierung

Die Vorstudie schafft Klarheit über die Inhalte eines Projekts. Die Mitglieder des Projektteams machen sich mit der Aufgabestellung vertraut und arbeiten insbesondere an der Strukturierung und Entwicklung der Fachlösung des Projekts.

Das Projektteam ermittelt auf der Basis der Machbarkeitsstudie die detaillierten Wünsche der Fachbereiche und des IS-Bereichs. Insbesondere wird an der Formulierung der Ziele, der Abgrenzung des Problembereichs, einer Ist-Aufnahme, an Lösungsideen (gegliedert nach Daten, Funktionen und Organisation) und Wirtschaftlichkeitsbetrachtungen gearbeitet. Die computerunterstützte Fachlösung steht im Vordergrund, d. h. sowohl die Computerunterstützung als auch organisatorische Massnahmen werden beachtet. Die Vertreter der Fachbereiche haben in der Vorstudie eine Schlüsselrolle im Projektteam.

Im Unterschied zur Machbarkeitsstudie geht es in der Vorstudie um einen ersten Schritt zur Lösung der Probleme. Die Vorstudie schliesst mit einem Dokument ab, das dem Projektausschuss vorgelegt und von ihm verabschiedet wird. Es hat auf der einen Seite zum Ziel, den Entscheidungsträgern zu zeigen, in welche Richtung das Projekt läuft, auf der anderen Seite zeigt es die Grenzen der Lösung auf. Der Abschluss der Phase "Vorstudie" ist in der Regel der Zeitpunkt, in dem der Projektauftrag endgültig als durchführbar erkannt oder das Projekt abgebrochen wird.

Die Arbeiten an der Vorstudie haben für das Zusammenarbeiten im Projektteam eine wichtige gruppendynamische Funktion. In der Regel kommen die Projektmitarbeiter aus verschiedenen organisatorischen Bereichen oder Standorten. Oft kommen externe Berater hinzu. Der Zeitdruck, dem die Fertigstellung der Vorstudie in der Regel unterliegt, schmiedet das Team zuammen bzw. führt zum Ausscheiden von Mitarbeitern, die sich nicht integrieren lassen.

Die Initialisierung organisiert die Infrastruktur für das Projekt. Sie umfasst einerseits Methoden und Tools für die Systementwicklung und das Projektmanagement, andererseits die Räumlichkeiten und Materialien für die Projektarbeit.

Das IS-Konzept enthält die unternehmensweit gültigen Standards und Methoden der Softwareentwicklung und des Projektmanagements. Je nach Typ des Projekts sind jedoch Anpassungen notwendig.

- Planung der Projektphasen

Die detaillierte Projektplanung umfasst eine Aktivitäten- und Terminplanung auf der Basis der groben Zeitplanung aus der Machbarkeitsstudie. Die Schritte der Aktivitäten- und Terminplanung sind:

Je nach Projekttyp wird das vorgestellte Phasenmodell direkt oder mit leichten Modifikationen für die grobe Projektplanung übernommen. Dabei kommt es nicht darauf an, dass *genau diese* Phasen zur Planung herangezogen werden. Wichtig ist für das Projektmanagement nur, dass überhaupt eine Planung aller wesentlichen Aktivitäten anhand von Phasen vorgenommen wird.

Am Ende jeder Projektphase erstellt das Projektteam einen Phasenabschlussbericht. Die Projektplanung benennt auf Basis der Projektmanagement-Methode die Inhalte der Phasenabschlussberichte.

•   Inhaltliche Planung der Phasen in Form von Aktivitäten und Meilensteinen

Die Phasen werden in Aktivitäten/Meilensteine zerlegt. Es ergibt sich eine hierarchisch strukturierte Liste aller Aktivitäten und Meilensteine [vgl. zu Verfahren der Zerlegung von Aktivitäten bei Droste 1986, Noth/Kretzschmar 1986, DeMarco 1982]. Als Meilensteine können wichtige Ergebnisse der einzelnen Projektphasen definiert werden.

Bei der Planung von Meilensteinen gilt die Faustregel: Kein Projekt mit weniger als fünf Meilensteinen (ca. 20% der Entwicklungskosten = 1 Meilenstein). Nur so ist die frühzeitige Einflussnahme bei Planabweichungen garantiert. Der Projektausschuss muss Wert darauf legen, dass die Meilensteine des Projekts eine ordnungsgemässe Abwicklung von Planung und Kontrolle erlauben. Die in dieser Phase entstehenden Aktivitätenpläne sollen andererseits nicht zu fein sein. Sie würden dadurch eine Planungsgenauigkeit vorspiegeln, wie sie in den frühen Phasen der Systementwickung im Normalfall nicht erreicht werden kann.

Die einzelnen Aktivitäten werden anschliessend auf die Projektmitarbeiter verteilt. Die geschätzte Zeitdauer der einzelnen Aktivitäten ist die Basis für die Kapazitäts- und Terminplanung.

•   Kapazitäts- und Terminplanung

An die Planung des Zeitaufwands und der Verantwortlichkeiten der einzelnen Aktivitäten schliesst sich die Kapazitätsplanung an. Diese umfasst die Analyse von technisch zwingenden Ablaufreihenfolgen (gff. in einem Ablaufnetzplan) und den Abgleich der für einzelne Projektmitarbeiter vorgesehenen Aktivitäten. Ist die Belastung der einzelnen Mitarbeiter ermittelt, werden die Termine für die einzelnen Aktivitäten und Meilensteine festgelegt. Basis für die Planung von Terminen ist der Netzplan der Aktivitäten und Meilensteine.

3.4.3.2. Konzept

Im Mittelpunkt der Phase Konzept steht die inhaltliche Arbeit an der Lösung. Das Konzept beantwortet Fragen wie:

- Eigenentwicklung oder Standardanwendungs-Software

- Zentrale Grossrechnerlösung oder dezentrale Lösung (PC, Workstation)

Das Projektteam arbeitet alternative Lösungen aus und stellt ihre Vor- und Nachteile dar. Die Frage Eigenentwicklung oder Standardsoftware, Host oder PC-Lösung wird im SG ISM nicht mehr allein aus der konkreten Situation eines einzelnen Projekts entschieden. Im IS-Konzept und der Architektur sind Vorgaben für diese Entscheidung enthalten. Innerhalb des konkreten Projekts findet eine Überprüfung statt, ob die generelle Lösung auch bei diesem konkreten Projekt sinnvoll ist. Abweichungen vom IS-Konzept und der Architektur sind nur nach Entscheidung durch den dezentralen IS-Ausschuss möglich.

Bei der Diskussion alternativer Lösungen weist das Projektteam neben Aspekten der Wirtschaftlichkeit auf Aspekte der Umsetzung geplanter Integrationsbereiche und Architekturteile hin. Bereits vorhandene Teile von Architekturen [vgl. Punkt 3.2.3.2.3., "Umsetzung von Architekturen"] können vom Projekt übernommen werden, Ergebnisse des Projekts (Organisationshandbücher, Ablaufpläne, Programmodule, Datenkonventionen, Standards etc.) müssen als realisierte Teile der Architektur nach Projektabschluss an die Architektur-Entwicklung übergeben werden. Im Konzept eines Projekts stellt das Projektteam die betroffenen Teile der Architektur dar, zeigt die zu übernehmenden Teile bereits realisierter Architektur auf und weist auf die durch das Projekt realisierbaren Teile der Architektur hin.

Eine Kernaufgabe des Konzepts ist die organisatorische Struktur und der Ablauf der Geschäftsfunktionen. Die Lösungsalternativen beziehen sich vor allem darauf.

Kommen Alternativen in Frage, die externer Partner oder Produkte etc. bedürfen, führt das Projektteam in der Phase Konzept Verhandlungen mit Anbietern und holt Offerten ein, um einen Überblick über die inhaltlichen und finanziellen Konsequenzen des Einsatzes externer Berater und Produkte zu haben.

Das Projektteam legt dem Projektausschuss mit dem Phasenabschlussbericht "Konzept" eine entscheidungsreife Grundlage vor. Die Favorisierung einer Lösungsalternative wird im Konzept erläutert. Die Fachbereichsvertreter im Projektausschuss haben letzlich aber die Aufgabe, die Lösungsalternativen aus der Sicht des Fachbereichs zu bewerten und eine Lösungsalternative auszuwählen.

3.4.3.3. Realisierung

Bei der Realisierung sind vier Teilschritte zu durchlaufen:

• Detailspezifikation

• Programmierung

• Datenbereitstellung

• Organisation

Detailspezifikation bedeutet, dass der Lösungsansatz soweit verfeinert wird, dass er als Programm, Datenbank oder organisatorische Lösung implementiert werden kann. Das Projektteam entwirft die Daten, Funktionen und die organisatorische Lösung mit Hilfe der Technik der schrittweisen Verfeinerung. Falls die Teile der Architektur, die im Projekt relevant sind, bereits von anderen Projekten spezifiziert und umgesetzt wurden, sind diese Spezifikationen von den Stellen Datenmanagement, Funktionsmanagement und Organisation zu beziehen. Diese Teile verbindet die IS-Entwicklung mit den neu zu programmierenden Teilen (*Programmierung*). Die *Datenbereitstellung* sorgt für die Übernahme von Daten aus alten Datenbanken und Dateien in die neuen Datenbanken.

Die "Organisation" in der Phase "Realisierung" führt zur Festlegung der zukünftigen Organisation durch Ablaufpläne, Funktionendiagramme und Stellenbeschreibungen. Sie ist Voraussetzung für das Ausschöpfen des geplanten Nutzens.

3.4.3.4. Systemtest

Ziel des Systemtests ist es, den Nachweis zu erbringen, dass die neue Applikation, Datenbanken und organisatorischen Regelungen fehlerfrei arbeiten und damit einsatzfähig sind. Das Projektteam überprüft zu diesem Zweck die gesamte Anwendung. Verschiedene Methoden und Werkzeuge kommen zum Einsatz. Testverfahren mit synthetisch erzeugten Daten (z. B. Testfallgenerator) und reale Daten ergänzen sich. Jeder Fehler, der erst in der Einführungsphase oder während des Betriebs des Systems gefunden wird, führt zu einem neuen IS-Antrag (Änderungsantrag). Diese Art der Fehlerbeseitigung ist erheblich teurer, als eine Korrektur während der Phase "Systemtest" des Projekts.

3.4.3.5. Einführung

Letzter Schritt eines Projekts ist die Einführung. Die neue EDV-Applikation und Organisation ersetzt die bestehende Lösung. Die einzelnen Schritte müssen genau geplant werden, um eine übermässige Behinderung der geschäftlichen Abläufe zu vermeiden. Eine zentrale Rolle kommt der Schulung und Ausbildung der Fachbereichsmitarbeiter zu. Kurse, Einführungsunterstützung, Benutzerhandbücher und Help-Informationen in der Applikation ergänzen sich.

In der Einführungsphase hat das Projektteam zusätzlich die Aufgabe, die realisierten Teile der IS-Architektur an die Architektur-Entwicklung zu übergeben, einen Applikationsverantwortlichen als Kontaktperson für den Fachbereich und, bei bedeutenden Applikationen, einen kleinen Applikationsausschuss zu benennen.

3.4.4. Dokumente auf Ebene des IS-Projekts

Die verschiedenen Methoden des Projektmanagements verwenden ähnliche Dokumente. Sie lassen sich in zwei Kategorien einteilen:

- Dokumente der Projektführung

- Dokumente der Systementwicklung

Zu den Dokumenten der *Projektführung* zählen:

- Projektplan je Phase
  Aktivitätenplan mit Verantwortlichkeiten, Termin-/Kosten-/Ergebnisplan

- schriftlicher Auftrag für Arbeiten innerhalb des Projekts
  Inhalt, Auftraggeber, Beginntermin, Endtermin, geschätzter Zeitaufwand

- Auftragsrückmeldung für abgeschlossene Arbeiten innerhalb des Projekts
  Arbeitsergebnis, Soll-Ist-Vergleich für Termin- und Zeitaufwandsschätzung, Zeitaufschreibung

• Phasenabschlussbericht je Phase
   inhaltliche Ergebnisse der Phase, Soll-Ist-Vergleich für Termin-, Aktivi-
   täten-, Ergebnis- und Kostenplan, Probleme, erforderliche Massnahmen

• Übergabeprotokoll bei Abschluss des Projekts

   Übernahme der Arbeitsergebnisse durch den Fachbereich/Informatik-Dien-
   ste, Übernahme der Schulungsunterlagen durch die IS-Schulung, Übernahme der Architektur-Bestandteile an die zuständigen Stellen "Architektur-Entwicklung", Soll-Ist-Vergleich mit Machbarkeitsstudie, erforderliche Massnahmen im Fachbereich zur Realisierung der Nutzenpotentiale, Benennung
   des Applikationsverantwortlichen bzw. des Applikationsausschusses

Schriftlicher Auftrag und Auftragsrückmeldung veranlassen den Auftraggeber,
seine Vorstellungen zu formulieren. Der Ausführende hat eine Grundlage, mit der
er beginnen kann. Jede Phase eines Projekts ist von den Aufgaben, den Terminen
und den beteiligten Personen her zu planen. Terminierte Phasenabschlussberichte
an den Projektausschuss ermöglichen die Kontrolle von Kosten, Zeitaufwand und
erreichten Nutzenpotentialen sowie die Kontrolle der Einhaltung der IS-Architektur und des unternehmensweiten IS-Konzepts. Die Phasenabschlussberichte
werden für die Berichterstattung an den Projektausschuss, den IS-Leiter und den
dezentralen IS-Ausschuss verwendet. Das Übergabeprotokoll am Ende dokumentiert die Übergabe der Lösung an den Betrieb und damit das Ende des
Projekts.

Dokumente der Systementwicklung beziehen sich vor allem auf den Entwurf,
d. h. die inhaltliche Entwicklung der Lösung. Dazu gehören:

• Vorstudie

• Konzept

• Systemspezifikation

• Programmdokumentation (Daten und Funktionen)

• Betriebsdokumentation

• Benutzerhandbuch

In modernen Entwicklungs- und Produktionsumgebungen ist ein grosser Teil der Entwicklungsdokumente in computerunterstützten Entwicklungsumgebungen (CASE) und elektronischen HELP-Systemen auf dem Rechner vorhanden [vgl. Gutzwiller/Österle 1988].

Das Vorgehen beim Entwurf von Informationssystemen wird durch eine Entwurfsmethode festgelegt [vgl. Gutzwiller/Österle 1989, Färberböck/Gutzwiller/Heym 1991]. Die Methode bestimmt den Inhalt der einzelnen Entwicklungsdokumente. Das Projektmanagement sorgt dafür, dass die geforderten Berichte und Unterlagen termingerecht erstellt werden.

3.5. IS-Betreuung

Das computerunterstützte Informationssystem repräsentiert einen erheblichen Anteil des *Unternehmenswertes*. Es erfordert entsprechende Aufwendungen, um seinen Wert zu erhalten [vgl. Swanson/Beath 1989, Lehner 1989]. Zwar unterliegt es nicht wie technische Anlagen, dem Materialverschleiss, ist aber laufend an eine Vielzahl neuer Anforderungen anzupassen. Diese betreffen die Infrastruktur (Betriebssystem, Hardware, Netzwerke usw.) sowie die wirtschaftliche und gesellschaftliche Umwelt (Gesetze, Unternehmensstrategie, Organisation, Mitarbeiter usw.). Daher ist es falsch, laufende Programme nur als Altlasten und Wartung nur als Ergebnis von Planungsfehlern zu betrachten. Wartung ist die Pflege bedeutender Investitionen in Form von Software.

Betreuung heisst aber neben Wartung und Änderung auch, die Benutzung eines in die Produktion übergebenen Informationssystems zu unterstützen. Vielfach ist zu beobachten, dass der IS-Bereich eine Applikation sehr motiviert zusammen mit dem Fachbereich entwickelt, sie aber nach der Übergabe vernachlässigt. So überrascht es kaum, dass viele Informationssysteme nie den *Nutzen* realisieren, den die Projektspezifikation ausgewiesen hat. Das Informationssystem-Management hat sich vermehrt darum zu kümmern, die Benutzer einer Applikation zu schulen, in der Tagesarbeit zu unterstützen sowie den tatsächlichen Einsatz einer Applikation zu beobachten.

Ohne *kontinuierliche Weiterentwicklung und Unterstützung* der Benutzer verliert ein Informationssystem also rasch an Wert. Die Ebene IS-Betreuung des SG ISM sorgt für den Einsatz, die Anwendung und Weiterentwicklung der bestehenden Applikationen. Hierfür betonen wir die folgenden vier Funktionen:

- Änderungsmanagemement
- IS-Schulung
- IS-Monitoring
- Benutzersupport

3.5.1.   Änderungsmanagement

Das Änderungsmanagement beschäftigt sich im SG ISM mit IS-Anträgen, die bestehende Applikationen betreffen und deren Aufwand nach erster Schätzung *zwei Mannmonate* nicht überschreitet [vgl. Bild 3.3.3.2./1].

Änderungsmanagement ist ein ständiger Kompromiss zwischen zwei *widersprüchlichen Grundsätzen*:

* Auf der einen Seite sind Änderungen bestehender Applikationen eine *Notwendigkeit*, um das Informationssystem an neue Bedürfnisse anzupassen und einsatzbereit zu halten.

* Auf der anderen Seite muss der Änderungsaufwand insgesamt in *Grenzen* gehalten werden, um Kapazitäten für neue Projekte zu haben.

Um zwischen diese gegensätzlichen Aussagen eine geschäftsorientierte Steuerung zu etablieren, verfolgen wir mit dem Änderungsmanagement die folgenden Ziele:

3.5.1.1.   Zielsetzung

* *Integration* des Änderungsmanagements in das Informationssystem-Management

  Informationssystem-Management bedeutet mehr als Ausbau des Informationssystems durch neue Projekte. IS-Anträge, die zu Änderungen führen, werden genauso systematisch bearbeitet wie Ideen für neue Projekte.

* Steuerung durch den *Fachbereich*

  Der Fachbereich formuliert die Änderungsanträge, und an ihn werden die Kosten der Durchführung von Änderungen weiterverrechnet [vgl. Punkt 2.8.]. Er entscheidet aufgrund von geschäftlichen Zielsetzungen über Inhalt, Ausmass und Zeitpunkt von Änderungen an seinem Informationssystem.

* *Kontrollierter Anteil* der Kapazität für Änderungen

  Feste Wartungsteams und fehlendes Änderungsmanagement sind wichtige Ursachen für die hohen Aufwendungen für die Wartung. Aus Bequemlichkeit und Gewohnheit neigen die Teams dazu, "ihre" Applikation zu perfektionieren, d. h. jeden Benutzerwunsch ohne weitere Rechtfertigung zu realisieren. Dieses Verhalten entzieht der Neuentwicklung wichtige Ressourcen. Deshalb legt der dezentrale IS-Ausschuss eine Obergrenze für Wartung über alle Applikationen fest. Spezielle Wartungsgruppen, die nur einzelne Applikationen betreuen, sieht das SG ISM nicht vor.

- *Verursachungsgerechte Abrechnung* der Änderungen pro Applikation und pro Jahr

Das IS-Controlling berechnet aus den Zeitaufschreibungen der Entwicklungsgruppen den Aufwand für jede Änderung und belastet ihn, neben der finanziellen Verrechnung an den Fachbereich, der Applikation. Transparenz über das in eine Applikation nach Abschluss des eigentlichen Projekts investierte Geld ist eine wesentliche Grundlage für Entscheidungen über neue Projekte.

- *Effektivität* des Änderungsmanagements

Der IS-Bereich führt nur die Änderungen aus, die dem Fachbereich einen erkennbaren Nutzen bringen. Informationen über die Benutzung bestehender Applikationen und Transaktionen beeinflussen die Bewertung von Änderungsanträgen.

- *Flexibilität* des Änderungsmanagements

Änderungsanträge treten spontan auf und müssen oft rasch erledigt sein. Im SG ISM wird ihre Ausführung fortlaufend (alle zwei Wochen) auf mindestens drei Monate bis zu maximal einem Jahr geplant. Das Änderungsmanagement soll die Pläne rasch neuen Anforderungen anpassen können.

3.5.1.2. Ablaufplan

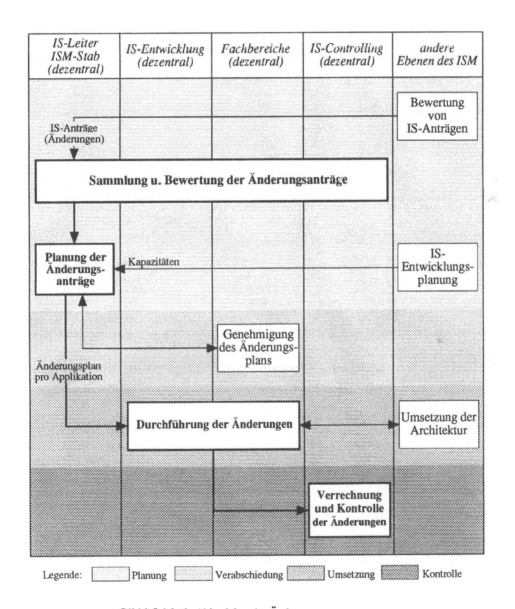

Bild 3.5.1.2./1: Ablaufplan des Änderungsmanagements

3.5.1.3. Teilfunktionen des Änderungsmanagements

3.5.1.3.1. Sammlung und Bewertung der Änderungsanträge

Die Funktion "Sammlung und Bewertung der Änderungsanträge" analysiert die IS-Anträge, die als Änderungsanträge klassifiziert wurden und bereitet sie für die *weitere Bearbeitung* im Rahmen des Änderungsmanagements vor.

Ausgangspunkt sind IS-Anträge, deren Aufwand voraussichtlich zwei Mannmonate nicht überschreitet und die bestehenden Applikationen und Datenbanken betreffen. Fach- und IS-Bereich haben ihren Inhalt und die *Aufwandsschätzung* gemeinsam erarbeitet [vgl. die Funktion "Entwicklung von IS-Anträgen", Punkt 3.3.3.1.].

IS-Anträge, die in diese Kategorie fallen, betreffen Verbesserungen an bestehenden Applikationen, das Beseitigen von Fehlern, Anpassungen an neue gesetzliche Anforderungen oder kleinere Erweiterungen. Teilweise resultieren sie aus Veränderungen der technischen Infrastruktur der Informationsverarbeitung.

Effektives Änderungsmanagement setzt schnelle Reaktionen auf neue IS-Anträge oder veränderte äussere Bedingungen voraus. Durch eine einfache, mehrdimensionale Klassifikation der Änderungsanträge im SG ISM ist man in der Lage, die *Auswirkungen neuer Anforderungen* besser zu beurteilen. Die Sammlung und Bewertung der Änderungsanträge besteht aus den folgenden Schritten:

a) Sammlung der Änderungsanträge

b) Beschreibung der Auswirkungen eines Änderungsantrags

c) Ordnung nach bestehenden Applikationen

d) Ordnung nach Terminen (geschäftliche Prioritäten)

ad a)   Sammlung der Änderungsanträge

In vielen Unternehmen kumulieren sich die Änderungsanträge zu bestimmten Terminen, vor allem am Jahresende. Die Anforderungen sind teilweise den Mitarbeitern im Fachbereich bereits seit längerem bekannt. *Vorausschauendes Änderungsmanagement* bedeutet, die Fachbereiche mindestens zweimal jährlich aufzufordem, Anforderungen für Änderungen am Informationssystem in IS-Anträgen zu formulieren und an den IS-Bereich weiterzuleiten. Es ermöglicht einen Kapazitätsausgleich.

ad b)   Beschreibung der Auswirkungen eines Änderungsantrags

Im nächsten Schritt des Änderungsmanagements lokalisieren ISM-Stab und Mitarbeiter der Architektur- und IS-Entwicklung, welche Applikation(en) betroffen ist (sind). Nicht immer lässt sich jede Anforderung direkt einer einzigen Applikation zuordnen. In integrierten Systemen führen Änderungen an einer Applikation zu Auswirkungen an vielen anderen Anwendungen. Diese Analyse führt immer wieder dazu, dass aus einer scheinbar kleinen Änderung ein *grösseres Projekt* wird. Bevor nicht feststeht, welche Applikationen betroffen sind und welche Konsequenzen die Änderung auf das ganze Informationssystem hat, ist keine Bearbeitung eines Änderungsantrags möglich.

Ziel dieses Schritts ist es, alle *Konsequenzen aus Sicht des bestehenden Informationssystems* abzuklären. Die Dokumentation des bestehenden Informationssystems und Beratungen mit den Entwicklern und Organisatoren, welche die betroffene(n) Applikation(en) am besten kennen, liefern die notwendigen Informationen. Die Praxis beweist ständig, dass ohne aktuelle rechnergestützte Dokumentation auch erfahrene Analytiker und Programmierer in komplexen integrierten Systemen nicht mehr in der Lage sind, die *Auswirkungen von Eingriffen* auf das ganze System zu beurteilen. Je gründlicher diese Abklärungen vorgenommen werden, umso einfacher ist die Planung und weitere Bearbeitung im Änderungsmanagement. Diese Analysen ergeben in vielen Fällen, dass der IS-Bereich weitere interne Änderungsanträge formulieren muss. In vielen Fällen ist an dieser Stelle die ursprüngliche Aufwandschätzung zu korrigieren. Überschreiten die Anträge dann die Aufwandsgrenze von 2 Mannmonaten ist die ursprüngliche Entscheidung, diesen IS-Antrag im Rahmen des Änderungsmanagements abzuhandeln, zu revidieren und ein Projekt zu definieren.

Die Fähigkeit eines IS-Bereichs, in kurzer Zeit den Aufwand und die Auswirkungen eines Änderungsantrags abzuschätzen, ist entscheidend für ein erfolgreiches Änderungsmanagement. Begeht der IS-Bereich an dieser Stelle Fehler, führen dieser zu einer unrealistischen Planung; in der Regel wird mehr geplant als durchführbar ist. *Schlechte Planung* führt meist zur Überschreitung des geplanten

Aufwands und Terminverzögerungen. In der Konsequenz verliert der Fachbereich das Vertrauen in die Aussagen des IS-Bereichs.

ad c)   Ordnung nach bestehenden Applikationen

Die Ordnung von Änderungsanträgen nach bestehenden Applikationen ist Voraussetzung für ein *Releasemanagement.* Dies bedeutet, dass alle Änderungsanträge, die eine Applikation betreffen, gesammelt, geplant und erledigt werden und nur zu definierten Zeitpunkten, z. B. zweimal jährlich, neue Versionen für die Fachbereiche freigegeben werden. Die späteste Abgabe und Planung der Änderungsanträge ist so einzurichten, dass die Termine für neue Releases eingehalten werden.

Änderungen werden - wie Projekte - vom Fach- und IS-Bereich gemeinsam durchgeführt. Die Klassifikation der Änderungsanträge nach Applikationen ermöglicht die zeitlich gleichmässige Verteilung von Änderungen an einer Applikation. So kann der ISM-Stab bei der Planung der Änderungen darauf achten, dass die Mitarbeiter der Fachbereiche nicht durch viele Änderungen an einer Applikation in kurzen Zeitabständen überlastet werden.

ad d)   Ordnung nach Terminen (geschäftliche Prioritäten)

Eine weitere Form der Bewertung der Änderungsanträge ist das Festlegen der Reihenfolge der Bearbeitung aus *geschäftlicher Sicht.* Ein wichtiger Indikator hierfür sind die Wunschtermine des Antragstellers auf dem IS-Antrag und die Ergebnisse des IS-Monitoring [vgl. Punkt 3.5.3.] der betroffenen Applikationen. Ziel dieses Schrittes ist es, dass IS- und Fachbereich sich auf eine vorläufige Reihenfolge einigen. Diese ist Grundlage der Detailplanung der Änderungen.

Für wichtige Applikationen existieren eigene Koordinationsausschüsse ("Applikationsausschüsse"). Sie bestehen aus Mitgliedern des Fachbereichs und des IS-Bereichs (ISM-Stab, Architektur-Entwicklung und IS-Entwicklung). Oft sind es ehemalige Mitglieder des Projektteams, die den Kern des *Applikationsausschusses* stellen. Der Ausschuss tagt ein- bis zweimal pro Jahr. In den Sitzungen legen die Mitglieder die Schwerpunkte bei der Wartung der Applikation fest. Eine detaillierte Priorisierung der Anträge ist in diesen Sitzungen nicht möglich. Die sich schnell ändernden Anforderungen und die daraus kontinuierlich entstehenden Änderungsanträge verlangen eine schnelle Anpassung bestehender Pläne.

Fehlen Applikationsausschüsse, setzen der Leiter des IS-Bereichs oder der Leiter der IS-Entwicklung zusammen mit Repräsentanten des Fachbereichs die *Prioritäten* für die vorläufige Reihenfolge der Bearbeitung von Änderungsanträgen.

Die gemeinsame Beurteilung der Änderungsanträge durch IS- und Fachbereich ist unerlässlich für ein effektives Änderungsmanagement. Die grosse Anzahl an Änderungsanträgen kann nur dann auf das Notwendige reduziert werden, wenn ein Konsens - auch über die gewünschten Endtermine und Nutzenschätzungen - vorliegt. Wichtigstes Steuerungsinstrument bei der Priorisierung aus geschäftlicher Sicht sind die voraussichtlichen Kosten der Änderung. Sie werden vom IS-Bereich geschätzt. Die Repräsentanten des Fachbereichs entscheiden, ob eine Änderung die entstehenden Kosten rechtfertigt.

Die Entscheidung, welche Änderungsanträge durchgeführt werden sollen und welche nicht, ist für das Informationssystem von grosser Tragweite. Dem IS-Leiter obliegt es zu *kontrollieren*, ob die Klassifikation der Änderungsanträge mit den *Zielen des Unternehmens* vereinbar ist. Basis für diese Kontrolle sind die Aussagen zur Zielsetzung des ISM im IS-Konzept [vgl. Punkt 3.1.4.].

Organisatorische Verantwortung

Der Fachbereich, die Architektur-Entwicklung, die IS-Entwicklung oder auch die Ausschüsse des ISM formulieren IS-Anträge. Die kontinuierliche Sammlung der IS-Anträge betreut nach unserem Modell der dezentrale ISM-Stab. Die Leitung des IS-Bereichs trennt IS-Anträge in solche, die in Projekte münden und solche, die zu "Änderungen" führen. Der ISM-Stab organisiert und dokumentiert die Bewertung der Änderungsanträge durch den Fachbereich und den Leiter des dezentralen IS-Bereichs. Der Fachbereich trägt die Kosten der Änderungen und entscheidet über ihre Notwendigkeit. Für grössere Applikationen empfehlen wir die Einrichtung eines Applikationsausschusses - zusammengesetzt aus Vertretern des Fach- und IS-Bereichs - der die Verantwortung für das Änderungsmangement an der entsprechenden Applikation trägt. Architektur- und IS-Entwicklung beurteilen, wie eine Änderung in die bestehenden Applikationen eingebaut werden kann. Der IS-Leiter kontrolliert die Konsistenz der Bewertungen der Änderungsanträge mit dem IS-Konzept.

Ausführungsmodus	Samml. u. Bewert. Änderungsanträge

Die Sammlung und Bewertung der Änderungsanträge ist eine Funktion, die ständig wahrgenommen wird. Besteht ein Applikationsausschuss, werden grundlegende Entscheidungen über Änderungen an dieser Applikation an den Sitzungen des Ausschusses getroffen.

Input-Dokumente	Samml. u. Bewert. Änderungsanträge

Input	von wem?	wofür?
IS-Antrag (Änderung)	ISM-Stab, dezentraler IS-Leiter	Bewertung und Bearbeitung des Änderungsantrags
Informationen über den Zustand der Applikationen	IS-Entwicklung, Architektur-Entwicklung	Bewertung der Änderungsanträge

Output-Dokumente	Samml. u. Bewert. Änderungsanträge

Output	an wen?	wofür?
IS-Anträge, die bearbeitet werden	ISM-Stab, IS-Leiter, IS-Entwicklung,	Detailplanung der Änderungen
Liste der nicht bearbeiteten Änderungen	Applikationsausschuss, Fachbereich, dezentraler IS-Ausschuss,	Information, Genehmigung und Kontrolle des Änderungsmanagements (Auswahl)

3.5.1.3.2. Planung der Änderungsanträge

Der dezentrale IS-Leiter, der Leiter der Architektur-Entwicklung, des ISM-Stabs, der IS-Entwicklung und ein Repräsentant des Fachbereichs (z. B. der Assistent des Leiters) planen mindestens zweimal monatlich in einer *gemeinsamen Sitzung* die Durchführung der Änderungsanträge. Sie erstellen den Änderungsplan [vgl. Punkt 3.5.1.4.] bzw. schreiben ihn aufgrund neuer Gegebenheiten und neu eingetroffener Änderungsanträge fort. Die Detailplanung baut auf der in der Funktion "Sammlung und Bewertung von Änderungsanträgen" formulierten Prioritäten auf.

Die detaillierte Planung der Änderungsanträge umfasst einen Zeithorizont von ca. drei Monaten bis zu einem Jahr und geht bis auf die Ebene des *einzelnen Entwicklers* herunter. Über drei Monate hinaus ist die Planung zwar mit wachsender Unsicherheit verbunden, für ein sinnvolles Releasemanagement ist es jedoch notwendig, den Zeitraum von einem Jahr vorausschauend zu planen.

Die Planung durchläuft folgenden Schritte:

a) Überprüfung der Kapazitäten

b) Detailplanung der Änderungsanträge

c) Kontrolle des Änderungsplans (Risikoanalyse)

d) Publikation des Änderungsplans im Fach- und IS-Bereich

ad a)   Überprüfung der Kapazitäten

Bevor die Änderungsanträge geplant werden, ist die *Kapazitätssituation* zu überprüfen. Ausgangspunkt sind die Vorgaben aus dem IS-Konzept zum Verhältnis von Neuentwicklung und Wartung und dem dezentralen IS-Ausschuss, welcher Anteil der insgesamt vorhandenen Kapazitäten für Wartungsarbeiten bestimmt ist. Das Verhältnis ist entweder durch eine festgeschriebene Anzahl Mannjahre oder durch die Bestimmung von Mitarbeitern, die ausschliesslich Wartungsarbeiten vornehmen, konkretisiert.

Im Rahmen der Überprüfung der Kapazitäten im Änderungsmanagement geht es nicht darum, dass der IS-Bereich die "strategischen" Vorgaben überprüft und ggf. revidiert, sondern dass er die Vorgaben soweit konkretisiert, dass sie als Grundlage für die Detailplanung benutzt werden können. Dies bedeutet, die *Kapazitäten in Mannjahren* zu bestimmen, die effektiv, nach Abzug von Ausbildungs-, Urlaubs-, Militär- und Ausfallzeiten, für Änderungen zur Verfügung stehen. In der Regel beträgt diese Kapazität nicht mehr als ca. 60% der Arbeitszeit eines Mitarbeiters.

ad b)   Detailplanung der Änderungsanträge

Die Änderungsanträge werden in ihrer zeitlichen Reihenfolge geplant. Grundlage sind die Klassifikationen aus der Funktion "Sammlung und Bewertung der Änderungsanträge". Die Teilnehmer der Sitzung ordnen die einzelnen Änderungsanträge unter Berücksichtigung dieser Klassifikationen einzelnen Mitarbeitern (insbesondere den IS-Entwicklern und Organisatoren) zu. Die bestehenden Kapazitäten reichen dabei in der Regel nicht aus. Anträge müssen weit jenseits des *Wunschtermins* in die Zukunft geplant oder ganz gestrichen werden. Hier greift die Steuerung des Fachbereichs [vgl. Punkt 3.5.1.4.].

Als nächstes ordnet die Detailplanung der Änderungsanträge die Änderungen an einer Applikation einem Release zu.

Der dezentrale IS-Leiter erkennt *Kapazitätsengpässe* oft erst bei diesem Schritt. Die Detailplanung zeigt (vor einem Kapazitätsabgleich) zunächst, was in einem bestimmten Zeitraum zu leisten wäre, wenn alle Änderungsanträge zum Wunschtermin fertig werden sollen. Eine realistische Planung erfordert jedoch, dass der IS-Bereich nur so viele Anträge einplant, wie Kapazität zur Verfügung steht. Eine Anzahl von Anträgen kann der IS-Bereich nicht oder erst sehr viel später als zum Wunschtermin erledigen. Neben der Klassifikation der Änderungsanträge [vgl. Punkt 3.5.1.3.1.] können die Kriterien aus Checkliste 3.5.1.3.2./1 eine Hilfestellung zur Entscheidung über die Einplanung sein.

ad c)   Kontrolle des Änderungsplans (Risikoanalyse)

Ist die Planung für die nächste Periode abgeschlossen, ist zu prüfen, ob die IS-Entwicklung und der Fachbereich den Plan einhalten können. In erster Linie ist hier zu kontrollieren, ob die *Gesamtkapazität der IS-Entwicklung* nur einmal verplant wurde und ob die Kapazität des einzelnen IS-Entwicklers, Organisators und Fachbereichsmitarbeiters nicht überschritten wird. Wir weisen an dieser Stelle nochmals darauf hin, dass die *Netto-Kapazität* der Mitarbeiter zu erheblichen Anteilen durch Ausbildung, Sitzungen, Krankheit etc. verringert wird. Ein risikoarmer Plan entsteht nur dann, wenn zusätzlich Sicherheitsreserven für das Beseitigen plötzlich auftretender Fehler eingebaut werden.

- Wunschtermine aufgrund geschäftlicher Prioritäten des Fachbereichs werden soweit wie möglich berücksichtigt.

- Änderungsanträge aufgrund von Fehlermeldungen im Systembetrieb sind so schnell wie möglich zu bearbeiten.

- Änderungen häufig benutzter Applikationen haben Vorrang vor unbedeutenden Applikationen. Informationen liefert das IS-Monitoring [vgl. Punkt 3.5.3.].

- Die Änderungen an einer Applikation sollen zeitlich gleichmässig verteilt sein.

- Die schleichende Änderung ganzer Applikationen, ohne dass ein Projekt definiert wird, ist zu unterbinden.

- Anwendungsfähigkeit geht vor Ästhetik der Anwendung.

- Vorbedingung für eine Änderung ist ihre Wirtschaftlichkeit.

Checkliste 3.5.1.3.2./1: Kriterien für die Detailplanung von Änderungen

ad d)   Publikation des Änderungsplans im Fach- und IS-Bereich

Letzter Schritt der Planung der Änderungsanträge ist die Publikation der Entscheidungen in den betroffenen Fachbereichen. Die Verantwortlichen des IS-Bereichs informieren die betroffenen Fachbereiche, ob und wann ihre beantragten Änderungen durchgeführt werden. Die Entscheidungen im Rahmen der Planung finden nicht immer die Zustimmung aller Betroffenen im Fachbereich, obwohl seine Vertreter bei der Planung mitwirken. Die Publikation des Änderungsplans muss deshalb mit der Offenlegung der berücksichtigten Prioritäten und der zwingenden Restriktionen der Planung einhergehen. Nur wenn es gelingt, Änderunganträge zu planen und diese Planung auch eingehalten wird, kann der IS-Bereich den Wartungsaufwand in Grenzen halten. Die Einhaltung der Pläne und Gleichbehandlung aller Fachbereiche schaffen das notwendige Vertrauen.

Organisatorische Verantwortung	Planung der Änderungsanträge

Der ISM-Stab organisiert die Planungssitzungen. Der Leiter des IS-Bereichs, der Architektur- und IS-Entwicklung und ein Repräsentant des Fachbereichs nehmen teil.

Ausführungsmodus	Planung der Änderungsanträge

Das SG ISM sieht vor, dass die Detailplanung mindestens den Zeitraum der nächsten drei Monate abdeckt. Der Detailplan wird alle zwei Wochen rollierend um die neu zu berücksichtigenden Änderungsaufträge ergänzt. Insbesondere die Änderungen zum Jahresende sind rechtzeitg zu planen. Für das Releasemanagement gibt es eine jährliche Grobplanung.

Input-Dokumente		Planung der Änderungsanträge
Input	**von wem?**	**wofür?**
IS-Antrag (Änderung)	ISM-Stab	Planung der Änderungen
IS-Entwicklungsplan	dezentraler IS-Ausschuss (ISM-Stab)	Abstimmung, Einhaltung der Kapazitätsquote für das Änderungs- management
IS-Konzept	zentraler IS-Ausschuss	Abstimmung, Einhaltung der Kapazitätsquote für das Änderungs- management

Output-Dokumente		Planung der Änderungsanträge
Output	**an wen?**	**wofür?**
Änderungsplan für einen dezentralen Bereich	IS-Entwicklung (Entwicklungsgruppe), Organisation, Fachbereich, Applikationsausschuss	Durchführung der Änderungen, Information

3.5.1.3.3.   Durchführung der Änderungen

Die Durchführung einer Änderung ist ein Prozess der Systementwicklung und Organisation. Er läuft ähnlich ab wie ein kleines Entwicklungsprojekt. Entsprechend angepasst gelten die Ausführungen des Projektmanagements [vgl. Punkt 3.4.].

Wie bei der Durchführung von Projekten erfasst die IS-Entwicklung alle Aufwendungen, die zur Durchführung einer Änderung notwendig sind. Eine lückenlose *Zeitaufschreibung* unterstützt die Verrechnung der Änderung an den Fachbereich.

Die Durchführung einer Änderung an einer Applikation bedeutet, die Dokumentation und andere Unterlagen, wie z. B. Schulungsunterlagen, Help-Menus, Handbücher etc., auf den neuesten Stand zu bringen.

Besondere Bedeutung gewinnt die *Übergabe* der durchgeführten Änderungen (Programme etc.) an die Informatik-Dienste. An erster Stelle sind die Tests zu erwähnen, die insbesondere die Nebenwirkungen auf angrenzende Applikationen prüfen. Dazu gehört in vielen Fällen eine Sicherheitsprüfung, die ungewünschte Eingriffe abfängt. Weiter ist das Einspielen der Änderungen in den laufenden Betrieb exakt zu planen und zu dokumentieren.

Im Anschluss an die Änderung übergibt die IS-Entwicklung die geänderten Teile der IS-Architektur (Umsetzungsbestandteile der Architektur, wie z. B. Codes, Protokolle) an die Architektur-Entwicklung zur Pflege und Dokumentation [vgl. Bild 3.2.3.2.3./2].

Organisatorische Verantwortung   Durchführung der Änderungen

Änderungen werden - wie Projekte - gemeinsam von der IS-Entwicklung, der Architektur-Entwicklung und den betroffenen Stellen im Fachbereich realisiert.

Ausführungsmodus   Durchführung der Änderungen

Die IS-Entwicklung führt laufend Änderungen durch. Die Einhaltung des publizierten Änderungsplans schafft eine Vertrauensbasis für die Zusammenarbeit zwischen Fachbereich und IS-Bereich.

Input-Dokumente		**Durchführung der Änderungen**
Input	**von wem?**	**wofür?**
IS-Anträge (die gemäss Änderungsplan zur Ausführung anstehen)	ISM-Stab	Durchführung der Änderung

Output-Dokumente		**Durchführung der Änderungen**
Output	**an wen?**	**wofür?**
Meldung über Abschluss	IS-Leiter (ISM-Stab), Fachbereich	Soll-Ist Kontrolle
geänderte Architekturteile	Architektur-Entwicklung	Dokumentation und Pflege

3.5.1.3.4.   Verrechnung und Kontrolle der Änderungen

Nach der Übergabe einer Änderung an die Produktion ist (a) zu kontrollieren, ob die Änderung den gewünschten Erfolg hat (*Erfolgskontrolle*), und (b) sind die *Kosten* der Änderung zu verrechnen.

ad a)   Erfolgskontrolle

Der dezentrale ISM-Stab klärt mit dem Fachbereich, für den eine Änderung durchgeführt wurde, ab, ob das veränderte Informationssystem seinen ursprünglichen Anforderungen entspricht. Von Interesse ist, ob es fehlerfrei läuft und ob der anvisierte Nutzen, z. B. Zeit- oder Personaleinsparungen, realisiert sind. Die Kontrolle muss der Fachbereich selbst durchführen. Zumindest stichprobenweise erkundigt sich der ISM-Stab nach den Ergebnissen. Sie sind wertvoller Input bei zukünftigen Entscheidungen über Änderungsanträge.

ad b)   Verrechnung

Auf der Grundlage der Zeitaufschreibung und Erfassung des Aufwands pro Änderung werden die Kosten einer Änderung an den Fachbereich verrechnet. Der Fachbereich bekommt auf diese Weise eine direkte Rückmeldung über seine Investitionen in seine Applikationen und Datenbanken.

Für jeden abgeschlossenen Änderungsantrag vergleicht das IS-Controlling den Ist- mit dem Sollaufwand. Ausserdem rechnet es die Kosten der entsprechenden Applikation zu. Das IS-Controlling baut hierfür ein *Abrechnungssystem* auf. Daraus muss hervorgehen, wieviel Geld insgesamt und pro Periode in die Applikation investiert worden ist. Das Abrechnungssystem erfasst dabei sowohl die Änderungen als auch die Projektarbeit.

Die applikationsbezogene Abrechnung erlaubt fundierte Aussagen zu den Kosten einzelner Applikationen und Datenbanken. Diese Aussagen sind eine wichtige Grundlage für die Entscheidungen von IS-Bereichsleitung und IS-Ausschüssen im Rahmen des IS-Projektportfolio-Managements.

Organisatorische Verantwortung

Die Kontrolle darüber, ob eine Änderung den gewünschten Erfolg erzielt hat, nimmt der Fachbereich in Eigenverantwortung vor. Der ISM-Stab steht beratend zur Seite. Es verrechnet die Kosten der Änderung an den Fachbereich und belastet die geänderte Applikation. Es konzipiert und installiert Abrechnungssysteme.

Ausführungsmodus   Verrechnung und Kontrolle der Änderungen

Die Erfolgskontrolle findet nach Abschluss der Änderung statt. Das IS-Controlling verrechnet die Kosten der Änderungsanträge jeweils am Ende des Monats anhand der Ergebnisse der Zeitaufschreibung und des erfassten Sachaufwands.

Input-Dokumente   Verrechnung und Kontrolle der Änderungen

Input	von wem?	wofür?
Meldung über Abschluss	IS-Entwicklung	Kontrolle
Zeitaufschreibung, Sachaufwand	IS-Entwicklung, Architektur-Entwicklung	Verrechnung der Kosten, Abrechnung pro Applikation

Output-Dokumente   Verrechnung und Kontrolle der Änderungen

Output	an wen?	wofür?
Zusammenfassung der durchgeführten Änderungsanträge	dezentraler IS-Leiter	Berichterstattung im dezentralen IS-Ausschuss
Investitionen pro Applikation	dezentraler IS-Leiter, Finanzbereich	Abrechnungen der Applikationen, finanzielle Berichterstattung

3.5.1.4. Dokumente des Änderungsmanagements

Änderungsplan

Jeder dezentrale Bereich erstellt einen Änderungsplan. Er ergänzt den IS-Entwicklungsplan und gibt Auskunft, wie die Kapazitäten für das Änderungsmanagement eingesetzt werden.

Er zeigt im Detail, welche IS-Entwickler welche Änderungen in einem bestimmten Zeitraum durchführen. Der Änderungsplan umfasst mindestens einen Zeitraum von drei Monaten.

Für die Grobplanung existieren eigene Pläne. Sie beinhalten einen Zeitraum von bis zu einem Jahr und werden teilweise - vor allem für das Releasemanagement - pro Applikation geführt. Diese Grobplanungen werden gemeinsam mit allen anderen Änderungsanträgen in einem detaillierten Änderungsplan konkretisiert.

Er ist die verbindliche Arbeitsvorgabe für die Mitarbeiter der IS-Entwicklung und der Architektur-Entwicklung.

Aufbau des Dokuments	Änderungsplan

Der Änderungsplan enthält die folgenden Elemente:

- Kurzbezeichner der Änderung

- Namen der Mitarbeiter der Entwicklungsarbeiten

- Zuordnung der Änderungen auf die Mitarbeiter

- Verantwortung von Mitarbeitern für den Notfalldienst (Pikett)

Verwendung in Funktion	Änderungsplan

Planung der Änderungsanträge

Durchführung der Änderungen

Empfänger	Änderungsplan

IS-Entwicklung (inkl. Mitarbeiter in den Entwicklungsgruppen)

Architektur-Entwicklung

Applikationsausschuss

Up-Date Periode	Änderungsplan

Der Änderungsplan wird in jeder Planungssitzung, d. h. alle zwei Wochen, überarbeitet.

Beispiel	Änderungsplan

Änderungsplan UNTEL- Unterhaltung - 1. Quartal 1991

& = Pikett	Januar				Februar				&	&	&
Müller	Ferien	Jahres-abschluss	Jahres-abschluss	Jahres-abschluss	Ferien	Maske FB009	Kurs	Kurs	Maske FB009	Maske FB009	
Meyer	& Jahres-abschluss	& Jahres-abschluss	& Jahres-abschluss	& Jahres-abschluss	Währungs-code	Ferien	& Währungs-code	& Währungs-code	Währungs-code	Währungs-code	
Bär	Währungs-code	Währungs-code	Währungs-code	Währungs-code	& Währungs-code	& Währungs-code	Ferien	Währungs-code	Währungs-code	Währungs-code	

3.5.2. IS-Schulung

Schulung hat im Rahmen des Informationssystem-Managements die Aufgabe, die Mitarbeiter in der IS-Abteilung und in den Fachbereichen so auszubilden, dass sie ihre Informationsverarbeitung anwenden, selbst gestalten und bestimmen können.

In der Praxis besteht grosser Bedarf an Mitarbeitern mit Kenntnissen in der Informationsverarbeitung. Insbesondere der *Mangel an geeigneten Fachmitarbeitern* ist gross. Die erforderlichen Mitarbeiter stehen weder auf dem Arbeitsmarkt noch in den Unternehmen zur Verfügung. Auch wenn Universitäten und andere Ausbildungseinrichtungen grosse Anstrengungen unternehmen, um den Ausbildungsstand in der Informationsverarbeitung zu erhöhen, sind die Unternehmen gezwungen, ihre Mitarbeiter selbst zu schulen.

Der Schulungsbedarf verschiedener Grossbetriebe im Bereich der Informationsverarbeitung geht soweit, dass sie eigene Informatikschulen für die Ausbildung ihrer Mitarbeiter aufgebaut haben. In ihnen ist es teilweise möglich, staatlich anerkannte Abschlüsse zu erwerben. Die intensive Ausbildung der eigenen Mitarbeiter ist eine wichtige Voraussetzung, um mit der raschen Entwicklung in der Informationsverarbeitung Schritt zu halten. IS-Schulung ist deshalb eine eigene Funktion im SG ISM.

Der IS-Bereich erstellt keine eigenen Dokumente für die IS-Schulung. Unterlagen wie z. B. ein Schulungskatalog, eine individuelle Schulungsplanung pro Mitarbeiter und Formblätter zur Evaluation von Kursen werden aus der *allgemeinen Schulungsabteilung* oder Personalentwicklung übernommen und von der IS-Schulung mitverwendet.

Unsere idealtypische Organisationsstruktur [vgl. Bild 2.5.3./2] sieht IS-Schulungsabteilungen sowohl auf zentraler wie auch auf dezentraler Ebene vor. Das IS-Konzept legt fest, welche Inhalte zentral und welche dezentral geschult werden. Ausbildungsinhalte, die unternehmensweit einheitlich sein sollen (z. B. Methodenschulung) oder für die es in jeder dezentralen Einheit zu wenig Mitarbeiter gibt (z. B. Projektleiterausbildung), werden zentral durchgeführt. Auf dezentraler Ebene findet beispielsweise die Schulung der Applikationen - einer der wichtigsten Ausbildungsinhalte - statt.

3.5.2.1. Zielsetzung

* Integration in das gesamtbetriebliche Ausbildungskonzept

    IS-Schulung ist Teil der gesamtbetrieblichen Ausbildung. Bereits bei der Konzeption neuer betriebswirtschaftlicher oder technischer Ausbildungsgänge in den Unternehmen ist die IS-Schulung zu berücksichtigen.

* Gemeinsame methodische Ausbildung von IS- und Fachbereichsmitarbeitern

    Benutzerorientierte Informationssysteme entstehen, wenn IS-Bereich (IS-Entwicklung und Architektur-Entwicklung) und Fachbereich zusammenarbeiten. Gemeinsame Ausbildung, z. B. im Projektmanagement und in der Systementwicklung, schafft eine Grundlage für eine enge Zusammenarbeit und motiviert beide Seiten. Die methodische Ausbildung in der Systementwicklung versetzt die Mitarbeiter des Fachbereichs in die Lage, an der Gestaltung des Informationssystems und seinem Management mitzuwirken.

* Bedarfsorientierte Schulung

    Ausbildung auf Vorrat findet nicht statt. Mitarbeiter besuchen nur dann Kurse und andere Ausbildungsveranstaltungen, wenn sie den Unterrichtsstoff in absehbarer Zeit in ihrer Arbeit anwenden können. Um dies zu erreichen, ist eine projekt- und personenbezogene Abstimmung der Ausbildung notwendig. Bedarfsorientierte Schulung heisst hingegen nicht, dass eine langfristige Planung der Schulungsmassnahmen nicht notwendig ist.

* Kombination von internem und externem Schulungsangebot

    Eine Kombination interner Schulung, um unternehmensspezifische Gegebenheiten zu berücksichtigen, und externer Angebote, um neue Ideen in ein Unternehmen zu bringen, ist anzustreben. Externe Schulungsangebote eröffnen den Teilnehmern eine vom eigenen Unternehmen abstrahierte Sichtweise.

3.5.2.2. Teilfunktionen der IS-Schulung

Die IS-Schulung wird im SG ISM entsprechend dem Führungskreislauf gegliedert. Wir unterscheiden folgende Funktionen:

a) Bestimmung von Aufgaben der IS-Schulung

b) Planung der Schulung

c) Durchführung der Schulung

d) Kontrolle der Schulung

ad a)   Bestimmung von Aufgaben der IS-Schulung

Schulung der Mitarbeiter ist *langfristig* erfolgreich, wenn sie nach einem Konzept über einen längeren Zeitraum kontinuierlich betrieben wird. Unkoordinierte Schulungsveranstaltungen führen dazu, dass dem einzelnen Mitarbeiter der Zusammenhang fehlt und er in Situationen, die über das direkt Gelernte hinausgehen, alleingelassen ist.

Langfristige Aufgaben der IS-Schulung beinhalten:

• Aufbau des Schulungsangebots (z. B. Laufbahnmodelle und Berufsbilder)

• Verhältnis von internen zu externen Kursen

• Kapazitäten für die IS-Schulung (personelle und finanzielle Mittel)

• Ziele und Ausbildungsinhalte für einzelne Kurse

Kurzfristige Aufgaben, die auf ein Jahr ausgerichtet sind, beinhalten:

• Schwerpunkte der Ausbildung für einen bestimmten Zeitraum (z. B. "Jahr des Projektmanagements")

• Budget für die IS-Schulung

• Organisation der Kurse und Ausbildungsveranstaltungen

ad b)   Planung der Schulung

Die Planung der Schulung vollzieht sich in zwei aufeinander abgestimmten Teil-schritten:

- Aufbau eines Schulungsangebots

- individuelle Ausbildungsplanung

Folgende Ausbildungsinhalte stehen beim Aufbau eines Schulungsangebots im Vordergrund:

- Schulung der Applikationen (für die Fachbereiche)
- Überblick über das bestehende Informationssystem
- Projektmanagement-/Projektleiterausbildung
- Funktionen und Dokumente des Informationssystem-Managements
- Methoden der IS-Entwicklung (für die IS- und die Fachbereiche)
- Informationssystem-Management für Führungskräfte

Checkliste 3.5.2.2./1: Bestandteile der IS-Schulung

Schwerpunkt der IS-Schulung ist die *Schulung von Applikationen für Fachbe-reichsmitarbeiter*. Die erste Schulung erhält der Benutzer einer neuen Anwendung in der Phase "Einführung" des Entwicklungsprojekts. Sie wird im Rahmen der IS-Schulung organisiert. Mitglieder des Projektteams (Arbeitsgruppe) arbeiten die Schulungsunterlagen aus. Ist die Einführungsschulung abgeschlossen, wird die weitere Ausbildung für eine Applikation in das allgemeine Kursprogramm aufgenommen und in die IS-Schulung eingebunden.

Im Idealfall geht die Applikationsschulung in die Fachausbildung ein. So lernt beispielsweise ein Versicherungsagent die Bedienung eines Beratungssystems für die persönliche Vorsorge im Rahmen der Ausbildung auf dem Gebiet der Perso-nenversicherung sowie im Verkaufstraining.

Das *Kursprogramm* beinhaltet Veranstaltungen, die jedem Mitarbeiter offen-stehen, und Kurse, die im Rahmen von konkreten Projekten besucht werden müs-sen.

Die *individuelle Ausbildungsplanung* legt fest, welcher Mitarbeiter wann welche Ausbildungsveranstaltung besucht. Es ist von zwei Seiten vorzugehen:

- Die Abteilung IS-Schulung analysiert den applikatorischen Migrationsplan (IS-Entwicklungsplan) und die einzelnen Projektpläne darauf, wann neue Projekte beginnen und welche Mitarbeiter in diesen Projekten mitarbeiten werden. Die IS-Schulung erstellt daraufhin zusammen mit dem Projektleiter einen Ausbildungsplan für die Mitarbeiter eines Projekts und die ersten Anwender im Fachbereich (Phase "Einführung").

- Jeder Mitarbeiter erarbeitet zusammen mit seinem Vorgesetzten einen persönlichen Ausbildungsplan. Er berücksichtigt persönliche Entwicklungsziele und geplante Veränderungen des Einsatzgebiets eines Mitarbeiters.

ad c)   Durchführung der Schulung

Bei der *Durchführung der Kurse* ist darauf zu achten, dass die Teilnehmer aktiv mitarbeiten. Reiner Frontalunterricht ist zu vermeiden. Gruppenarbeiten und Präsentationen ergänzen sich. Finden Ausbildungsveranstaltungen für lauffähige Anwendungen statt, sind Übungen am Computer vorzusehen.

Die IS-Schulung achtet bei der Detailplanung darauf, dass genügend Zeit für informelle Kontakte und Erfahrungsaustausch unter den Teilnehmern vorhanden ist.

Während der Dauer des Kurses sind die Kursbesucher vom *Tagesgeschäft* freigestellt.

ad d)   Kontrolle der Schulung

Jede Schulungsmassnahme ist auf ihren *Erfolg* zu kontrollieren. Dies geschieht auf zwei Wegen:

- Am Ende jedes Kurses füllt der Teilnehmer einen Evaluationsbogen aus.

- Die Mitarbeiter der Abteilung IS-Schulung nehmen mit den Vorgesetzten (oder Projektleitern) der Teilnehmer Kontakt auf und prüfen, ob die Schulung den gewünschten Lernerfolg gebracht hat.

Die IS-Schulung fasst die Bewertungen der Kurse zusammen und informiert den dezentralen IS-Ausschuss über den Stand und die Qualität der IS-Schulung.

Organisatorische Verantwortung	IS-Schulung

Planung, Durchführung und Kontrolle der IS-Schulung obliegt in erste Linie der Abteilung IS-Schulung (zentral und dezentral). Der IS-Leiter und die Verantwortlichen der Fachbereiche überwachen die Schulung. Die individuelle Ausbildungsplanung - Teil der Karriereplanung - wird in Zuammenarbeit mit der IS-Schulung und der Personalabteilung, die für die Mitarbeiter zuständig ist, durchgeführt. Vom IS-Ausschuss kommen über das IS-Konzept Rahmenrichtlinien und Ziele für die Ausbildung.

Ausführungsmodus	IS-Schulung

Zielsetzung und Planung der Schulung findet parallel zur Planung bzw. Überarbeitung des IS-Konzepts statt. Kurzfristige Ziele werden während der Budgetierung festgelegt. Das Schulungsangebot wird im dritten Quartal erarbeitet und gegen Jahresende publiziert. Es wird einmal im Jahr überarbeitet. Kontrollmassnahmen finden im Anschluss an jede Ausbildungsveranstaltung statt.

Input-Dokumente		IS-Schulung
Input	**von wem?**	**wofür?**
IS-Konzept	zentraler IS-Leiter, IS-Ausschuss	Festlegung langfristiger Ziele der Schulung
IS-Entwicklungsplan (applikatorischer Migrationsplan)	dezentraler IS-Ausschuss	Schulungsangebot, individuelle Ausbildungsplanung
Schulungsbedarf	IS-Bereich, Fachbereiche, Projektleiter	Ausbildungsbedarf für die Mitarbeiter
Informationen über externe Schulungs- angebote	externe Schulungs- einrichtungen	Ausbildungsangebot (Programm)
Karriereplan für Mitarbeiter	Personalabteilung	individuelle Ausbildungsplanung

Output-Dokumente		IS-Schulung
Output	**an wen?**	**wofür?**
Schulungsangebot	Fachbereiche, IS-Bereich	Information, "Public Relation"
individueller Ausbildungsplan	jeder Mitarbeiter	Karriereplanung
Evaluation der Kurse	IS-Schulung, IS-Leiter, Kursleiter	Planung in der nächsten Periode

3.5.3. IS-Monitoring

IS-Monitoring überwacht, ob und in welchem Ausmass die Applikationen und ihre Funktionen verwendet werden. Traditionell ist das IS-Monitoring primär ein Werkzeug zur Planung und Optimierung der Hardware und Systemsoftware [vgl. Heinrich/Burgholzer 1990, S. 326 ff.]. Die vorhandenen Informationen können nach Meinung der Arbeitsgruppe UISA aber auch für die *Gestaltung des betrieblichen Informationssystems* genutzt werden. Der Einbau des IS-Monitoring in das SG ISM hat zum Ziel, dass das computerunterstützte Informationssystem nur die Applikationen und Transaktionen zur Verfügung stellt, die tatsächlich benutzt werden. IS-Monitoring liefert Hinweise für die Gestaltung neuer Anwendungen und zur Beurteilung von Änderungsanträgen.

3.5.3.1. Zielsetzung

• Optimierung der Verteilung von Ressourcen in der Informatik

  Das IS-Monitoring kann über "Umwege" in der Benutzung des Informationssystems erkennen, ob ein Anwender beispielsweise Mutations-Transaktionen mit hoher Systembelastung für Abfragen anstelle von Abfrage-Transaktionen mit geringerer Systembelastung verwendet. Diese Angaben liefern Hinweise auf Schwächen der IS-Schulung (Applikationen).

• Vereinfachen der Applikationen

  Nicht benützte und damit unnötige Programmteile werden gesperrt. Benutzung, Organisation, Schulung und Wartung der Programme wird vereinfacht.

• Erkenntnisse für die zukünftige Systementwicklung

  Aus dem IS-Monitoring lassen sich objektive Aussagen über die effektive Verwendung von Applikationsteilen gewinnen. Diese Informationen liefern Argumente in Diskussionen über Funktionen, die immer wieder in Applikationen verlangt werden, viel Aufwand bei ihrer Entwicklung verursachen, für die es aber wenige potentielle Benutzer gibt. Der IS-Ausschuss berücksichtigt die Ergebnisse des IS-Monitoring bei der Verteilung der Ressourcen in der Systementwicklung.

- Kapazitätsausgleich

  Belastungsspitzen über den Tag, die Woche, den Monat und das Jahr werden erkannt. Der IS-Bereich kann daraufhin durch organisatorische Massnahmen die Belastungsspitzen verschieben.

- Festlegen von Verrechnungspreisen für die Benutzung des Informationssystems

  IS-Monitoring erlaubt es, die Kosten, die zur Bewältigung von Arbeitsgängen in der Verwaltung benötigt werden, festzustellen und für die Kalkulation von Verrechnungspreisen zu verwenden.

- Unterschiede in der IS-Benutzung

  Das IS-Monitoring kann aufzeigen, dass die gleiche Applikation in einigen Teilen eines Unternehmens intensiv und in anderen kaum genutzt wird. Es besteht der Verdacht auf ungelöste Organisationsprobleme.

3.5.3.2. Teilfunktionen des IS-Monitoring

Grundlage für das IS-Monitoring sind die Ergebnisse aus dem Betriebssystem und aus den Software-Monitoren. Sie liefern Informationen über die Anzahl Aufrufe, durchschnittliche Antwortzeiten und Hauptspeicherbelegung pro Transaktion. Die Daten stehen zunächst auf der Ebene der Transaktionen zur Verfügung. Für Auswertungen werden sie weiter aggregiert [vgl. Bild 3.5.3.2./1].

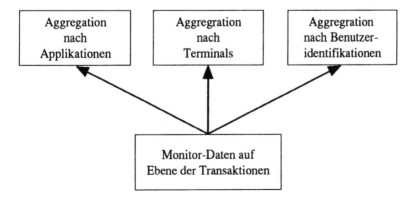

Bild 3.5.3.2./1: Aggregationsformen im IS-Monitoring

Folgende Aufgaben sind Bestandteil des IS-Monitoring:

a)   Analyse der Transaktionen und Applikationen

b)   Detailanalysen einzelner Monitor-Daten

c)   Prüfung von Änderungsanträgen

ad a)   Analyse der Transaktionen und Applikationen

Im ersten Schritt wird der Gebrauch des ganzen Informationssystems auf der Ebene der *Applikationen* untersucht. Hierzu sind die Monitor-Daten nach Applikationen zu aggregieren. Die Analyse zeigt, wie sich die einzelnen Anwendungsbereiche verhalten. Die Ergebnisse werden im Bericht Applikationsübersicht zusammengefasst [vgl. Punkt 3.5.3.3.]. Bei dieser Untersuchung kommt es vor allem
auf folgende Fragen an:

•   Welche Applikationen werden besonders häufig verwendet?

•   Welche Applikationen werden über einen längeren Zeitraum nicht oder sel-
     ten aufgerufen?

•   Entspricht der Entwicklungsaufwand einer Applikation der Anzahl Trans-
     aktionen?

•   Verwenden gleichartige Abteilungen (z. B. Verkaufsstellen) die Applikatio-
     nen stark unterschiedlich?

•   Wie werden neue Applikationen vom Fachbereich angenommen und einge-
     setzt?

Checkliste 3.5.3.2./2 Analyse der Applikationen

Im zweiten Schritt werden Analysen auf Ebene der *Transaktionen einer Applikation* vorgenommen. Dabei entsteht pro Applikation eine Übersicht der Transaktionen einer Applikation [vgl. Punkt 3.5.3.3.]. Der ISM-Stab analysiert die Transaktionen mit den Fragen aus Checkliste 3.5.3.2./3.

Eine weitere Möglichkeit der Analyse besteht darin, dass die *Transaktionen pro
Bildschirm oder pro Benutzeridentifikation* aggregiert werden [vgl. Punkt
3.5.3.3.]. Typische Benutzerprofile entstehen. Sie können dazu verwendet wer-

den, die Effizienz und Effektivität der IS-Schulung, z. B. bei der Einarbeitung neuer Mitarbeiter, zu erhöhen.

* Welche Transaktionen werden besonders häufig oder überhaupt nicht verwendet?

* Verwenden gleichartige Abteilungen die Transaktionen stark unterschiedlich?

* Gibt es Veränderungen von Monat zu Monat, von Jahr zu Jahr, die über die üblichen saisonalen Schwankungen hinausgehen?

* Welche Verteilung gibt es über Stunden, Tage und Wochen?

* Gibt es Veränderungen bei den Anwortzeiten?

* Welches sind die Transaktionen, die am meisten Ressourcen benötigen?

Checkliste 3.5.3.2./3 Analyse der Transaktionen einer Applikation

ad b)   Detailanalysen einzelner Monitor-Daten

Treten bei einzelnen Transaktionen im Lauf der Zeit Abweichungen auf, z. B. starke Schwankungen zwischen häufigem und seltenem Gebrauch der Transaktion, sind Detailanalysen notwendig. Das verantwortliche Mitglied des ISM-Stabs nimmt Kontakt mit den *Benutzern* im Fachbereich auf und findet heraus, warum es zu den Abweichungen kommt. Ziel ist es, herauszufinden, ob es sich um Designfehler oder um mangelnde Schulung handelt, oder ob das System nicht zweckmässig eingesetzt wird.

ad c)   Überprüfen von Änderungsanträgen

Ein unmittelbares Anwendungsgebiet für das IS-Monitoring ist die Teilfunktion "Sammlung und Bewertung der Änderungsanträge" im Rahmen des Änderungsmanagements [vgl. Punkt 3.5.1.3.1.]. Das Änderungsmanagement kann verbessert werden, wenn Änderungsanträge für Applikationen und Transaktionen, die häufig verwendet werden, vorrangig behandelt werden. Die Verwendungshäufigkeit darf dabei nicht das ausschliessliche Kriterium sein, denn z. B. für die Jahres- oder Quartalsendverarbeitung gibt es Transkationen, die selten laufen, aber für das Unternehmen grosse Bedeutung haben.

Die Verwendung von Informationen aus dem IS-Monitoring wird erleichtert, wenn die Applikationen und Transaktionen eines Informationssystems in einer *ABC-Analyse* klassifiziert sind [vgl. z. B. Schierenbeck 1983, S. 177]. Diese Methode führt zu drei Kategorien von Applikationen oder Transaktionen:

Kategorie A: Die Transaktionen der Klasse A werden sehr häufig verwendet und sind von grosser Wichtigkeit für das Unternehmen. Von ihnen hängt die Fähigkeit zur Abwicklung des Geschäfts ab. Sie müssen bei Änderungen vorrangig behandelt werden.

Kategorie B: Transaktionen der Kategorie B sind von geringerer Priorität. Sie werden gepflegt und weiterentwickelt, sofern Kapazität vorhanden ist.

Kategorie C: Bei diesen Transaktionen muss tendenziell geprüft werden, ob für ihre Erledigung andere Lösungsmöglichkeiten zur Verfügung stehen. Wartung erfolgt nur, wenn es absolut notwendig ist.

Die Einordnung der Bestandteile eines Informationssystems in eine dieser Kategorien bleibt längere Zeit konstant. Sie kann im *Data-Dictionary* bei der entsprechenden Funktion abgespeichert werden. Auf diese Weise kann im Rahmen des Informationssystem-Managements schnell auf diese Informationen zugegriffen werden.

| **Organisatorische Verantwortung** | **IS-Monitoring** |

Der dezentrale ISM-Stab ist für ein regelmässiges IS-Monitoring verantwortlich. Der dezentrale IS-Leiter, die IS- und Architektur-Entwicklung und auch der dezentrale IS-Ausschuss sind an der Interpretation der Auswertungen beteiligt und sorgen dafür, dass die Erkenntisse im Änderungsmanagement und bei der Gestaltung neuer Applikationen und Datenbanken berücksichtigt werden.

| **Ausführungsmodus** | **IS-Monitoring** |

Mindestens viermal pro Jahr sind die entsprechenden Auswertungen zu erstellen.

Input-Dokumente		**IS-Monitoring**
Input	**von wem?**	**wofür?**
Output des System-monitors	Informatik-Dienste	Analysen im Rahmen des IS-Monitoring

Output-Dokumente		**IS-Monitoring**
Output	**an wen?**	**wofür?**
Übersicht der Applikationen	dezentraler IS-Leiter, Architektur-Entwicklung, IS-Entwicklung, Fachbereiche	Bewertung der IS-Anträge (Projekte und Änderungen), Gestaltung neuer Applikationen und Datenbanken
Übersicht der Transaktionen einer Applikation	dezentraler IS-Leiter, Architektur-Entwicklung, IS-Entwicklung, Fachbereiche	Bewertung der IS-Anträge (Projekte und Änderungen), Gestaltung neuer Applikationen und Datenbanken
Auswertung pro Terminal oder Benutzeridentifikation	dezentraler IS-Leiter, Architektur-Entwicklung, IS-Entwicklung, IS-Schulung, Fachbereiche	Bewertung der IS-Anträge (Projekte und Änderungen), Gestaltung neuer Applikationen und Datenbanken, Schulung der Fachbereiche

3.5.3.3. Dokumente des IS-Monitoring

Die Funktion IS-Monitoring führt zu drei Typen von Dokumenten :

*   Applikationsübersicht

*   Übersicht der Transaktionen einer Applikation

*   Transaktionen pro Terminal/Benutzeridentifikation

Sie unterscheiden sich durch die Aggregationsebene und Form der Aggregation [vgl. Bild 3.5.3.2./1]. Die Datenstruktur der Dokumente ist sehr ähnlich. Wir behandeln sie deshalb gemeinsam und fügen für jeden Typ ein Beispiel bei.

Aufbau des Dokuments

Die Rohinformationen für diese Dokumente stammen aus dem Software-Monitor oder dem Betriebssystem. Die Daten sind so aufzubereiten, dass sie von den Verantwortlichen des IS- und Fachbereichs verstanden werden. Codierte Namen für die Applikationen und Transaktionen sind zu übersetzen. Die Vielfalt der Informationen ist auf entscheidungsrelevante Kerngrössen zu reduzieren.

Dargestellt wird nicht nur eine Berichtsperiode, sondern zusätzlich jeweils Referenzdaten aus der Vergangenheit.

Folgende Teile sind in den Berichten enthalten:

*   Applikationen/Transaktion

    Je nach Dokument sind entweder alle Applikationen des Informationssystems oder alle Transaktionen einer Applikation getrennt aufzuführen.

*   Aufrufe (Benutzungen der Transaktionen/Applikationen)

    Für jede Applikation/Transaktion sind die Anzahl Aufrufe in der Berichtsperiode aufzuführen. Die absoluten Zahlen werden in Verhältniszahlen umgerechnet.

Empfänger

ISM-Stab

Fachbereich (Vertreter mit Informatikkentnissen)

Architektur-Entwicklung

IS-Entwicklung

Up-Date Periode

Mindestens alle drei Monate werden neue Dokumente erstellt.

Beispiel   **Applikationsübersicht**

Applikationsübersicht UNTEL AG, UB Unterhaltung 1989 - 1990

Applikationsübersicht	1. Hälfte 1989	2. Hälfte 1989	1. Hälfte 1990	2. Hälfte 1990
	Aufrufe in %	Aufrufe in %	Aufrufe in %	Aufrufe in %
Lagerbuchhaltung	15,45	17,84	18,00	18,26
Finanzbuchhaltung	14,55	14,65	14,65	14,75
Mgmterfolgsrechnung	4,55	2,01	1,05	0,99
Personalverwaltung	7,50	7,35	7,45	7,65
Auftragsabwicklung	16,75	16,80	17,45	16,25
Budgetierung	12,50	12,45	12,25	12,95
Liegenschaftsverwaltung	6,50	7,25	6,95	7,15
Kostenrechnung	7,65	7,45	7,65	7,25
Kundenverwaltung	8,35	8,45	8,40	8,55
Sortimentsverwaltung	6,20	5,75	6,15	6,20
Total	100.00	100.00	100.00	100.00
Transaktionsvolumen	750'000	755'000	760'000	762'000

Das gesamte Transaktionsvolumen im UB Unterhaltung ist minimal gestiegen. Mit Ausnahme der Applikation "Managementerfolgsrechnung" ist bei allen anderen Applikationen die relative Benutzerhäufigkeit etwa konstant geblieben. Das Transaktionsvolumen der Managementerfolgsrechnung ist in weniger als zwei Jahren auf 23% zurückgegangen.

Da es sich bei der Managementerfolgsrechnung um eine sehr grosse Schwankung handelt, bedarf diese Entwicklung einer genaueren Betrachtung. Deshalb wird die Auswertung der Applikation "Managementerfolgsrechnung" verfeinert und die Angaben auf der Ebene der Transaktion herangezogen.

Beispiel   **Übersicht der Transaktionen einer Applikation**

Übersicht der Transaktionen der Applikation MER 1989 - 1990

Managementerfolgs-rechnung	1. Hälfte 1989 Aufrufe in %	2. Hälfte 1989 Aufrufe in %	1. Hälfte 1990 Aufrufe in %	2. Hälfte 1990 Aufrufe in %
Planwerte erfassen	19,45	18,25	18,55	20,45
Aufträge erfassen	28,55	33,85	35,60	32,60
Gemeinkosten erfassen	15,55	16,65	19,00	20,00
Materialkosten erfassen	16,25	21,50	22,15	22,65
Produktauswertungen	12,65	6,05	2,45	2,40
Produktgruppenausw.	7,55	3,70	2,25	1,90
Total	100.00	100.00	100.00	100.00
Transaktionsvolumen	34'125	31'710	28'880	26'670

Der Rückgang der Transaktionen "Aufträge erfassen" in der zweiten Hälfte des Jahres 1990 erklärt sich aus einem Einbruch im Verkauf.

Die Entwicklung der Transaktionen "Produktauswertungen" und "Produktgruppenauswertungen" ist ohne weitere Informationen nicht zu erklären. In Zeiten rauheren Wettbewerbs sind Auswertungen auf Produkt- und Produktgruppenbasis ein wesentliches Führungsinstrument. Für diese Transaktionen ist eine Detailanalyse nach Anwendern erforderlich. Verwendet wird eine Auswertung pro Benutzeridentifikation.

Beispiel	Übersicht der Transaktionen pro Terminal

Übersicht Transaktionen pro Terminal MER 89 - 90

Produktgruppenaus-wertungen	1. Hälfte 1989 Aufrufe in %	2. Hälfte 1989 Aufrufe in %	1. Hälfte 1990 Aufrufe in %	2. Hälfte 1990 Aufrufe in %
Controlling	34,75	45,75	53,75	55,25
Profit-Center-Leiter	30,25	41,80	44,75	44,75
Stab UBU-Leitung	35,00	12,45	1,50	0,00
Total	100.00	100.00	100.00	100.00
Transaktionsvolumen	2´576	2´124	1´805	1´574

Die Detailauswertung zeigt, dass der Stab der Unternehmensleitung (Stab UBU-Leitung) die Transaktion "Produktgruppenauswertungen" fast nicht mehr benutzt hat. Die gleiche Situation zeigt sich bei der Transaktion "Produktauswertungen". Gespräche haben ergeben, dass die Analysen seit ca. einem Jahr auf einem PC mit LOTUS erstellt werden.

3.5.4. Benutzersupport

Die Funktion Benutzersupport organisiert den Kontakt der Spezialisten des IS-Bereichs mit den Benutzern aus dem Fachbereich. Die Funktion Benutzersupport liegt bei einer eigenen Stelle "IS-Benutzerunterstützung". Sie kümmert sich ausschliesslich um Probleme bei der Anwendung des Informationssystems und *nicht um Hardware- und Installationsprobleme* wie das "Information Center" der Informatik-Dienste [vgl. Bild 2.5.3./1]. Sobald es im zentralen oder einem dezentralen Unternehmensbereich ein computerunterstütztes Informationssystem gibt, muss diese Stelle eingerichtet werden. Die Stelle IS-Benutzerunterstützung sorgt dafür, dass den Benutzern bei Problemen und Fragen so schnell wie möglich weitergeholfen wird. Der Aufgabenkreis dieser Funktion ist umfassend. Sie ist für jede Art von Fragen zuständig, die aus dem Betrieb des Informationssystems erwachsen.

3.5.4.1. Zielsetzung

• Ständige Ansprechstelle für die Benutzer (Service)

Die Stelle "IS-Benutzerunterstützung" ist in ständiger Bereitschaft, die Benutzer bei ihren Problemen zu unterstützen.

• Rasche Hilfestellung bei Problemen

Treten Probleme mit dem betrieblichen Informationssystem auf, werden sie direkt und schnell gelöst. Die Verfügbarkeit des Informationssystems wird erhöht.

• Impulse für Änderungen und Weiterentwicklung des Informationssystems

Kritik und Anregungen, die bei den Kontakten mit den Benutzern entstehen, werden systematisch für die Weiterentwicklung des Informationssystems verwendet.

3.5.4.2. Teilfunktionen des Benutzersupports

Zum Aufgabenkreis des Benutzersupports gehören folgende Funktionen:

a)   Umsetzung des Nutzens einer Anwendung - Vermitteln von Kontakten/Ansprechpartnern

b)   Unterstützung bei der Bedienung

c)   Kurzschulung

d)   Entgegennahme von Kritik und Anregungen

ad a)   Umsetzen des Nutzens einer Anwendung - Vermitteln von Kontakten/Ansprechpartnern

Die Benutzerunterstützung hat das Ziel, bei der Realisierung des geplanten Nutzens einer Applikation zu helfen. Sie kümmert sich darum, dass eine Applikation wie geplant eingesetzt wird. Treten Probleme beim Einsatz einer Anwendung auf, sorgt die Funktion "IS-Benutzersupport" dafür, dass dem Fachbereich die zuständigen Spezialisten aus dem IS-Bereich zur Lösung der Probleme zur Verfügung stehen.

Die Funktion "Benutzersupport" hat aufgrund der Daten des IS-Monitoring selbsttätig aktiv zu werden, also bei Problemen auf den Benutzer zuzugehen.

ad b)   Unterstützung bei der Bedienung

Trotz Help-Funktionen und Schulung tauchen immer wieder Schwierigkeiten bei der Bedienung des Informationssystems auf. Den Benutzern wird telefonisch oder durch einen kurzen Besuch an ihrem Arbeitsplatz geholfen, wenn sie Probleme bei der Benutzung der Applikationen haben.

ad c)   Kurzschulung

Die Stelle "IS-Benutzerunterstützung" dehnt in vielen Fällen die Unterstützung bei der Bedienung zu einer kurzen Schulung aus. Teile der Applikationsschulung, die nicht verstanden oder vergessen wurden, werden wiederholt. Durch diese Kontakte werden Lücken in der IS-Schulung registriert. Treten neue Fachmitarbeiter in ein Unternehmen ein, die mit dem Informationssystem arbeiten, finden die ersten Instruktionen im Rahmen der Funktion "Benutzersupport" statt.

ad d)   **Entgegennahme von Kritik und Anregungen**

Eine weitere Funktion des Benutzersupports besteht in der Entgegennahme von
Verbesserungsvorschlägen und Kritik. Der IS-Bereich kann diesen Kontakten
sehr viele Anregungen für Änderungen am System oder für neue Einsatzmöglich-
keiten entnehmen. Änderungsanträge für bestehende oder Anforderungen (IS-Anträge) für neue Anwendungen entstehen aus dem Benutzersupport.

Organisatorisch ist die Funktion "Benutzersupport" so zu gestalten, dass bei jedem Kontakt, der nicht unverzüglich erledigt werden kann, ein *Formular* auszu-
füllen ist. Eine Kopie geht an den dezentralen IS-Leiter. Er kann so nachprüfen,
ob dem Fachbereich wirklich geholfen wurde.

Organisatorische Verantwortung

Die Stelle "IS-Benutzerunterstützung" ist für den Benutzersupport zuständig.

Ausführungsmodus

Die Funktion Benutzersupport steht ständig (während der Arbeitszeiten) zur Verfügung. Es empfiehlt sich, besondere organisatorische Massnahmen für kritische
Perioden (Jahresabschluss) zu treffen.

Input-Dokumente		Benutzersupport
Input	**von wem?**	**wofür?**
Meldungen, Kritik, Anregungen, u. U. auf einem Formular	jeder Anwender des IS	Hilfe

Output-Dokumente		Benutzersupport
Output	**an wen?**	**wofür?**
Formular für Anfragen an IS-Benutzerunterstützung	dezentraler IS-Leiter	Kontrolle

4. Organisation des St. Galler ISM

Das folgende Kapitel beschreibt die Organisation des SG ISM. Wir unterscheiden Stellen und Ausschüsse.

Die Organisation stellt, wie die Funktionen, eine weitere *Teilsicht auf das Informationssystem-Management* dar. Im Vordergrund steht der Aufgabenträger (Prozessor), d. h. die Person oder die Gruppe von Personen, die Funktionen ausführen oder Dokumente erstellen [vgl. hierzu auch Schwarze 1988].

Wir beschreiben beide Bestandteile der Organisation mit Hilfe von *Formularen*. Sowohl für die Stellen als auch für die Ausschüsse haben wir jeweils ein eigenes Formular entwickelt. Die strukturierte Form der Darstellung der Organisation hilft *Führungskräften* des IS-Bereichs, ihre eigene Organisation zu überprüfen.

4.1. Stellen des ISM

4.1.1. Beschreibung der Stellen

Die Stellen werden mit dem Formular aus Bild 4.1.1./1 beschrieben. Das Formular ist an gebräuchliche Formen von Stellenbeschreibungen angelehnt [vgl. z. B. SVD 1988].

Die *Ziele* orientieren den Stelleninhaber über seine wichtigsten Aufgaben.

Das *Qualifikationsprofil* zeigt eine Idealvorstellung von der Vorbildung und Erfahrung des Stelleninhabers. Da sich die Stellenbeschreibungen des SG ISM in erster Linie nicht an Einzelpersonen, sondern an Abteilungen mit mehreren Personen wenden, zeigen wir hier eine "Durchschnittsqualifikation" über die gesamte Stelle.

Grundkenntnisse heisst, die Begriffe und Konzepte eines Gebietes zu kennen. *Verständnis* liegt vor, wenn der Stelleninhaber ein Gebiet soweit beherrscht, dass er die bestehenden Konzepte verändern und Dritten erklären kann. *Anwendung* bedeutet die Fähigkeit, das Gelernte praktisch anzuwenden. *Erfahrung* umfasst die langjährige Erfahrung auf dem Fachgebiet.

Bezeichner der Stelle			
Ziele der Stelle			
Qualifikationsprofil	Erfahrung		
		Anwendung	
			Verständnis
			Grundk.
Betriebswirtschaft			
Kenntnisse des Fachbereichs des Unter.			
Organisationsmethoden			
Projektmanagement			
Problemlösungs- und Präsentationstech.			
Systementwicklung			
Informationstechnik			

Teilnahme an Ausschüssen

zentraler IS-Ausschuss
dezentraler IS-Ausschuss
Projektausschuss

Zuständigkeit und Verantwortlichkeit

Bild 4.1.1./1: Muster der Stellenbeschreibung

In der Stellenbeschreibung wird zusätzlich angegeben, ob und in welchen Ausschüssen die Mitarbeiter der Stellen teilnehmen. Spezielle Formen der Teilnahme, wie z. B. Vorsitz, Sekretariat oder Beobachter, sind hinzugefügt .

Dieser Bereich verbindet die Funktionen mit den Stellen des SG ISM. Das Funktionendiagramm [vgl. Bild 2.5.5./2] bildet die Grundlage. Die Funktionsbeschreibungen [Kapitel 3] liefern die verfeinerte Darstellung der Beiträge der Stellen zum ISM.

Zur Anzahl der Mitarbeiter des IS-Bereichs oder der einzelnen Stellen nehmen wir im SG ISM nicht Stellung. Sie hängt von der Grösse der Unternehmen und der Bedeutung ab, die der Informationsverarbeitung im Unternehmen zukommt.

4.1.2.   Zentrale Stellen

Die zentralen Stellen des SG ISM sind auf oberster Unternehmensebene angesiedelt. Bild 4.1.2./1 zeigt sie im Überblick.

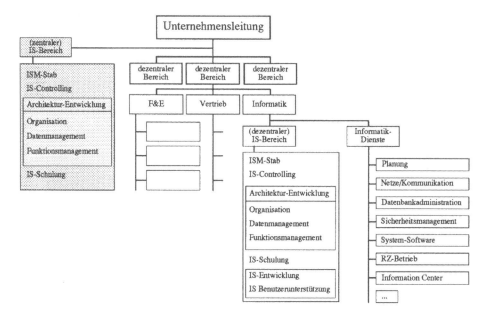

Bild 4.1.2./1 Zentrale Stellen des SG ISM

Die Stellen IS-Benutzerunterstützung und IS-Entwicklung beschreiben wir nicht auf zentraler Ebene, sondern bei den dezentralen Stellen. Für Unternehmen mit zentraler IS-Entwicklung und mit den dazugehörigen Stellen sind die Beschreibungen der dezentralen Stellen entsprechend zu übernehmen. Der zentrale IS-Bereich übernimmt in diesem Fall zusätzlich zur Entwicklungsarbeit auch die Aufgaben der Architektur-Entwicklung (Entwicklung der IS-Architektur, Dokumentation und Pflege von Umsetzungsbestandteilen der IS-Architektur) für seinen Bereich auf der zentralen Ebene. Die Informatik-Dienste werden als Teil des Managements der Informatik nicht im SG ISM behandelt [vgl. Kapitel 1].

Zentraler IS-Leiter

Ziele der Stelle: Der zentrale IS-Leiter koordiniert die bereichsübergreifenden Fragen des ISM. Er ist verantwortlich für den Aufbau und Betrieb eines unternehmensweiten Informationssystem-Managements, die Planung und Umsetzung des IS-Konzepts sowie die Identifikation von Integrationsbereichen.

Qualifikationsprofil:

	Erfahrung	Anwendung	Verständnis	Grundkenntnisse
Betriebswirtschaft		▓		
Kenntnisse des Fachbereichs des Unternehmens		▓		
Organisationsmethoden		▓		
Projektmanagement	▓			
Problemlösungs- und Präsentationstechniken			▓	
Systementwicklung		▓		
Informationstechnik			▓	

Teilnahme an Ausschüssen:

zentraler IS-Ausschuss	evt. Vorsitzender
dezentraler IS-Ausschuss	evt. als Beobachter
Projektausschuss	ggf. bei unternehmensweiten Projekten (Integrationsbereiche)

Zuständigkeit und Verantwortlichkeit:

Informationssystem-Management
   Verantwortung für Konzeption, Umsetzung und Betrieb des unternehmensweiten ISM
   Definition und Anwendung von Organisation, Funktionen und Dokumenten im ISM

IS-Konzept
   Verfassung des IS-Konzepts in Zusammenarbeit mit dem ISM-Stab
   Vorschlag des IS-Konzepts an den zentralen IS-Ausschuss
   Verantwortung für die Umsetzung des IS-Konzepts
   Kontinuierlicher Austausch mit den dezentralen IS-Bereichen bez. des IS-Konzepts und seiner Umsetzung
   Publikation des IS-Konzepts in Zusammenarbeit mit dem IS-Ausschuss
   Kontrolle der Anwendung des IS-Konzepts in den dezentralen Bereichen
   Jährliche Besprechung des Umsetzungsstandes des IS-Konzepts in den dezentralen IS-Bereichen
   Jährlicher Statusbericht zur Umsetzung des IS-Konzepts an den zentralen IS-Ausschuss

Architektur
   Suche und Definition von Integrationsbereichen in Zusammenarbeit mit der zentralen Stelle "Architektur-Entwicklung"
   Förderung von Vorschlägen bez. der Integrationsbereiche aus dem Fachbereich
   Vorschlag der Integrationsbereiche an den unternehmensweiten IS-Ausschuss
   Kontrolle der Umsetzung von Integrationsbereichen
   Vorschlag zur Nutzung von anderen Integrationsmechanismen

IS-Projekt
   Mitarbeit bei Projekten zur Realisierung von Integrationsbereichen

IS-Schulung
   Verabschiedung und Kontrolle der unternehmensweiten IS-Schulung

Fachliche Führung
   Fachliche Führung der dezentralen IS-Bereiche in Bezug auf das IS-Konzept

Zentraler ISM-Stab

Ziele der Stelle: Der zentrale ISM-Stab soll den zentralen IS-Leiter bei der Planung und Realisierung eines Informationssystem-Managements unterstützen. Er hat die Verantwortung für die Dokumentation und Pflege des IS-Konzepts.

Qualifikationsprofil:

	Erfahrung	Anwendung	Verständnis	Grundkenntnisse
Betriebswirtschaft		▨		
Kenntnisse des Fachbereichs des Unternehmens			▨	
Organisationsmethoden			▨	
Projektmanagement				
Problemlösungs- und Präsentationstechniken		▨		
Systementwicklung		▨		
Informationstechnik			▨	

Teilnahme an Ausschüssen:

zentraler IS-Ausschuss   ▨ Sekretariat des Ausschusses

dezentraler IS-Ausschuss

Projektausschuss

Zuständigkeit und Verantwortlichkeit:

Informationssystem-Management

  Unterstützung des zentralen IS-Leiters bei Planung und Realisierung eines unternehmensweiten Informationssystem-Managements
  Sekretariat des zentralen IS-Ausschusses (Dokumentation, Entscheidungsvorbereitung, Organisation)

IS-Konzept

  Planung der Aktivitäten und Koordinierung der Inhalte des IS-Konzepts
  Beschaffung von Informationen zur Erstellung und Bewertung des IS-Konzepts
  Durchführung oder Beschaffung von Marktstudien, Literaturanalysen, Fallbeispielen und Stärke/Schwächen Analysen zum IS-Konzept
  Laufende Pflege des IS-Konzepts
  Publikation des IS-Konzepts
  Förderung und Sammlung von Änderungsanträgen zum IS-Konzept aus den dezentralen Bereichen
  Unterstützung des zentralen IS-Leiters bei der Überwachung des IS-Konzepts

Planung

  Zusammenfassung der Planungen dezentraler Einheiten (Finanz- und Personalplanung) zu unternehmensweiten Plänen

Zentrales IS-Controlling

Ziele der Stelle: Die Hauptaufgabe des zentralen IS-Controllings ist die Entwicklung von Standards für ein einheitliches IS-Controlling im Gesamtunternehmen. Die unternehmensweiten Standards bringt das IS-Controlling in das IS-Konzept ein. Es fördert den Gedanken der Wirtschaftlichkeit innerhalb des IS- Bereichs.

Qualifikationsprofil:

	Erfahrung	Anwendung	Verständnis	Grundkenntnisse
Betriebswirtschaft	▨			
Kenntnisse des Fachbereichs des Unternehmens			▨	
Organisationsmethoden			▨	
Projektmanagement			▨	
Problemlösungs- und Präsentationstechniken			▨	
Systementwicklung			▨	
Informationstechnik				▨

Teilnahme an Ausschüssen: zentraler IS-Ausschuss

dezentraler IS-Ausschuss

Projektausschuss

Zuständigkeit und Verantwortlichkeit:

IS-Konzept
  Einführung von unternehmensweiten, einheitlichen Standards für das IS-Controlling in das IS-Konzept
  Beratung der dezentralen Bereiche bei der Umsetzung und Anwendung des IS-Konzepts (Wirtschaftlichkeit)
  Förderung von Kosten- und Nutzendenken in den IS-Bereichen
  Festlegung der Grundlagen für die Verrechnung von Leistungen des IS-Bereichs
  Kontrolle der Anwendung der IS-Controlling-Vorschriften aus dem IS-Konzept
Integrationsbereiche
  Anwendung der Standards des IS-Controllings aus dem IS-Konzept in unternehmensweiten Projekten (Integrationsbereichen)
  Kosten -/Nutzenberechnungen für Integrationsbereiche
  Durchführung von Soll-Ist-Vergleichen und Abweichungsanalysen
  Kontrolle des Nutzens von Integrationsbereichen
Planung
  Durchführung der finanziellen Planung des zentralen IS-Bereichs in Zusammenarbeit mit dem zentralen IS-Leiter
  Integration der Planung des zentralen IS-Bereichs in die Planung des gesamten Unternehmens
  Kurzfristige Planung im Rahmen der Budgetierung
  Konsolidierung der finanziellen Planungen dezentraler IS-Bereiche im zentralen IS-Bereich
Sonderrechnungen
  Durchführung von Investitionsrechnungen für Projekte des zentralen IS-Bereichs
Kosten- und Leistungsrechnung
  Erstellung eines Systems zur Verrechnung der Leistungen des IS-Bereichs an die Fachbereiche
Fachliche Führung
  Fachliche Führung der dezentralen IS-Bereiche in Bezug auf das IS-Controlling
  Beratung bei Soll-Ist Abweichungen (Massnahmen)
  Übernahme von Controlling-Standards vom zentralen Controlling des Gesamtunternehmens

Zentrale Organisation

Ziele der Stelle: Die zentrale Organisation ist für die Unterstützung von Entscheidungen, für die Bewertung von Alternativen und für die Dokumentation und Pflege der Aufbau- und Ablauforganisation des Gesamtunternehmens (bereichsübergreifende Fragen) verantwortlich.

Qualifikationsprofil:

	Erfahrung	Anwendung	Verständnis	Grundkenntnisse
Betriebswirtschaft		▨		
Kenntnisse des Fachbereichs des Unternehmens		▨		
Organisationsmethoden	▨			
Projektmanagement			▨	
Problemlösungs- und Präsentationstechniken		▨		
Systementwicklung			▨	
Informationstechnik			▨	

Teilnahme an Ausschüssen:

zentraler IS-Ausschuss	☐
dezentraler IS-Ausschuss	☐
Projektausschuss	▨

Zuständigkeit und Verantwortlichkeit:

IS-Konzept
Unterstützung des zentralen IS-Leiters bei der Lösung von organisatorischen Fragen des ISM

Integrationsbereiche
Dokumentation der Aufbau- und Ablauforganisation des Gesamtunternehmens
Identifikation von bereichsübergreifenden Integrationsbedürfnissen
Erstellung von organisatorischen Lösungen bei Integrationsbereichen
Bewertung von organisatorischen Gestaltungsalternativen
Dokumentation und Pflege organisatorischer Ergebnisse der Umsetzung von Integrationsbereichen
Unterstützung der Unternehmensleitung bei der Gestaltung der Makro-Organisation (oberste Unternehmensebene)

IS-Architektur
Beratung der dezentralen Architektur-Entwicklung bei der Anwendung bereichsübergreifender organisatorischer Regelungen

Fachliche Führung
Fachliche Führung der dezentralen IS-Bereiche in Bezug auf die Methoden und Techniken der Organisationsgestaltung

Zentrales Datenmanagement

Ziele der Stelle: Ziel der Stelle ist die Erstellung von Standards zur unternehmensweiten einheitlichen Behandlung der Daten. Das zentrale Datenmanagement wirkt bei der Identifikation und Umsetzung von Integrationsbereichen mit.

Qualifikationsprofil:

	Erfahrung	Anwendung	Verständnis	Grundkenntnisse
Betriebswirtschaft			▨	
Kenntnisse des Fachbereichs des Unternehmens			▨	
Organisationsmethoden		▨		
Projektmanagement			▨	
Problemlösungs- und Präsentationstechniken		▨		
Systementwicklung	▨			
Informationstechnik		▨		

Teilnahme an Ausschüssen: zentraler IS-Ausschuss

dezentraler IS-Ausschuss

Projektausschuss

Zuständigkeit und Verantwortlichkeit:

IS-Konzept
Festlegung von Richtlinien und Methodenstandards für die Behandlung unternehmensweiter Daten
Durchsetzung des Prinzips "Informationen sind eine betriebliche Ressource"
Kontrolle der Anwendung von methodischen Vorschriften des IS-Konzepts im dezentralen Bereich

Integrationsbereiche
Identifizierung von Integrationspotentialen aus Sicht der Informationsverarbeitung, insbesondere der gemeinsamen Nutzung von Daten oder dem Austausch von Daten zwischen Funktionen
Beratung der Projektteams, die die Integrationsbereiche realisieren
Dokumentation und Pflege der Ergebnisse (Datenkonventionen) aus der Umsetzung unternehmensweiter Integrationsbereiche

IS-Architekturen
Verbindung unternehmensweiter Vorgaben und dezentraler Wünsche beim Erstellen von Architekturen (Integrationsbereiche)
Identifikation und Durchsetzung von unternehmensweiten Anforderungen an die Datensicherheit

Projektmanagement
Verantwortung für die Datenseite in unternehmensweiten Projekten (Integrationsbereiche)

Fachliche Führung
Fachliche Führung der dezentralen IS-Bereiche in Bezug auf das Datenmanagement

Zentrales Funktionsmanagement

Ziele der Stelle: Ziel der Stelle ist die Erstellung von Standards für ein unternehmensweit einheitliches Funktionsmanagement. Die Stelle ist weiterhin verantwortlich für die Analyse und Dokumentation der globalen Geschäftsfunktionen des Unternehmens.

Qualifikationsprofil:

	Erfahrung	Anwendung	Verständnis	Grundkenntnisse
Betriebswirtschaft	▒			
Kenntnisse des Fachbereichs des Unternehmens		▒		
Organisationsmethoden		▒		
Projektmanagement			▒	
Problemlösungs- und Präsentationstechniken		▒		
Systementwicklung		▒		
Informationstechnik			▒	

Teilnahme an Ausschüssen: zentraler IS-Ausschuss

dezentraler IS-Ausschuss

Projektausschuss

Zuständigkeit und Verantwortlichkeit:

IS-Konzept
   Entwicklung von unternehmensweiten Standards für das Funktionsmanagement
   Kontrolle der Anwendung der Methoden in dezentralen IS-Bereichen
Integrationsbereiche
   Analyse und Beschreibung globaler Geschäftsfunktionen
   Dokumentation und Pflege der globalen Geschäftsfunktionen des Unternehmens
   Identifikation von Integrationsbereichen in Zusammenarbeit mit dem zentralen Daten-
   management und der zentralen Organisation
   Beratung von Projektteams, in denen Integrationsbereiche realisiert werden
   Dokumentation und Pflege der Ergebnisse (Module, Funktionsbeschreibungen) aus
   der Umsetzung unternehmensweiter Integrationsbereiche
IS-Architekturen
   Verbindung unternehmsweiter Vorgaben und dezentraler Wünsche beim Erstellen von
   Architekturen
IS-Projekt
   Mitglied des Projektteams in unternehmensweiten Projekten zur Realisierung von Inte-
   grationsbereichen
   Verantwortung für die Funktionsmodellierung in unternehmensweiten Projekten
Fachliche Führung
   Fachliche Führung der dezentralen IS-Bereiche in Bezug auf das Funktionsmana-
   gement

Zentrale IS-Schulung

Ziele der Stelle: Hauptaufgabe der Stelle ist die Planung und Durchführung unternehmensweit einheitlicher Schulungen im IS-Bereich

Qualifikationsprofil:

	Erfahrung	Anwendung	Verständnis	Grundkenntnisse
Betriebswirtschaft			▓	
Kenntnisse des Fachbereichs des Unternehmens			▓	
Organisationsmethoden		▓		
Projektmanagement			▓	
Problemlösungs- und Präsentationstechniken	▓			
Systementwicklung			▓	
Informationstechnik			▓	

Teilnahme an Ausschüssen:

zentraler IS-Ausschuss	☐
dezentraler IS-Ausschuss	☐
Projektausschuss	▓

Zuständigkeit und Verantwortlichkeit:

Informationssystem-Management
  Errichtung eines Vorgehens für die Zusammenarbeit von zentraler und dezentraler IS-Schulung

IS-Konzept
  Definition unternehmensweiter Schulungsinhalte
  Organisation von unternehmensweiten Ausbildungsveranstaltungen, die den IS- bzw. Fachmitarbeitern die Inhalte des IS-Konzepts näherbringen und seine Anwendung erleichtern
  Kontrolle des Einklangs der gesamten IS-Schulung im Unternehmen mit dem IS-Konzept

Planung
  Aufstellung unternehmensweiter mittel- und kurzfristiger Ziele für die Schulung
  Festlegung der Mitarbeiter, die an den Kursen teilnehmen
  Durchführung von Kursen
  Kontrolle der Ausbildungsziele nach Abschluss der Kurse

IS-Projekt
  Planung und Durchführung der Schulungsmassnahmen bei unternehmensweiten Projekten
  Methodische Schulung des Projektteams bei bereichsübergreifenden Projekten

Fachliche Führung
  Fachliche Führung der dezentralen IS-Bereiche in Bezug auf Schulungsmassnahmen
  Fachliche Unterstellung unter die zentrale Schulungs- und Personalentwicklung des Unternehmens

4.1.3. Dezentrale Stellen

Im SG ISM hat jede dezentrale Einheit alle Stellen, die zur Entwicklung und zum Management des Informationssystems notwendig sind. Sie sind in Bild 4.1.3./1 gekennzeichnet.

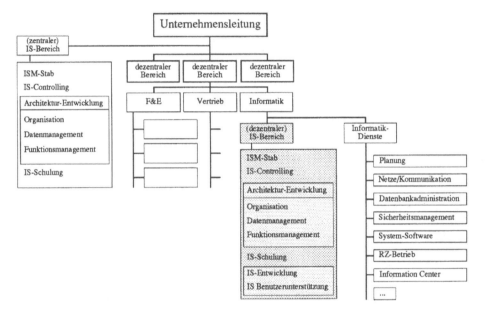

Bild 4.1.3./1 Dezentrale Stellen des SG ISM

Vom Bezeichner her entsprechen sie den Stellen, die auf zentraler Ebene vorgesehen sind. Ihre Aufgaben sind jedoch verschieden. Jeder dezentrale IS-Bereich bildet eine *geschlossene Einheit,* in der alle Funktionen von der Planung der Architektur über das IS-Projektportfolio-Management und Entwicklung von Informationssystemen bis zum Benutzersupport vorhanden sind. Die personelle Grösse eines dezentralen IS-Bereichs hängt vom Arbeitsvolumen ab. In kleinen Einheiten können verschiedene Stellen unseres Organigramms in einer Person zusammengefasst werden.

Dezentraler IS-Leiter

Ziele der Stelle: Hauptaufgabe des IS-Leiters ist der Aufbau und Betrieb des Informationssystem-Managements einer dezentralen Einheit. Dies umfasst die Einrichtung von Stellen für das Management der IS-Architektur und die System-Entwicklung sowie die Systematisierung des IS-Projektportfolio-Managements.

Qualifikationsprofil:

	Erfahrung	Anwendung	Verständnis	Grundkenntnisse
Betriebswirtschaft			▦	
Kenntnisse des Fachbereichs des Unternehmens			▦	
Organisationsmethoden			▦	
Projektmanagement	▦			
Problemlösungs- und Präsentationstechniken			▦	
Systementwicklung			▦	
Informationstechnik			▦	

Teilnahme an Ausschüssen:

zentraler IS-Ausschuss	☐
dezentraler IS-Ausschuss	▦
Projektausschuss	▦ evt. als Vorsitzender bei bedeutenden Projekten

Zuständigkeit und Verantwortlichkeit:

IS-Konzept
  Vertretung der Interessen der dezentralen Einheiten bei der Erstellung des IS-Konzepts
  Verantwortung für die Konkretisierung und Umsetzung des IS-Konzepts im dezentralen Bereich
  Kontrolle der Projektarbeit
Integrationsbereiche
  Verantwortung für die Umsetzung von unternehmensweiten Integrationsbereichen in die dezentrale IS-Architektur
  Diskussion von Integrationsbereichen mit dem zentralen IS-Bereich
IS-Architektur
  Verantwortung für Planung und Umsetzung der IS-Architektur im dezentralen Bereich
  Entwicklung von IS-Anträgen und IS-Entwicklungsplänen zur Umsetzung der IS-Architektur
  Initialisierung von Projekten zur Umsetzung der IS-Architektur
  Kontrolle der Umsetzung der IS-Architektur in der Projektarbeit
  Jährlicher Statusbericht zur Umsetzung der IS-Architektur an dezentralen IS-Ausschuss
IS-Projektportfolio
  Bewertung von IS-Anträgen (Schätzung Aufwand)
  Initialisieren von Machbarkeitsstudien
  Verantwortung für die IS-Entwicklungsplanung
  Initialisierung der Projekte
  IS-Entwicklungskontrolle
IS-Projekt
  Vertretung der Interessen der dezentralen Einheit bei unternehmensweiten Projekten (Integrationsbereiche)
  Mitglied des Projektteams bei bedeutenden Projekten
Änderungsmanagement
  Trennung von IS-Anträgen in Projekt- und Änderungsanträge
  Überwachung des Änderungsmanagements

Dezentraler ISM-Stab

Ziele der Stelle: Der dezentrale ISM-Stab unterstützt den dezentralen IS-Leiter bei der Planung und Realisierung des Informationssystem-Managements. Der ISM-Stab ist in erster Linie für das IS-Projektportfolio-Management und das Änderungsmanagement zuständig.

Qualifikationsprofil:

	Erfahrung	Anwendung	Verständnis	Grundkenntnisse
Betriebswirtschaft		▓		
Kenntnisse des Fachbereichs des Unternehmens			▓	
Organisationsmethoden			▓	
Projektmanagement			▓	
Problemlösungs- und Präsentationstechniken		▓		
Systementwicklung		▓		
Informationstechnik			▓	

Teilnahme an Ausschüssen:

zentraler IS-Ausschuss	
dezentraler IS-Ausschuss	▓
Projektausschuss	

Zuständigkeit und Verantwortlichkeit:

Informationssystem-Management
  Unterstützung des dezentralen IS-Leiters bei der Konkretisierung und Realisierung des dezentralen ISM

IS-Konzept
  Entwicklung von Massnahmen und Projekten zur Umsetzung des IS-Konzepts im dezentralen Bereich

IS-Projektportfolio-Management
  Sammlung und Bewertung der IS-Anträge
  Vorbereitung der Trennung von Projektvorhaben und Änderungsanträgen
  Sammlung von Basisdaten für die IS-Entwicklungsplanung
  Unterstützung des dezentralen IS-Leiters bei der IS-Entwicklungsplanung

Änderungsmanagement
  Sammlung und Dokumentation der Änderungsanträge
  Planung der Änderungsanträge
  Kontrolle des erreichten Nutzens

IS-Monitoring
  Planung und Umsetzung des IS-Monitorings
  Initialisierung von Massnahmen aus den Ergebnissen des IS-Monitorings

Dezentrales IS-Controlling

Ziele der Stelle: Das IS-Controlling übernimmt die finanzielle Führung des dezentralen IS-Bereichs. Es wendet dabei die Verfahren aus dem unternehmensweiten IS-Konzept an und entwickelt für die dort nicht abgedeckten Teile eigene Verfahren und Systeme. Es setzt dabei den Gedanken der Wirtschaftlichkeit durch.

Qualifikationsprofil:

	Erfahrung	Anwendung	Verständnis	Grundkenntnisse
Betriebswirtschaft	▓			
Kenntnisse des Fachbereichs des Unternehmens		▓		
Organisationsmethoden			▓	
Projektmanagement			▓	
Problemlösungs- und Präsentationstechniken			▓	
Systementwicklung		▓		
Informationstechnik				▓

Teilnahme an Ausschüssen:

zentraler IS-Ausschuss	
dezentraler IS-Ausschuss	▓
Projektausschuss	

Zuständigkeit und Verantwortlichkeit:

IS-Konzept
  Umsetzung, Konkretisierung und Anwendung der Vorschriften zum IS-Controlling aus dem IS-Konzept
IS-Projektportfolio
  Verantwortung der Einhaltung der Wirtschaftlichkeit der Projekte innerhalb des IS-Projektportfolio-Managements (Machbarkeitsstudie)
  Finanzielle Beurteilung der Projekte
  Erstellung des kurz- und mittelfristigen IS-Entwicklungsplans in Zusammenarbeit mit dem dezentralen ISM-Stab
  Soll-Ist-Analysen zum IS-Entwicklungsplan
IS-Projekt
  Finanzielle Planung und Kontrolle der Projekte in Zusammenarbeit mit dem Projektteam
  Abweichungsanalysen
  Kontrolle der Erreichung des Nutzens von Projekten
  Aufbau und Betrieb eines Systems für die Verrechnung der Projektkosten an den Fachbereich
Änderungsmanagement
  Aufwandsschätzungen für die Änderungsanträge
  Durchführung von Wirtschaftlichkeitskontrollen
  Abrechnung des Änderungsaufwands pro Applikation
  Bereitstellung von Informationen für die Investitionen pro Applikation
Sonderrechnungen
  Wirtschaftlichkeitsanalysen/Investitionsrechnungen nach Auftrag durch den IS-Ausschuss bzw. IS-Leiter
Fachliche Führung
  Fachliche Unterstellung unter das zentrale IS-Controlling sowie das finanzielle Controlling des Gesamtunternehmens

Dezentrale Organisation

Ziele der Stelle: Die Hauptaufgabe der Stelle ist die Gestaltung, Dokumentation und Pflege der Ablauf- und Aufbauorganisation der dezentralen Einheit.

Qualifikationsprofil:

	Erfahrung	Anwendung	Verständnis	Grundkenntnisse
Betriebswirtschaft		X		
Kenntnisse des Fachbereichs des Unternehmens	X			
Organisationsmethoden	X			
Projektmanagement			X	
Problemlösungs- und Präsentationstechniken		X		
Systementwicklung			X	
Informationstechnik			X	

Teilnahme an Ausschüssen:

zentraler IS-Ausschuss	
dezentraler IS-Ausschuss	
Projektausschuss	X

Zuständigkeit und Verantwortlichkeit:

Integrationsbereiche
Vertretung organisatorischer Belange bei der Planung von Integrationsbereichen

IS-Architektur
Entwicklung, Dokumentation und Pflege der Aufbau- und Ablauforganisation (dezentraler Bereich)
Entwicklung organisatorischer Lösungen für die Umsetzung der Informationssystem-Architektur und der Realisierung von Nutzenpotentialen
Pflege der Umsetzungsbestandteile nach der Realisierung von Teilen der IS-Architektur (Stellenbeschreibungen, Handbücher, Ablaufpläne, Formulare)

IS-Projekt
Erstellung der Ablauf- und Aufbauorganisation in der Projektarbeit
Verantwortung für organisatorische Lösungen bezüglich der optimalen Funktionsabläufe
Entwurf und Realisierung von Fachlösungen in einem Projekt in Zusammenarbeit mit der IS-Entwicklung
Kontrolle der Einhaltung der IS-Architektur in der Projektarbeit
Unterstützung des Fachbereichs bei der Realisierung von Reorganisationsprojekten

Änderungsmanagement
Änderung der dezentralen Organisation bei Änderungen bestehender Applikationen

Fachliche Führung
Fachliche Unterstellung unter die zentrale Organisation

Dezentrales Datenmanagement

Ziele der Stelle: Hauptaufgabe der Stelle ist die Entwicklung und Pflege der Daten in der IS-Architektur sowie die Dokumentation, Archivierung und Pflege der Umsetzungsbestandteile der IS-Architektur (Wertebereiche, Standards, Protokolle etc.)

Qualifikationsprofil:

	Erfahrung	Anwendung	Verständnis	Grundkenntnisse
Betriebswirtschaft			▓	
Kenntnisse des Fachbereichs des Unternehmens			▓	
Organisationsmethoden		▓		
Projektmanagement			▓	
Problemlösungs- und Präsentationstechniken		▓		
Systementwicklung	▓			
Informationstechnik		▓		

Teilnahme an Ausschüssen: zentraler IS-Ausschuss

dezentraler IS-Ausschuss

Projektausschuss

Zuständigkeit und Verantwortlichkeit:

Integrationsbereiche
Umsetzung der durch die Integrationsbereiche unternehmensweit festgelegten Datenstandards in die Informationssystem-Architektur des dezentralen Bereichs
IS-Architektur
Verantwortung für die inhaltliche und fachliche Gestaltung der Datenseite der Informationssystem-Architektur
Durchführung von Dokumentanalysen, Interviews, Workshops und anderen Massnahmen zum Entwurf der Datenseite der Informationssystem-Architektur
Dokumentation und Pflege von Datenstandards bei der Umsetzung der IS-Architektur
Identifikation von Projektideen und Massnahmen zur Umsetzung der konzeptionellen Datenmodelle der IS-Architektur
Aufbau und Betrieb eines Systems zur Pflege und Dokumentation der IS-Architektur und seiner Umsetzungsbestandteile (Data-Dictionary)
Entwicklung und Umsetzung von Anforderungen an die Datensicherheit
IS-Projekte
Unterstützung der Datenmodellierung in Projekten
Kontrolle der Einhaltung von Standards bei der Umsetzung von Integrationsbereichen und der IS-Architektur
Übernahme der Umsetzungsbestandteile der Architektur, die bei der Projektarbeit entstehen
Änderungsmanagement
Erfassung von Veränderungen der Datenseite bestehender Applikationen
Fachliche Führung
Fachliche Unterstellung unter das zentrale Datenmanagement

Dezentrales Funktionsmanagement

Ziele der Stelle: Hauptaufgabe der Stelle ist die Entwicklung und Pflege der Geschäftsfunktionen in der IS-Architektur und die Dokumentation, Archivierung und Pflege der Umsetzungsbestandteile aus der Realisierung der Architektur.

Qualifikationsprofil:

	Erfahrung	Anwendung	Verständnis	Grundkenntnisse
Betriebswirtschaft	▨			
Kenntnisse des Fachbereichs des Unternehmens		▨		
Organisationsmethoden		▨		
Projektmanagement			▨	
Problemlösungs- und Präsentationstechniken		▨		
Systementwicklung		▨		
Informationstechnik			▨	

Teilnahme an Ausschüssen: zentraler IS-Ausschuss

dezentraler IS-Ausschuss

Projektausschuss

Zuständigkeit und Verantwortlichkeit:

Integrationsbereiche

Umsetzung der durch die Integrationsbereiche unternehmensweit festgelegten Geschäftsfunktionen in die Informationssystem-Architektur des dezentralen Bereichs

IS-Architektur

Verantwortung für die inhaltliche und fachliche Gestaltung der Funktionsseite der Informationssystem-Architektur

Durchführung von Interviews, Workshops und anderen Massnahmen zum Entwurf der Funktionsseite der Informationssystem-Architektur

Identifikation von Projektideen und Massnahmen zur Umsetzung der IS-Architektur

Aufbau und Betrieb geeigneter Systeme zur Dokumentation und Pflege der Funktionen aus der IS-Architektur und ihrer Umsetzungsbestandteile

Kontrolle der Einhaltung der IS-Architektur in der Projektarbeit

IS-Projekt

Umsetzung der funktionsseitigen Überlegungen zur IS-Architektur in die Projektarbeit

Gestaltung der Ablauforganisation in Zusammenarbeit mit der Organisation

Übernahme der Umsetzungsbestandteile der IS-Architektur, die bei der Projektarbeit entstehen

Änderungsmanagement

Erfassung der Veränderungen der Funktionsseite bestehender Applikationen

Kontrolle der Änderungen in Hinblick auf die IS-Architektur

Fachliche Führung

Fachliche Unterstellung unter das zentrale Funktionsmanagement

Dezentrale IS-Schulung

Ziele der Stelle: Die Hauptaufgabe der Stelle ist die Planung und Durchführung dezentraler IS-Schulungen für Mitarbeiter des IS-Bereichs und für die Anwender der Applikationen im Fachbereich.

Qualifikationsprofil:

	Erfahrung	Anwendung	Verständnis	Grundkenntnisse
Betriebswirtschaft			▨	
Kenntnisse des Fachbereichs des Unternehmens			▨	
Organisationsmethoden		▨		
Projektmanagement			▨	
Problemlösungs- und Präsentationstechniken	▨			
Systementwicklung		▨		
Informationstechnik			▨	

Teilnahme an Ausschüssen: zentraler IS-Ausschuss
                                        dezentraler IS-Ausschuss

                                        Projektausschuss

Zuständigkeit und Verantwortlichkeit:

Planung
    Erhebung des Bedarfs an Ausbildungsmassnahmen
    Festlegung der Zusammenarbeit von zentraler und dezentraler IS-Schulung
    Festlegung des Schulungsangebots
    Festlegung der Teilnehmer eines Kurses
    Durchführung der Kurse
IS-Projekt
    Ausarbeitung der Schulungsunterlagen bei Einführung neuer Applikationen
    Ausbildung der Benutzer neuer Applikationen
    Methodische Kurse zur Ausbildung der Projektmitarbeiter
Änderungsmanagement
    Ermittlung des neuen Ausbildungsbedarfs bei Applikationsänderungen
    Durchführung entsprechender Schulungsmassnahmen
Fachliche Führung
    Fachliche Führung durch die zentrale IS-Schulung sowie die Schulungsabteilungen
    und Personalentwicklung des Gesamtunternehmens

Dezentrale IS-Entwicklung

Ziele der Stelle: Hauptaufgabe der Stelle ist die Entwicklung von Applikationen und Datenbanken auf Host und PC im Rahmen des Projekt- und Änderungsmanagements

Qualifikationsprofil:

	Erfahrung	Anwendung	Verständnis	Grundkenntnisse
Betriebswirtschaft			▨	
Kenntnisse des Fachbereichs des Unternehmens		▨		
Organisationsmethoden		▨		
Projektmanagement	▨			
Problemlösungs- und Präsentationstechniken			▨	
Systementwicklung	▨			
Informationstechnik		▨		

Teilnahme an Ausschüssen:

zentraler IS-Ausschuss	☐
dezentraler IS-Ausschuss	☐
Projektausschuss	▨

Zuständigkeit und Verantwortlichkeit:

IS-Projektportfolio
  Unterstützung des ISM-Stabs bei der Bewertung von IS-Anträgen
  Beteiligung an der Ausarbeitung von Machbarkeitsstudien
IS-Projekt
  Konzipierung und Implementierung (inkl. Programmierung) der computerunterstützten Teile der Fachlösungen (Host und PC)
  Eigenentwicklung von Applikationen
  Einführung von Standardanwendungs-Software
Änderungsmanagement
  Wartung und Pflege bestehender Applikationen
  Änderungen der Applikationen nach Bewilligung der Änderungsanträge
IS-Monitoring
  Interpretation der Ergebnisse des IS-Monitorings

IS-Benutzerunterstützung

Ziele der Stelle: Die Stelle steht den Anwendern bei der Benutzung des computerunterstützten Informationssystems als Anlaufstelle für Fragen und Probleme zur Verfügung.

Qualifikationsprofil:

	Erfahrung	Anwendung	Verständnis	Grundkenntnisse
Betriebswirtschaft			■	
Kenntnisse des Fachbereichs des Unternehmens		■		
Organisationsmethoden			■	
Projektmanagement			■	
Problemlösungs- und Präsentationstechniken			■	
Systementwicklung		■		
Informationstechnik		■		

Teilnahme an Ausschüssen:

zentraler IS-Ausschuss	☐
dezentraler IS-Ausschuss	☐
Projektausschuss	☐

Zuständigkeit und Verantwortlichkeit:

Benutzerunterstützung
  Verantwortung für Planung und Umsetzung der Benutzerunterstützung
  Unterstützung der Benutzer bei der Bedienung der Applikationen des Informationssystems
  Besondere Benutzerunterstützung bei Anwendungen der individuellen Datenverarbeitung auf dem PC
  Einführung neuer Mitarbeiter in die Applikationen, die diese für die tägliche Arbeit benötigen
  Kurze Schulung der Benutzer bei Unklarheiten der Bedienung einzelner Applikationen oder Transaktionen
  Vermittlung von Ansprechpartnern zur Lösung der Informationssystemprobleme der Benutzer
  Annahme von Kritik und Anregungen von Kunden und anderen Marktpartnern sowie deren Weitergabe an die zuständigen Stellen
IS-Projekt
  Beteiligung während der Phase "Einführung"
  Unterstützung der Anwender

4.2. Ausschüsse des ISM

4.2.1. Informationssystem-Management und die Arbeit von Aus-
schüssen

Der Einsatz von Ausschüssen ist neben der Verlagerung von Verantwortungen an
Linienstellen des Fachbereichs der geeignetste Ansatz zur Integration des Fachbereichs in die Aufgaben des Informationssystem-Managements. Bild 4.2.1./1 stellt
die wesentlichen Vor- und Nachteile des Einsatzes von Ausschüssen dar [vgl.
Staehle 1985, S. 462].

Vorteile	Nachteile
• Vermeidung "einsamer", voreiliger Entscheidungen von Spezialisten	• hoher Arbeitsaufwand von teuren Fachkräften
• Trennung von Umsetzung und Kontrolle	• hoher Zeitbedarf zur Entscheidungsfindung
• Motivation durch Partizipation	• Kompromissverhalten
• hohe Wissensrepräsentanz im Ausschuss	

Bild 4.2.1./1: Vor- und Nachteile der Ausschussorganisation

In einer empirischen Analyse über die *Zusammenarbeit* von Fachbereich und
Informatik in 127 Unternehmen kommt Nolan zu der eindeutigen Überzeugung,
dass der Einsatz von Ausschüssen, trotz negativem Image (Formalismus, Diskus-
sionsrunden ohne Entscheidungskompetenz), die einzig praktikable Form der
Zusammenarbeit in der Informatik ist [vgl. Nolan 1982]. Die Eignung von Ausschüssen speziell im ISM erscheint uns aufgrund der folgenden drei Argumente
gegeben:

Koordinationsfunktion in dezentralisierten Unternehmen

Der Trend zu mehr Dezentralisierung und Divisionalisierung steht dem Wunsch
nach mehr Integration und Koordination in der Informationsverarbeitung entge-

gen. Die Koordination zwischen den dezentralen Einheiten muss dabei eine dauerhafte Institution übernehmen, welche die Umsetzung von Entscheidungen in den dezentralen Einheiten unterstützen kann. Die Koordination kann nicht durch zentrale Abteilungen ohne direkte Linienkompetenz in den dezentralen Einheiten erfolgen. Die bereichsübergreifenden Fragen des Informationsmanagements müssen, um eine Umsetzung zu fördern, von Vertretern aller betroffenen dezentralen Einheiten ausdiskutiert und entschieden werden. Für diese Diskussion kommt aufgrund der organisatorischen Distanz der einzelnen Beteiligten nur die Organisationsform des Ausschusses in Frage.

Entscheidungsfunktion des Fachbereichsmanagements

Ein *Erfolgsfaktor* des Informationssystem-Managements ist die stärkere Einbindung des Fachbereichs. Für eine solche Einbindung ist die ständige Mitgliedschaft in einem Ausschuss die einzig bewährte Form der Beteiligung. Die Ausschussmitglieder sind in der Lage, aus den Interessen des von ihnen vertretenen Bereichs heraus die Entscheidungen zu treffen und Anträge aus ihrem Bereich heraus zu formulieren. Andere Konzepte wie z. B. die rotierende Besetzung des Leiters des (zentralen) IS-Bereichs erscheinen uns zur Einbindung des Fachbereichs nicht geeignet, da diese Position einerseits eine kontinuierliche Arbeit erfordert und andererseits die Koordinationsfunktion zwischen den einzelnen autonomen Einheiten des Unternehmens nur unzureichend gelöst wird [vgl. zur Diskussion der Rolle des "CIO-Chief Information Officer" Benjamin/Dickenson/Rockart 1986].

Kontrollfunktion durch Benutzer

Ein verbreitetes Image der Abteilungen für Informationsverarbeitung in den Unternehmen baut auf der Meinung auf, dass diese Abteilungen in erster Linie von Spezialisten besetzt sind, die weder das Geschäft verstehen noch die Unterstützung des Geschäfts als oberste Zielsetzung des Einsatzes der Informationstechnik sehen. Um diesem Image vorzubeugen, muss der Fachbereich aktiv an der Kontrolle des Informationssystem-Managements teilhaben. Diese Kontrolle gibt den Vertretern des Fachbereichs einmal einen Einblick in die tatsächliche

Arbeit der spezialisierten Abteilungen, und zusätzlich werden wichtige Impulse für die weitere Entwicklung der Informationsverarbeitung gegeben.

Die Arbeit der Ausschüsse hängt dabei jedoch von einigen *Erfolgsfaktoren* ab. Diese vermeiden verbreitete Nachteile der Ausschussarbeit und garantieren eine effiziente Arbeitsform der Ausschüsse [vgl. Bild 4.2.1./2].

Die *Anzahl der Mitglieder* in den Ausschüssen sollte maximal 10 bis 15 Personen betragen. Nur in kleinen Gruppen ist eine hohe Identifikation mit den Zielen des Ausschusses und eine intensive Diskussion möglich.

Die *stabile Mitgliedschaft* ist Voraussetzung für die kontinuierliche Arbeit. Ein Ausschuss arbeitet erst dann effizient, wenn die Mitglieder einander gut kennen, eine gemeinsame Sprache haben und die Probleme über mehrere Sitzungen verteilt besprochen werden können, ohne jeweils von vorne anfangen zu müssen. Zur stabilen Mitgliedschaft tritt die Notwendigkeit einer vom gesamten Ausschuss getragenen stabilen Vertreterregelung.

- Klare Aufgabenstellung und Kompetenzzuordnung

- Geringe Anzahl der Mitglieder

- Stabile Mitgliedschaft

- Entscheidungsbefugnis der Mitglieder

- Effiziente Vorbereitung und Nachbereitung

- Kurze Sitzungen

- Angemessene Tagungsfrequenz

- Adressatengerechte Präsentations- und Moderationstechniken

Bild 4.2.1./2: Erfolgsfaktoren der Ausschussarbeit

Die effiziente Vorbereitung und Nachbereitung schliesst die Bestimmung eines ständigen Ausschuss-Sekretärs, die frühzeitige Versendung und Bearbeitung der Vorbereitungsmaterialien, die klare Definition von Entscheidungsaufgaben (Anträge) und die inhaltliche (möglichst unformalistische) Dokumentation der Sitzungen ein. Die Sitzungen von Ausschüssen sollten nur in Ausnahmefällen einen halben Arbeitstag (ca. 3 Stunden) überschreiten. Die *Tagungsfrequenz* ist idealerweise quartals- oder halbjährlich. Eine Sitzungsfrequenz von vier Wochen sollte auf keinen Fall unterschritten werden.

4.2.2. Ausschüsse des SG ISM

Für die Arbeit im Informationssystem-Management erscheint der Arbeitsgruppe UISA die Bildung von drei Ausschusstypen sinnvoll: ein bereichsübergreifend tätiger "zentraler IS-Ausschuss", ein "dezentraler IS-Ausschuss" für jede dezentrale Einheit des Unternehmens und der traditionelle "Projektausschuss" zur Steuerung der Projektarbeit einzelner IS-Projekte [vgl. Punkt 2.5.3.].

Zentraler IS-Ausschuss

Ziele des Ausschusses

Der zentrale IS-Ausschuss entscheidet über unternehmens-weite, langfristige Fragen des Informationssystem-Managements.

Funktionen des Ausschusses

IS-Konzept
Diskussion des vorgeschlagenen IS-Konzepts
  Beurteilung der Ordnungsmässigkeit des IS-Konzepts
  Beurteilung des IS-Konzepts aus Sicht des vom Mitglied vertretenen Bereichs
  Beurteilung des geschäftlichen Nutzens von Standards im IS-Konzept
  Entscheidung über Änderungsaufträge an den zentralen IS-Bereich
Verabschiedung des IS-Konzepts
  Festlegung der Gültigkeit des IS-Konzepts (betroffene Bereiche des Unternehmens)
  Verabschiedung von langfristigen Eckdaten für die Personal- und Finanzplanung des IS-Bereichs
Kontrolle der Umsetzung des IS-Konzepts
  Beurteilung des Statusberichts des IS-Leiters
  Beurteilung der Umsetzung in dem vom Mitglied vertretenen Bereich
  Entscheidung über Massnahmen zur Verbesserung der Umsetzung oder Änderungen am IS-Konzept

Architektur
Bewertung von vorgeschlagenen Integrationsbereichen
  Beurteilung aus Sicht des vom Ausschussmitglied vertretenen Bereichs
  Bewertung des geschäftlichen Nutzens des Integrationsbereichs
  Entscheidung über Änderungen an den vorgeschlagenen Integrationsbereichen
Verabschiedung von Integrationsbereichen
  Abgrenzung des Integrationsbereichs (betroffene Geschäftsfunktionen)
  Abgrenzung des Integrationsbereichs (betroffene Teile des Unternehmens)
  Benennung eines Verantwortlichen für die Umsetzung des Integrationsbereichs aus dem Fachbereich
  Entscheidung über die Herkunft der Ressourcen zur Realisierung des Integrations-bereichs
  Einsatz eines Projektausschusses für den Integrationsbereich

Organisation
Beurteilung von Vorschlägen zur (globalen) Umstrukturierung des Unternehmens aus informationsverarbeitender Sicht

Einsatz/Auflösung des Ausschusses

Der zentrale IS-Ausschuss ist ein ständiges Gremium. Zur Vertiefung spezieller Probleme können Arbeitsgruppen eingesetzt werden. Die Arbeitsgruppe UISA schlägt z. B. vor, eine ständige Arbeitsgruppe der IS-Leiter einzurichten.

Dokumente des Ausschusses

Input	Output
Vorschlag zum IS-Konzept Vorschlag zu Integrationsbereichen Statusbericht zur Umsetzung des IS-Konzepts Kurzberichte der dezentralen IS-Ausschüsse zur Umsetzung des IS-Konzepts im dezentralen Bereich	Änderungsaufträge zum IS-Konzept an den zentralen IS-Bereich Verabschiedetes IS-Konzept Massnahmen zur besseren Umsetzung des IS-Konzepts Änderungsaufträge zu vorge-schlagenen Integrationsbereichen Aufträge zur Realisierung von Inte-grationsbereichen

Besetzung des Ausschusses

Vorsitz	Mitgliedschaft
Mitglied der obersten Unternehmens-leitung (Fachbereichsvertreter)	Vertreter aller dezentralen Einheiten (jeweils der Leiter der dezentralen Einheit oder der Leiter des dezen-tralen IS-Ausschusses) Leiter des zentralen IS-Bereichs Leiter des dezentralen IS-Bereichs Leiter des zentralen ISM-Stabs (Sekretär) Leiter des zentralen IS-Controllings

Tagungsrhythmus des Ausschusses

Der zentrale IS-Ausschuss tagt zweimal jährlich.

Sekretariat des Ausschusses

Der zentrale ISM-Stab betreibt das Sekretariat des zentralen IS-Ausschusses.

Dezentraler IS-Ausschuss

Ziele des Ausschusses

Der dezentrale IS-Ausschuss entscheidet über die Architektur sowie über die Ressourcenverwendung des dezentralen IS-Bereichs

Funktionen des Ausschusses

IS-Konzept
Umsetzung und Beurteilung des IS-Konzepts
  Abgabe eines Kurzberichts an den zentralen IS-Ausschuss über die Umsetzung
  Anwendung des IS-Konzepts in der dezentralen Einheit
  Entwicklung von Änderungsanträgen zum IS-Konzept

Architektur
Beurteilung von Integrationsbereichen, die den dezentralen Unternehmensbereich betreffen
Verabschiedung der Informationssystem-Architektur
  Beurteilung der vom IS-Bereich vorgelegten IS-Architektur (Kosten, Nutzen, Risiko)
Beurteilung von Projektideen zur Umsetzung der IS-Architektur
  Beurteilung der organisatorischen Auswirkungen, Kosten/Nutzen, Risiko
  Entwicklung von Prioritäten für Projektideen
  Beurteilung von Machbarkeitsstudien für diese Projektideen
  Verabschiedung der Projektreihenfolge zur Umsetzung der IS-Architektur
Kontrolle der Umsetzung der Architektur
  jährlicher Statusbericht des dezentralen IS-Bereichsleiters zur Umsetzung
  Entwicklung von Massnahmen zur Verbesserung der Umsetzung
  Verabschiedung von Änderungen an der Architektur

IS-Projektportfolio
Kontrolle der Auswahl von IS-Anträgen
Projektbewertung auf der Basis von Machbarkeitsstudien
Entscheidung über die Ressourcenverwendung im IS-Bereich
  Bereitstellung von Ressourcen (Finanzen/Personal) für den IS-Bereich
  Bestimmung des Verhältnisses von Änderung/Wartung zu Neuentwicklung
  Entwicklung von Prioritäten für beabsichtigte Projekte (unternehmerische Reihenfolge)
  Entscheidung über die Reihenfolge der Projekte unter Abgleich der Ressourcen (Verabschiedung IS-Entwicklungsplan)
  Projektfreigabe (Finanzmittelfreigabe, Einsatz Projektausschuss, Bestimmung Projektleiter)

Kontrolle des IS-Projektportfolios
Terminkontrolle und Kosten-/Nutzenkontrolle zu festgelegten Zeitpunkten
Verabschiedung von Massnahmen zur Verbesserung der Zielerreichung
Projektabschlusskontrolle

IS-Betreuung
Bereitstellung von Ressourcen für IS-Schulung
Kontrolle des Änderungsmanagements
Kontrolle der IS-Monitoring Ergebnisse

Einsatz/Auflösung des Ausschusses

Der dezentrale IS-Ausschuss ist ein ständiges Gremium jedes dezentralen Bereichs des Unternehmens. Zur Vertiefung spezieller Probleme können Arbeitsgruppen eingesetzt werden.

Dokumente des Ausschusses

Input	Output
IS-Konzept Verabschiedete Integrationsbereiche vom zentralen IS-Ausschuss Vorschlag zur IS-Architektur Vorschlag zur Umsetzung der IS-Architektur (Projektideen) Machbarkeitsstudien zu Projekten Statusbericht zur Umsetzung der IS-Architektur und des IS-Entwicklungsplans	Kurzbericht zur Umsetzung des IS-Konzepts Änderungsaufträge zur IS-Architektur verabschiedete IS-Architektur Projektaufträge Massnahmen zur besseren Umsetzung der IS-Architektur Ressourcenentscheide im dezentralen IS-Bereich

Besetzung des Ausschusses

Vorsitz	Mitgliedschaft
Mitglied der Leitung der dezentralen Einheit (Fachbereichsvertreter, wenn möglich der Vertreter des dezentralen Bereichs im unternehmensweiten IS-Ausschuss)	Vertreter aller Abteilungen des dezentralen Bereichs (jeweils der Leiter der Abteilung oder ein Spezialist aus Planungsabteilungen) Leiter des dezentralen IS-Bereichs Leiter des dezentralen ISM-Stabs Leiter des dezentralen IS-Controllings Leiter des zentralen IS-Bereichs (als Beobachter)

Tagungsrhythmus des Ausschusses

Der dezentrale IS-Ausschuss tagt mindestens zweimal jährlich.

Sekretariat des Ausschusses

Der dezentrale ISM-Stab betreibt das Sekretariat des dezentralen IS-Ausschusses.

Projektausschuss

Ziele des Ausschusses

Der Projektausschuss entscheidet über projektspezifische Fragen und kontrolliert die planmässige Realisierung des Projekts.

Funktionen des Ausschusses

IS-Konzept
Kontrolle der Umsetzung des IS-Konzepts
  Beurteilung der Statusberichte des Projektleiters im Hinblick auf die Einhaltung des IS-Konzepts (mit Vorbereitung durch den dezentralen ISM-Stab)
  Kontaktaufnahme mit dem zentralen IS-Ausschuss bei Problemen mit der Einhaltung des IS-Konzepts

Architektur
Kontrolle der IS-Architektur und Organisation
  Beurteilung der Statusberichte des Projektleiters im Hinblick auf die Einhaltung der IS-Architektur (mit Vorbereitung durch die dezentrale Architektur-Entwicklung)
  Verabschiedung von Massnahmen zur Verbesserung der Umsetzung der IS-Architektur und Organisation
  Formulierung von Änderungsanträgen zur IS-Architektur an den dezentralen IS-Ausschuss

IS-Projekt
  Verabschiedung der Projektplanung
  Inhaltliche Kontrolle der Phasenabschlussberichte (geschäftliche Sicht, Review)
  Kontrolle der Einhaltung der Projektplanung (Termine, Kosten, Nutzen)
  Konfliktlösung in der Projektarbeit
  Entwicklung von Massnahmen zur besseren Umsetzung der Projektplanung
  Projektabschluss

Einsatz/Auflösung des Ausschusses

Der Projektausschuss ist ein projektspezifisches Gremium und wird vom dezentralen IS-Ausschuss eingesetzt. Der Projektausschuss beendet seine Tätigkeit mit der Abnahme des Projektabschlusses durch den dezentralen IS-Ausschuss.

Dokumente des Ausschusses

Input	Output
Machbarkeitsstudie mit Projektauftrag zum Projekt Gültiges IS-Konzept Gültige IS-Architektur Phasenabschlussberichte Statusberichte der Projektleiter Anträge des Projektteams	Änderungsanträge zur IS-Architektur Massnahmen zur besseren Umsetzung der Projektplanung Ressourcenentscheide im Projektablauf Projektabschlussbericht Entscheidung über die Anträge des Projektteams

Besetzung des Ausschusses

Vorsitz	Mitgliedschaft
Mitglied der Leitung des am stärksten vom Projekt betroffenen Unternehmensteils	Vertreter aller betroffenen organisatorischen Einheiten Projektleiter des Projekts Dezentraler IS-Leiter Leiter Architektur-Entwicklung

Tagungsrhythmus des Ausschusses

Der Projektausschuss tagt mindestens alle drei Monate.

Sekretariat des Ausschusses

Das Sekretariat des Projektausschusses führt der Projektleiter oder der ISM-Stab

5. Einführung des St. Galler ISM

Das St. Galler Informationssystem-Management ist ein in sich geschlossenes Modell mit idealtypischem Charakter. Es muss in einem *Projekt* an die konkrete Situation eines Unternehmens angepasst und eingeführt werden. Dies bedeutet in erster Linie, einen Prozess der *Organisations- und Personalentwicklung* auszulösen, der das bestehende Informationssystem-Management in Richtung auf das St. Galler Informationssystem-Management weiterentwickelt. Dieser Prozess erfordert:

• Identifikation und Überwindung von Umsetzungsbarrieren

• systematische Einführung

• umfangreiche Schulung, Motivation und Information der Beteiligten als integralen Bestandteil des Vorgehens

Im Sinne eines *Überblicks* über die Einführung des SG ISM in einem Unternehmen gehen wir im folgenden auf diese drei Punkte ein.

5.1. Umsetzungsbarrieren

Diskussionen mit den Unternehmen, die in der Arbeitsgruppe UISA vertreten sind, und erste Erfahrungen bei der Umsetzung in diesen Unternehmen zeigen, dass die Einführung des SG ISM in Unternehmen auf Umsetzungsbarrieren stösst bzw. stossen wird. Bild 5.1./1 zeigt die wesentlichen Umsetzungsbarrieren.

Von besonderer Bedeutung für eine erfolgreiche Einführung des SG ISM ist eine intensive *Zusammenarbeit* zwischen IS- und Fachbereich [vgl. Rockart 1982]. Eine Analyse der Probleme der Kooperation zwischen Benutzern und Informatikern führt zu den in Bild 5.1./2 aufgeführten Problemen.

• Das Verständnis der Unternehmensleitung und des Fachbereichs für Fragestellungen des Informationssystem-Managements ist nicht gross.

• In der Informatik fehlt häufig die Bereitschaft zur intensiven Einbindung des
  Fachbereichs wegen des damit verbundenen Verlustes von Entscheidungs-
  kompetenzen.

• Manche Führungskräfte haben Angst vor Transparenz, insbesondere bei der
  Verteilung von Ressourcen.

• Die Informationsverarbeitung wird bisher zu wenig als Integrationsmechanismus über die organisatorischen Grenzen hinweg erkannt und eingesetzt.

• Mitarbeiter für das ISM sind nur schwer zu finden.

Bild 5.1./1 Umsetzungsbarrieren

• Die Beurteilung von Vorhaben ist unmöglich, da die Nutzenpotentiale aus
  dem Informatikbereich heraus für das Fachbereichsmanagement nicht erkennbar sind.

• Die Wünsche des Fachbereichs an das Informationssystem stuft der Informatikbereich als überzogen und undurchführbar ein.

• Der Fachbereich sieht in den Mitarbeitern des IS-Bereichs "Techniker", die
  das Geschäft nicht verstehen. Er hat kein Vertrauen in ihre Aussagen.

• Das Tagesgeschäft lässt keine Kapazitäten für die Beschäftigung mit Fragen
  des Informationssystems überig.

• Die Methoden der Systementwicklung sind für die Fachbereichsmitarbeiter
  unverständlich.

Bild 5.1./2: Probleme der Zusammenarbeit von Fach-und IS-Bereich

Ohne verbesserte Zusammenarbeit zwischen IS-Bereich und Fachbereichsmitarbeitern ist ein Informationssystem-Management nicht möglich. Basis einer erfolgreichen Kooperation ist gegenseitiges *Vertrauen*. Es wird geschaffen, wenn
beide Seiten gemeinsam das Managementsystem festlegen und beide eine gemeinsame Sprache sprechen.

5.2.   Systematische Einführung

Die Einführung des St. Galler Informationssystem-Managements ist ein Prozess
der *Organisationsentwicklung*, d. h. es handelt sich um einen bewusst gelenkten
organisatorischen Änderungsprozess, der von allen betroffenen Organisationsmit-
gliedern getragen wird und mit individuellen und sozialen Lernprozessen verbunden ist [vgl. Guserl/Hofmann 1976, S. 255]. In erster Linie gilt es Wege zu finden, die in Punkt 5.1. erwähnten Umsetzungsbarrieren zu überwinden und Vertrauen zwischen IS- und Fachbereich zu schaffen. Grundsätzlich geht es nicht
darum, ein "neues ISM" einzuführen, sondern das Bestehende zu verändern. Das
SG ISM stellt ein Ziel dieses Prozesses dar, dem man sich nähert. In Anlehnung
an die drei klassischen Stufen "Unfreezing", "Moving" und "Refreezing" der
Organisationsentwicklung gliedern wir den Prozess der Einführung des ISM in
vier Schritte. Sie sind in Bild 5.2./1 zusammen mit den parallel verlaufenden
Schritten "Schulung" und "Motivation/Information" dargestellt.

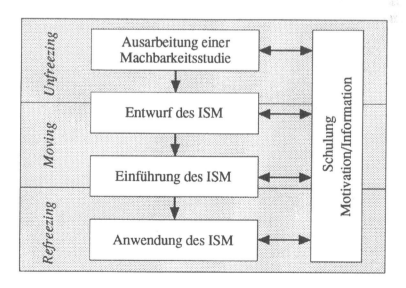

5.2./1: Vorgehen bei der Einführung des SG ISM

Ausarbeitung einer Machbarkeitsstudie

Mit einem Aufwand von maximal drei Mannmonaten stellt ein Team, das aus einem Projektleiter und je einem Vertreter des Fach- und IS-Bereichs besteht, das Ist-System des Informationssystem-Managements im eigenen Unternehmen dar und vergleicht es mit den Funktionen, Dokumenten und der Organisation im SG ISM. Neben der Aufgabenverteilung (Zentralisation/Dezentralisation, Informatik-/Fachbereich) untersucht das Team die Arbeit der vorhandenen Ausschüsse.

Nach der Abweichungsanalyse zwischen Ist-Situation und SG ISM stellt das Team dar, welche Differenzen auf unternehmensspezifischen Faktoren beruhen und welche Unterschiede Hinweise auf Defizite im bestehenden ISM geben.

Die Machbarkeitsstudie lässt sich dem Schritt "Unfreezing" der Organisationsentwicklung zuordnen. Bestehende Lösungen werden in Frage gestellt. Die Beteiligten erkennen, dass durch Veränderungen Verbesserungen erzielt werden können.

Die Machbarkeitsstudie zeigt, wie das bestehende ISM verbessert werden kann. Der Nutzen, der aus dem Prozess der Organisationsentwicklung resultiert, ist konkret darzustellen. Die Machbarkeitsstudie liefert die Grundlage für die Entscheidung, ob das SG ISM eingeführt wird.

Entwurf des ISM

Der Schritt Entwurf des ISM führt zu einem ISM-Handbuch. Es wird auf der Grundlage des SG ISM erstellt und ist auf die Bedürfnisse eines konkreten Unternehmens angepasst. Bild 5.2./2 zeigt die wichtigsten Inhalte des Handbuchs.

- Unternehmensspezifische Ziele des Informationssystem-Managements
- Ausschüsse (Aufgaben und Besetzung)
- Aufbauorganisation des ISM (Aufgaben und Besetzung der Stellen)
- Dokumente des ISM (Vorgaben für Formulare, Berichte etc.)
- Zeitablauf des ISM
- Plan für die Einführung des ISM
- Vorgehen bei der Schulung des ISM

Bild 5.2./2: Minimale Inhalte eines ISM Handbuchs

Im Sinne der Schritte der Organisationsentwicklung findet während des Entwurfs des zukünftigen ISM der Übergang vom Schritt "Unfreezing" zum Schritt "Move" statt. Allmählich sind die Beteiligten in der Lage nicht mehr nur den Ist-Zustand zu kritisieren, sondern neue Lösungen zu konzipieren.

Einführung und Anwendung des ISM

Ist das zukünftige ISM entworfen, wird es sukzessive umgesetzt. Dies bedeutet, dass gemäss dem Einführungsplan reorganisiert wird, nach den neuen Abläufen vorgegangen wird, die vorgesehenen Dokumente erstellt werden und die Ausschüsse ihre Arbeit aufnehmen. Im Sinne interner Berater unterstützt das Projektteam ("Change Agents") Fach- und IS-Bereiche bei der Einführung des ISM. Es gilt die entstandene Dynamik der Veränderung zu kontrollieren und zu stabilisieren ("Refreezing"). Von entscheidender Bedeutung ist in dieser Phase des Projekts die Schulung.

Insgesamt sollte die Einführung des ISM spätestens zwei Jahre nach Beginn der Ausarbeitung der Machbarkeitsstudie abgeschlossen sein. Ein Jahr nach Abschluss der Einführung des ISM empfehlen wir den durch die Reorganisationen erreichten Nutzen des ISM zu kontrollieren.

Motivation/Information

Die betroffenen Mitarbeiter in der Informatik und im Fachbereich sind frühzeitig auf die Veränderungen und ihre neuen Aufgaben vorzubereiten. Neben den Schulungsmassnahmen ist eine frühzeitige und kontinuierliche Information aller Beteiligten vorzusehen. Motivation und Information ist als paralleler Prozess während der gesamten Einführung des ISM zu sehen.

Schulung

Schulung des ISM ist die Grundlage für eine erfolgreiche Einführung. Bild 5.2./3 zeigt Zielgruppen und Inhalte der Schulungsmassnahmen im Rahmen der Einführung des ISM.

	Unternehmens-leitung, Fachbereichs-management	Fachbereichsmit-arbeiter, Projektleiter	Mitarbeiter des IS-Bereichs
Schu-lungs-ziele	Kosten und Nutzen des ISM verstehen Systematik des ISM verstehen und evtl. anwenden Mitarbeit des Fachbereichs Anpassung des ISM an das eigene Unternehmen Prinzipien und Methoden der Projektsteuerung kennen Eigenes IS kennen	Konzepte des ISM anwenden Beteiligung des Fach-bereichs verstehen Projektmanagement anwenden Methoden der finanziellen Führung anwenden und verstehen Umsetzung organi-satorischer Bestandteile der Organisation	Zielsetzung und Nutzen von Architekturen verstehen Methoden der Architektur-entwicklung Pflege der Architektur und Umsetzungsbestandteile
Bestand-teile des SG ISM, die geschult werden	Konzepte des ISM IS-Konzept Integrationsbereiche (grob) IS-Architektur (grob) IS-Projektportfolio	Konzepte des ISM IS-Konzept Integrationsbereiche IS-Architektur des eigenen Bereichs IS-Projekt	Integrationsbereiche IS-Architektur IS-Projekt IS-Betreuung
Schu-lungs-mittel	1-2 tägige Workshops als Bestandteil der Führungs-kräfteausbildung	1-tägige ISM-Schulung 1-tägige Vorstellung des IS-Konzepts und der Architektur Einbau des ISM in die Projektleiterschulung	Schulung in Organisation, Datenmanagement und Funktionsmanagement Spezielle Kurse für die Pflege der Architekturen

Bild 5.2./3: Zielgruppen und Inhalte der ISM-Schulung

Ziel ist es, die geplanten Veränderungen der Organisation mit *eigenen Mitarbeitern* durchzuführen. Durch die Ausbildung sind sie in der Lage, den Prozess zu gestalten und auf der anderen Seite nach Abschluss des Projekts das Management des Informationssystems zu betreiben.

Die ersten Schulungsmassnahmen laufen im Rahmen des Einführungsprojekts für das ISM. Ist das neue ISM eingeführt, wird die ISM-Schulung zu einem ständigen Bestandteil der IS-Schulung [vgl. Punkt 3.5.2.2./1].

Glossar

Das Glossar enthält wesentliche Begriffe des St. Galler Informationssystem-Managements [vgl. zu den Begriffen auch Lehmann-Kahler 1990].

Änderung

Änderungen sind Weiterentwicklungen, Anpassungen, Wartungen oder kleine Funktionserweiterungen an bestehenden Applikationen, deren Aufwand voraussichtlich zwei Mannmonate nicht überschreitet. Ursachen für Änderungen sind beispielsweise: Änderungen der gesetzlichen Grundlage der Applikation, neue Benutzerwünsche, Änderungen aufgrund eines Wechsels der technischen Infrastruktur der Applikation und festgestellte Fehler oder Mängel. [Vgl. Punkt 3.5.1.]

Applikation

Eine Applikation ist eine Zusammenfassung von Programmen (Software), die als Gesamtheit auf einem Rechner implementiert ist oder implementiert werden soll. Eine Applikation kann zugekaufte Standardanwendungs-Software oder Eigenentwicklung sein. Applikationen unterstützen Geschäftsfunktionen. Applikationen greifen auf logische Datenbanken zu. [Vgl. Punkt 3.2.3.3.2.]

Bottom-Up

"Bottom-Up" ist eine Vorgehensweise zur Entwicklung von Plänen und Modellen. Das "Bottom-Up" Verfahren sammelt Einzelelemente von Plänen und Modellen und fügt diese zu einem Plan/Modell ("von unten nach oben") zusammen. Die Sammlung einzelner Geschäftsobjekte von Formularen und Dokumenten zur Entwicklung eines Modells der Informationsverarbeitung ist ein Beispiel für ein "Bottom-Up" Verfahren. Die eigenständige Entwicklung von Teilplänen in dezentralen Unternehmensbereichen mit einer anschliessenden Zusammenfassung und Konsolidierung auf zentraler Ebene wird ebenfalls als "Bottom-Up" Verfahren bezeichnet. [Vgl. Punkt 3.3.3.1.]

Datenbank, logische

Eine logische Datenbank ist eine Zusammenfassung von Entitätstypen, die unter Berücksichtigung ihrer Speicherung, Entstehung, Verarbeitung und Verwendung durch Geschäftsfunktionen gruppiert werden. Logische Datenbanken stellen Teilsichten auf das konzeptionelle Datenmodell dar und ermöglichen dadurch die getrennte Betrachtung und Adressierung von bestimmten Teilen aus dem Datenmodell. Die Festlegung von logischen Datenbanken berücksichtigt die Verteilung der Daten auf zentrale und dezentrale Stellen des Unternehmens. Applikationen greifen auf logische Datenbanken zu. [Vgl. Punkt 3.2.3.3.3.]

Datenmodell, konzeptionelles

Ein konzeptionelles Datenmodell zeigt die Beziehungen zwischen Entitätstypen auf. Beziehungen zwischen Entitätstypen werden durch die Festlegung von Beziehungstypen klassifiziert. Der Beziehungstyp gibt an, wieviele Entitäten eines Entitätstyps einer Entität eines anderen Entitätstyps zugeordnet werden können. Konzeptionelle Datenmodelle beschränken sich auf die Darstellung von Entitätstypen, die eine Relevanz für das Geschäft haben (z. B. "Kunde", "Auftrag", "Produkt"). Konzeptionelle Datenmodelle müssen nicht in dritter Normalform vorliegen. [Vgl. Punkt 3.2.3.3.3.]

Dokument

Dokumente sind Schriftstücke, die für das Informationsmanagement relevant sind. Es kann sich sowohl um manuell als auch um maschinell erstellte Dokumente handeln. Dokumente können hierarchisch aus anderen Dokumenten zusammengesetzt sein.

Entitätstyp

Ein Entitätstyp beschreibt einen Typ von Objekten, die gleiche Eigenschaften besitzen. Die Objekte "Kunde Meier", "Kunde Müller" und "Kunde Schmitz" können beispielsweise durch die Eigenschaften "Adresse" oder "Geburtsdatum" beschrieben werden. Der Entitätstyp "Kunde" fasst die drei Objekte zusammen. [Vgl. Punkt 3.2.3.3.3.]

Erfolgsfaktor, kritischer

Ein kritischer Erfolgsfaktor beschreibt eine Eigenschaft oder Fähigkeit eines Unternehmens, welche die Wettbewerbsfähigkeit des Unternehmens massgeblich beeinflusst. Beispiele für Erfolgsfaktoren sind z. B. die

Kostenstruktur, die Händlertreue, die Innovationskraft der Forschung und
Entwicklung etc. Welche Erfolgsfaktoren für ein Unternehmen "kritisch"
sind, bestimmt die Wettbewerbssituation. Die Erfolgsfaktoren unterscheiden
sich deshalb von Branche zu Branche, von Land zu Land und auch von
Käuferschicht zu Käuferschicht.

Fachbereich

Das SG ISM bezeichnet alle organisatorischen Stellen eines Unternehmens,
die nicht der Stelle "Informatik" (EDV/Org) angehören, als Fachbereich.
Synonyme für "Fachbereich" sind "Benutzer" oder auch "Anwender". [Vgl.
Punkt 2.5.]

Fachlösung

Eine Fachlösung ist ein Konzept zur Gestaltung eines betrieblichen
Bereichs. Es umfasst organisatorische Stellen, Ablaufstrukturen, Applikationen, logische Datenbanken und Regeln zur Abwicklung einer Geschäftsfunktion. Die Bedienung eines Bankkunden mit einer elektronischen
Bankfiliale (ohne Personal) in einer Hochschule ist z. B. eine Fachlösung,
die die Zielgruppe "Studenten" anspricht, die eine Menge von Programmen
("Applikation") erfordert, die auf die zentrale Kundendatenbank der Bank
zugreifen muss und die von organisatorischen Regeln wie z. B.
Öffnungszeiten etc. betroffen ist.

Führung, fachliche

Fachliche Führung ist eine Form der Zusammenarbeit und Koordination in
dezentralen Unternehmen. Im Gegensatz zur disziplinarischen Führung
durch Vorgesetzte in der Linie beschränkt sich die fachliche Führung auf die
Vorschrift und Kontrolle von Inhalten. Die Führung in Personalfragen und
finanziellen Fragen (Budget) ist ausgeschlossen. [Vgl. Punkt 2.5.4.]

Führungskreislauf

Ein Managementsystem umfasst immer einen geschlossenen Führungskreislauf. Das SG ISM unterscheidet im Führungskreislauf die Planung,
Verabschiedung, Umsetzung und Kontrolle. Langfristige Führungskreisläufe (z. B. die Jahresplanung) konkretisieren sich in kurzfristigen Führungs-
kreisläufen (z. B. Projektplanung, Mitarbeitereinsatzplanung). [Vgl. Punkt
2.2.]

Funktion

Funktionen des SG ISM beinhalten eine Zielsetzung und Vorgehensvor-schriften. Funktionen des SG ISM verwenden und erzeugen Dokumente. Sie sind in einer inhaltlichen Hierarchie geordnet (Zusammenfassung zu Ebenen des SG ISM) und in einer zeitlichen Ablauffolge dargestellt. Die Funktionen des SG ISM bilden die Basis für die Entwicklung von Stellen-beschreibungen.

Geschäftsfeld

Geschäftsfelder sind Tätigkeitsgebiete eines Unternehmens, die sich aus be-stimmten Produkt-/Marktkombinationen ergeben. Das Unternehmen formu-liert pro Geschäftsfeld eine Geschäftsstrategie.

Geschäftsfunktion

Geschäftsfunktionen sind betriebliche Funktionen. Sie können hierarchisch verfeinert oder aggregiert werden (globale Geschäftsfunktionen). Sie stellen keine Detailabläufe oder Hilfsfunktionen oder Techniken dar. Geschäfts-funktionen sind unabhängig von der Organisationsstruktur und werden durch Applikationen unterstützt. [Vgl. Punkt 3.2.2.3.1. und 3.2.3.3.2.]

Geschäftsobjekt

Geschäftsobjekte sind reale und gedachte Gegenstände, mit denen sich ein Unternehmen beschäftigt und über die das Informationssystem Daten sammelt und verarbeitet. Beispiele für Geschäftsobjekte sind "Kunde", "Rechnung" und "Maschine". Den Geschäftsobjekten entsprechen im kon-zeptionellen Datenmodell die Entitätstypen. [Vgl. Punkt 3.2.3.3.3.]

Informatik-Dienste

Die Informatik-Dienste fassen in der Organisation des SG ISM die Tätigkeiten des Aufbaus und des Betriebs der für das Informationssystem notwendigen Ressourcen zusammen. Der Betrieb des Rechenzentrums fällt genauso unter die Informatik-Dienste wie etwa die Einrichtung eines Information Centers für die Bearbeitung von technischen Fragen der individuellen Datenverarbeitung oder die Rekrutierung des Personals der Informatik. [Vgl. Bild 2.5.3./1]

Informationssystem

Das Informationssystem des Unternehmens ist die Gesamtheit der Applika-tionen, Datenbanken und zugehörigen organisatorischen Regeln. Das Informationssystem dient der Aufnahme, Verarbeitung, Speicherung und Abgabe betrieblich relevanter Informationen.

Informationssystem-Management

Informationssystem-Management (ISM) ist Führung der Planung, Entwicklung, Implementierung und Weiterentwicklung des Informationssystems des Unternehmens. Informationssystem-Management umfasst je einen Führungskreislauf auf den fünf Ebenen: IS-Konzept (unternehmensweite Grundsätze und Standards), Architektur (Rahmenplan für die Entwicklung des Informationssystems), IS-Projektportfolio (Gesamtheit der IS-Projekte eines Bereichs), IS-Projekt und IS-Betreuung (Weiterentwicklung des Informationssystems).

Integrationsbereich

Ein Integrationsbereich ist eine Zusammenfassung mehrerer Geschäftsfunktionen, deren Informationsverarbeitung über die im Unternehmen vorhandenen organisatorischen Grenzen hinweg integriert werden soll. [Vgl. Punkt 3.2.2.]

IS-Architektur

Die Informationssystem-Architektur stellt einen Rahmenplan für die Entwicklung von Applikationen, Datenbanken und der Organisation des Unternehmens dar. Die IS-Architektur stellt Modelle und Standards der Funktionen, der Daten, der Organisation und der Kommunikation im Unternehmen zur Verfügung. Die IS-Architektur ist dynamisch. Sie passt sich den geschäftlichen Anforderungen an. [Vgl. Punkt 3.2.3.]

IS-Bereich

Der IS-Bereich eines Unternehmens oder eines Unternehmensbereichs ist für den Aufbau und Betrieb des Informationssystems verantwortlich. Der IS-Bereich umfasst die organisatorischen Stellen: ISM-Stab, IS-Controlling, Architektur-Entwicklung, IS-Entwicklung, IS-Schulung und IS-Benutzersupport. Die Aufgaben des ISM werden auf die Stellen des IS-Bereichs verteilt. [Vgl. Bild 2.5.3./1]

IS-Betreuung

IS-Betreuung ist eine Ebene des SG ISM. Die IS-Betreuung fasst die Funktionen des SG ISM zusammen, die nach der Einführung von Applikationen, Datenbanken und organisatorischen Lösungen relevant sind.

Es sind dies die Funktionen: Änderungsmanagement, IS-Schulung, Benutzersupport und IS-Monitoring. [Vgl. Punkt 3.5.]

IS-Controlling

IS-Controlling ist im SG ISM die finanzielle Führung des Informationssystem-Managements. Das IS-Controlling etabliert hierfür einen eigenen finanziellen Führungskreislauf, der die inhaltlichen Führungskreisläufe des SG ISM ergänzt. IS-Controlling umfasst neben der Erstellung und Verabschiedung finanzieller Planwerte die Ermittlung von Soll-Ist-Abweichungen und Abweichungsanalysen. Das IS-Controlling unterstützt das ISM weiterhin durch Investitionsrechnungen und die Entwicklung von Systemen zur Verrechnung der Leistungen des IS-Bereichs an den Fachbereich. [Vgl. Punkt 2.8.]

IS-Konzept

Das IS-Konzept bildet den Rahmen des Informationssystem-Managements. Es gibt Standards, Erfolgsfaktoren und Methoden für das Informationssystem-Management vor. Diese Vorgaben gelten für alle anderen Ebenen des ISM und für alle zentralen und dezentralen Bereiche des Unternehmens. [Vgl. Punkt 3.1.]

IS-Projekt

IS-Projekte sind temporäre Organisationen zur Entwicklung von Applikationen, Datenbanken und der Organisation. IS-Projekte werden aufgrund von Machbarkeitsstudien in Auftrag gegeben. IS-Projekte sind mit sieben oder weniger Mitarbeitern über einen Zeitraum von 18 Kalendermonaten zu bewältigen. Grössere Vorhaben spaltet das SG ISM in Einzelprojekte auf. [Vgl. Punkt 3.4.]

IS-Projektportfolio

Das IS-Projektportfolio ist die Gesamtheit der IS-Projekte eines Unternehmensbereichs. Der Fachbereich hat die Aufgabe, die Gesamtheit der IS-Projekte zu steuern, d. h. die Ziele und Auswirkungen der Projekte zu bewerten, Prioritäten zu setzen und Ressourcen für ihre Durchführung bereitzustellen. [Vgl. Punkt 3.3.]

Organisation

Die Organisation ist die Gesamtheit von Regeln, welche die Zusammenarbeit der einzelnen Mitarbeiter in einem Unternehmen festlegt. Die wichtigsten Regeln umfassen die Festlegung der Aufbauorganisation (Stellenbildung) und der Ablauforganisation. Die Organisation stellt, neben den Geschäftsfunktionen und den Daten, eine Sichtweise auf das Informationssystem des Unternehmens dar. Im Rahmen der IS-Architektur legt der Fachbereich die organisatorischen Regeln fest, nach denen das Geschäft in den nächsten Jahren abgewickelt werden soll. [Vgl. Punkt 2.3., 2.6.2.]

Rahmenprojekt

Ein Rahmenprojekt ist die Zusammenfassung von mehreren Einzelprojekten [Vgl. IS-Projekt]. Ein Rahmenprojekt entsteht durch die Aufspaltung eines IS-Antrags in kleinere Teilprojekte im Rahmen der Machbarkeitsstudie.

Top-Down

"Top-Down" ist eine Vorgehensweise zur Entwicklung von Plänen und Modellen, die von einem übergeordneten Ziel eines Modells oder Plans ausgeht und daraus ("von oben nach unten") Teilpläne oder Teilmodelle entwickelt. Die Vorgabe von finanziellen Rahmendaten aus der Unternehmensleitung an die dezentralen, budgetierenden Stellen des Unternehmens ist ein Beispiel für die "Top-Down" Vorgehensweise. [Vgl. Punkt 3.3.3.1.]

Unternehmenskonzept

Das Unternehmenskonzept ist die Gesamtheit der Ziele und Regeln zur Führung und Gestaltung des Gesamtunternehmens. Es bestimmt die Produkte, die Vertriebskanäle und die Märkte etc. des Unternehmens. Es legt sowohl die Organisation des Unternehmens auf oberster Unternehmensebene als auch die grundsätzliche Form der Aufgabenverteilung zwischen Zentrale und dezentralen Bereichen (Zentralisation/Dezentralisation) fest.

Walk Through

Walk Through ist eine Methode für die Prüfung von Dokumenten im Team. Die Teilnehmer des Walk Through gehen das zu prüfende Dokument gemeinsam durch und sammeln Kritik und Kommentare zu den Inhalten des Dokuments, ohne diese sofort zu diskutieren. Die Ergebnisse des Walk Through ermöglichen einen Überblick über die grössten Problempunkte des Dokuments und die Strukturierung der Diskussion einzelner Punkte.

Wartung

Wartung verwendet das SG ISM synonym mit dem Begriff "Änderung" [Vgl. Änderung].

Wertkette

    Die Wertkette ist ein Instrument zur Untersuchung der Aktivitäten eines Unternehmens. Sie gliedert die strategisch relevanten Tätigkeiten des Unternehmens entlang des Wertschöpfungsprozesses vom Bezug der Rohstoffe (Dienstleistungen) von Lieferanten bis zum Vertrieb und Service auf der Kundenseite. [Vgl. Punkt 2.4.]

Wertsystem

    Die Wertkette eines Unternehmens ist in ein grösseres Wertsystem eingebettet. Das Wertsystem umfasst die Wertketten von Lieferanten, Kunden und sonstigen Marktpartnern. Die Untersuchung des Wertsystems ermöglicht die Identifikation von zwischenbetrieblichen Integrationspotentialen. [Vgl. Punkt 2.4.]

Literaturverzeichnis

[Atkinson/Montgomery 1990]
  Atkinson, R.A., Montgomery, J., Reshaping IS Strategic Planning, in:
  Journal of Information Systems Management, Jg. 7, 1990, Heft 4, S. 9-
  17

[Bauknecht/Hanker 1988]
  Bauknecht, K., Hanker, J., Informatik-Migrationsstrategie: Substanzer-
  haltung oder Neubau? in: Österle, H., (Hrsg.), Anleitung zu einer praxis-
  orientierten Software-Entwicklungsumgebung, Bd. 1, Erfolgsfaktoren
  werkzeugunterstützter Software-Entwicklung, AIT Angewandte InformationsTechnik, Hallbergmoos 1988, S. 261-288

[Benjamin e. a. 1984]
  Benjamin, R.I., Rockart, J.F., Scott Morton, M.S., Wyman, J.,
  Information Technology: A Strategic Opportunity, in: Sloan Management
  Review, Jg. 25, 1984, Heft 3, S. 3-10

[Benjamin/Dickenson/Rockart 1986]
  Benjamin, R.I., Dickenson, C., Rockart, J.F., Changing Role of the
  Corporate Information Systems Officer, in: Information Management,
  Jg.1, 1986, Heft 1, S. 6-15

[Berenbaum/Lincoln 1990]
  Berenbaum, R., Lincoln, T.J., Integrating Information Systems With The
  Organisation, in: [Lincoln 1990], S. 1-25

[Bergeron/Buteau/Raymond 1990]
  Bergeron, F., Buteau, C., Raymond, L., Information Systems for Competitive Advantage: Applying and Comparing two Methodologies, Arbeitsbericht der Université de Québec, Doc. No. RIO No. 58, Québec 1990

[Bleicher 1990]
  Bleicher, K., Zukunftsperspektiven organisatorischer Entwicklung. Von
  strukturellen zu human-zentrierten Ansätzen, in: Zeitschrift Führung und
  Organisation (ZFO), Jg. 59, 1990, Heft 3, S. 152-161

[Brandes e. a. 1990]
  Brandes, W., Sommerlatte, T., Stringer, D., Zillessen, W., Leistungspro-
  zesse und Informationsstrukturen, in: Arthur D. Little (Hrsg.), Management der Hochleistungsorganisation, Gabler, Wiesbaden 1990, S. 43-56

[Brauchlin 1990]
  Brauchlin, E., Problemlösungs- und Entscheidungsmethodik. Eine Einführung, 3. Aufl., Haupt, Bern 1990

[Brenner/Hilbers/Österle 1990]
Brenner, W., Hilbers, K., Österle, H., "State of the Art" des Informationssystem-Mangements, Arbeitsbericht Nr. IM2000/CCIM2000/4, Institut für Wirtschaftsinformatik an der Hochschule St. Gallen, St.Gallen 1990

[Bryan 1990]
Bryan, E.F., Information Systems Investment Strategies, in: Journal of Information Systems Management, Jg. 7, 1990, Heft 4, S. 27-35

[Bullinger 1989]
Bullinger, H.-J., (Hrsg.), Integrationsmanagement: zukunftssichere Konzepte für eine praxisgerechte Büroplanung und Bürogestaltung, Reihe IAO Büroforum, FBO-Fachverlag für Büro und Organisationstechnik, Baden-Baden 1989

[Carlyle 1990]
Carlyle, R., The Tomorrow Organization, in: Datamation, Jg. 36, 1990, Heft 2, S. 29

[Curtice 1987]
Curtice, R.M., Strategic Value Analysis, Prentice Hall, Englewood Cliffs 1987

[Crosby 1986]
Crosby, P.R., Qualität ist machbar, McGraw-Hill, Hamburg 1986

[Daenzer 1988]
Daenzer, W.F., Systems Engineering, Leitfaden zur methodischen Durchführung umfangreicher Planungsvorhaben, 6. Aufl.,Hanstein, Köln 1988

[Delfmann 1989]
Delfmann, W., (Hrsg.), Der Integrationsgedanke in der Betriebswirtschaftslehre, Gabler, Wiesbaden 1989

[DeMarco 1982]
DeMarco, T., Controlling Software Projects, Yourdon Press, Englewood Cliffs 1982

[Devlin/Murphy 1988]
Devlin, B.A., Murphy, P.T., An Architecture for a Business and Information System, in: IBM Systems Journal, Jg. 27, 1988, Heft 1, S. 60-81

[Dickson/Wetherbe 1985]
Dickson, G.W., Wetherbe, J.C., The Management of Information Systems, McGrawhill, New York 1985

[Drenkard 1981]
Drenkard, N., Manuelle Überprüfung von Unterlagen. Erfahrungen bei der Anwendung des Verfahrens WALK THROUGH, in: BIFOA-Fachseminar Methoden, Verfahren und Werkzeuge des Testens im Software-Entwicklungsprozess, 25./26. Juni 1981, Köln 1981

[Droste 1986]
Droste, F.O.W., Die Kosten-Nutzen-Analyse von EDV-Projekten im Phasenkonzept, Diss., Würzburg 1986

[Earl 1990]
Earl, M.J., Approaches to Strategic Information Systems Planning; Experiences in Twenty-One United Kingdom Companies, in: Proceedings of the Eleventh International Conference on Information Systems (ICIS), Kopenhagen, ACM Baltimore 1990, S. 271-277

[Färberböck/Gutzwiller/Heym 1991]
Färberböck, H., Gutzwiller, Th., Heym, M., Ein Vergleich von Requirements Engineering Methoden auf Metamodell-Basis, in: Proceedings "Requirements Engineering '91", 10.-11. April 1991, Informatik-Fachberichte Nr. 273, Springer, Berlin 1991

[Fried 1988]
Fried, L., Developing a Corporate Information Policy, in: [Umbaugh 1988], S. 3-11

[Friedrichs 1973]
Friedrichs, J., Methoden empirischer Sozialforschung, Rowohlt, Hamburg 1973

[Galbraith 1973]
Galbraith, J., Designing Complex Organizations, Addison-Wesley, Reading 1973

[Galbraith/Kazanjian 1986]
Galbraith, J.R., Kazanjian, R.K., Strategy Implementation, Structure, Systems, and Process, 2. Aufl., West Publishing, St. Paul 1986

[Gallo 1988]
Gallo, Th. E., Strategic Information Management Planning, Prentice Hall, London 1988

[Gomez 1981]
Gomez, P., Modelle und Methoden des Systemorientierten Managements, Haupt, Bern 1981

[Goodhue e.a. 1992]
Goodhue, D., Kirsch, L., Quillard, J., Wybo, M., Strategic Data Planning: Lessons from the field, in: MIS Quarterly, Jg. 16, 1992, Heft 1, März 1992, S. 11-29

[Griese 1990]
Griese, J., Ziele und Aufgaben des Informationsmanagements, in: [Kurbel/Strunz 1990], S. 641-657

[Guserl/Hofmann 1976]
Guserl, R., Hofmann, M., Das Harzburger Modell - Idee und Wirklichkeit, 2. Aufl., Gabler, Wiesbaden 1976

[Gutzwiller/Österle 1988]
Gutzwiller, Th., Österle, H., (Hrsg.), Anleitung zu einer praxis-
orientierten Software-Entwicklungsumgebung, Band 2: Entwicklungssy-
steme und 4.-Generationssprachen, AIT Angewandte Informationstechnik,
Hallbergmoos 1988

[Gutzwiller/Österle 1989]
Gutzwiller, Th., Österle, H., Langfristige Entwicklungen im Bereich
Software-Entwicklungsmethoden und -werkzeuge, Arbeitsbericht Nr.
IM2000/CCRIM/1, Institut für Wirtschaftsinformatik an der Hochschule
St. Gallen, St. Gallen 1989

[Gutzwiller/Österle 1990a]
Gutzwiller, Th., Österle, H., Referenz-Meta-Modell Analyse, Arbeits-
bericht Nr. IM2000/CCRIM/2, Institut für Wirtschaftsinformatik an der
Hochschule St. Gallen, St. Gallen 1990

[Gutzwiller/Österle 1990b]
Gutzwiller, Th., Österle, H., Referenz-Meta-Modell Design, Arbeits-
bericht Nr. IM2000/CCRIM/5, Institut für Wirtschaftsinformatik an der
Hochschule St. Gallen, St. Gallen 1990

[Hanker 1990]
Hanker, J., Die strategische Bedeutung der Informatik für Organisationen,
Industrieökonomische Grundlagen des strategischen Informatikmanage-
ments, Teubner, Stuttgart 1990

[Hansel/Lomnitz 1987]
Hansel, J., Lomnitz, G., Projektleiter-Praxis, Springer, Berlin 1987

[Hansen/Riedl 1990]
Hansen, H.R., Riedl, R., Strategische langfristige Informationssystem-
Planung, in: [Kurbel/Strunz 1990], S. 659-682

[Heinrich/Burgholzer 1990]
Heinrich, L.J., Burgholzer, P., Informationsmanagement, Planung, Überwachung und Steuerung der Informationsinfrastruktur, 3. Aufl., Oldenbourg, München, Wien 1990

[Henderson 1990]
Henderson, J.C., Plugging into Strategic Partnerships: The Critical IS
Connection, in: Sloan Management Review, Jg. 31, 1990, Heft 3, S. 7-18

[Henderson/Venkatraman 1989]
Henderson, J.C., Venkatraman, N., Strategic Alignment: A Process
Model for Integrating Information Technology and Business Strategies,
CISR Working Paper No. 196, MIT, Cambridge 1989

[Hilbers 1989a]
Hilbers, K., Informationssystem-Architekturen: Zielsetzung, Bestandteile,

Erfolgsfaktoren, Arbeitsbericht Nr. IM2000/CC IM2000/1, Institut für Wirtschaftsinformatik an der Hochschule St. Galien, St. Gallen 1989

[Hilbers 1989b]
Hilbers, K., Referenzbeispiel Informationssystem-Architekturen, Arbeitsbericht Nr. IM2000/CC IM2000/1.1, Institut für Wirtschaftsinformatik an der Hochschule St. Gallen, St. Gallen 1989

[Hill/Fehlbaum/Ulrich 1981]
Hill, W., Fehlbaum, R., Ulrich, P., Organisationslehre, Bd. 1, 3. Aufl., Haupt, Bern 1981

[Hoch 1988]
Hoch, D., Strategische Planung und Controlling im Informationsmanagement, BIFOA-Seminar für Unternehmer und Führungskräfte, 24./25. November 1988, Köln 1988

[Horváth 1990]
Horváth, P., Controlling, 3. Aufl., Vahlen, München 1990

[I/S Analyzer 1990]
o.V., Taking an Objective Look at Outsourcing, in: I/S Analyzer, Jg. 28, 1990, Heft 8, S. 1-12

[IBM 1984]
IBM (Hrsg.), Business Systems Planning, Information Systems Planning Guide, IBM Form No. GE20-0527-4, 4. Aufl., Stuttgart 1984

[IBM 1988]
IBM (Hrsg.), ISM, Information Systems Management, Management der Informationsverarbeitung, Bd. 1-6, IBM Form No. GF12-1640-0 bis GF12-1645-0, Stuttgart 1988

[IFA 1988]
IFA, Institut für Automation AG, (Hrsg.), IFA PASS, Version 5.0, Zürich 1988

[Ives/Learmonth 1984]
Ives, B., Learmonth, G.P., The Information System as a Competitive Weapon, in: Communications of the ACM, Jg. 27, 1984., Heft 12, S. 1193-1201

[Johnston/Lawrence 1989]
Johnston, R., Lawrence, P.R., Vertikale Integration II, Wertschöpfungs-Partnerschaften leisten mehr, in: Harvard Manager, Jg. 11, 1989, Heft 1, S. 81-88

[Kay e. a. 1980]
Kay, R.H., Szyperski, N., Höring, K., Bartz, G., Strategic Planning of Information Systems at the Corporate Level, in: Information & Management, Jg. 3, 1980, Heft 5, S. 175-186

[Kemerer/Sosa 1990]
Kemerer, C.F., Sosa, G.L., Systems Development Risks in Strategic Information Systems, CISR (Center of Information Systems Research) Working Paper No. 206, MIT, Cambridge 1990

[Kerner 1979]
Kerner, D.V., Business Information Characterization Study, in: Database, Jg. 10, 1979, Heft 4, S. 10-17

[Klein 1990]
Klein, J., Vom Informationsmodell zum integrierten Informationssystem, in: Information Management, Jg. 5, 1990, Heft 2, S. 6-16

[Krcmar 1990a]
Krcmar, H., Bedeutung und Ziele von Informationssystem-Architekturen, in: Wirtschaftsinformatik, Jg.32, Heft 5, 1990, S. 395-402

[Krcmar 1990b]
Krcmar, H., Verbindung von Unternehmensstrategie und Informatikplan - Voraussetzung für erfolgreiches IS-Controlling, in: IDG (Hrsg.), Informationssysteme-Controlling, Methoden und Verfahren in der Anwendung, IDG-Communications Verlag AG, München 1990, S. 5-25

[Kromrey 1980]
Kromrey, H., Empirische Sozialforschung, Leske und Budrich, Opladen 1980

[Kruse 1987]
Kruse, H.F., Die Gestaltung und Durchführung der strategischen Informationssystem-Planung, Diss., Freiburg i.Ue. 1987

[Kühn/Kruse 1985]
Kühn, R., Kruse, H.F., Strategische Planung im EDV-Bereich. Eine Methodik zur Bestimmung des strategischen Applikationskonzeptes, in: Zeitschrift für Führung und Organisation (ZFO), Jg. 54, 1985, Heft 8, S. 455-462

[Kumpe/Bolwijn 1989]
Kumpe, T., Bolwijn, P.T., Vertikale Integration I: Ein altes Konzept macht wieder Sinn, in: Harvard Manager, Jg. 11, 1989, Heft 1, S. 73-80

[Kurbel/Strunz 1990]
Kurbel, K., Strunz, H., (Hrsg.), Handbuch Wirtschaftsinformatik, Poeschel, Stuttgart 1990

[Lawrence/Lorsch 1967]
Lawrence, P.R., Lorsch, J.W., Organization and Environment. Managing Differentation and Integration, Harvard Business School Press, Boston 1967

[Lehmann-Kahler 1990]
Lehmann-Kahler, M., Konzept für ein rechnergestütztes Dokumentationsmodell im Informationsmanagement, Diss., St. Gallen 1990

[Lehner 1989]
Lehner, F., Nutzung und Wartung von Software. Das Anwendungssy-
stem-Management, Hanser, München 1989

[Lincoln 1990]
Lincoln, T., (Hrsg.), Managing Information Systems for Profit, Wiley,
Chichester 1990

[Lock 1987]
Lock, D., (Hrsg.), Project Management Handbook, Gower, Aldershot
1987

[Lucas/Turner 1982]
Lucas, H.C., Turner, J.A., A Corporate Strategy for the Control of
Information Processing, in: Sloan Management Review, Jg. 23, 1982,
Heft 3, S. 25-36

[Lüthi e. a. 1990]
Lüthi, A., Kaufmann, T., Julmy, R., Schaller, T., Informatik-Einsatz in
Schweizer Betrieben, Institut für Automation und Operations Research,
Universität Freiburg i. Ue. 1990

[Madauss 1990]
Madauss, B., Handbuch Projektmanagement, 3. Aufl., Poeschel, Stuttgart
1990

[Martin 1982]
Martin, J., Strategic Data Planning Methodologies, Prentice Hall, Englewood Cliffs 1982

[Martiny/Klotz 1989]
Martiny, L., Klotz, M., Strategisches Informationsmanagement, Bedeutung und organisatorische Umsetzung, Oldenbourg, München 1989

[McFarlan 1981]
McFarlan, F.W., Portfolio approach to information systems, in: Harvard
Business Review, Jg. 59, 1981, Heft 5, S. 142-150

[McFarlan 1984]
McFarlan, F.W., Information Technology Changes The Way You
Compete, in: Harvard Business Review, Jg. 62 1984, Heft 3, S. 98-103

[McFarlan/McKenney/Pyburn 1983]
McFarlan, F.W., McKenney, J.L., Pyburn, P., The information archipe-
lago - plotting a course, in: Harvard Business Review, Jg. 61, 1983, Heft
1, S. 145-156

[Meador 1990]
Meador, J.G., Building a Business Information Model, in: Journal of Information Systems Management, Jg. 7, 1990, Heft 4, S. 42-47

[Meier 1989]
Meier, A., Datenmanagement: Herausforderung an das Management, in: IO Management Zeitschrift, Jg. 58, 1989, Heft 9, S. 67-69

[Mertens 1966]
Mertens, P., Die zwischenbetriebliche Kooperation und Integration bei der automatisierten Datenverarbeitung, Hain, Meisenheim 1966

[Mertens 1985]
Mertens, P., Aufbauorganisation der Datenverarbeitung, Gabler, Wiesbaden 1985

[Mertens/Plattfaut 1986]
Mertens, P., Plattfaut, E., Informationstechnik als strategische Waffe, in: Information Management, Jg. 1, Heft 2, 1986, S. 6-17

[Mertens/Schumann/Hohe 1989]
Mertens, P., Schumann, M., Hohe, U., Informationstechnik als Mittel zur Verbesserung der Wettbewerbsposition - Erkenntnisse aus einer Beispielsammlung, in: [Spremann/Zur 1989], S. 109-136

[Meyer-Piening 1987]
Meyer-Piening, A., Informationstechnologie: Was macht Unternehmen erfolgreich?, in: Informationsmanagement, Jg.2, 1987, Heft 2, S.17-26

[Moad 1989]
Moad, J., Son of SAA, in: Datamation, Jg. 35, 1989, Heft 11, S. 39-40

[Nagel 1989]
Nagel, K., Unternehmensstrategie und strategische Informationsverarbeitung, in: Computer Magazin Wissen, Sonderheft 101, 1989, Information & Management, S. 14-20

[Nagel 1990]
Nagel, K., Neue Zielrichtung der Informationsverarbeitung bedingen neue Ansätze der Nutzenbetrachtung, in: IDG (Hrsg.), Informationssysteme-Controlling. Methoden und Verfahren in der Anwendung, IDG-Communications, München 1990, S. 51-81

[Nicholas 1990]
Nicholas, J.M., Managing Business and Engineering Projects: Concepts and Implementation, Prentice Hall, London 1990

[Nolan 1979]
Nolan, R.L., Managing the Crises in Data Processing, in: Harvard Business Review, Jg. 57, 1979, Heft 2, S. 115-126

[Nolan 1982]
    Nolan, R.L., Managing Information Systems by Committee, in: Harvard
    Business Review, Jg. 60, 1982, Heft 4, S. 72-79

[Nolan/Mulryan 1987]
    Nolan, R.L., Mulryan, D.W., Undertaking an Architecture Program, in:
    Stage by Stage, Jg. 7, 1987, Heft 2, S.1-10

[Norton 1987]
    Norton, D. P., Strategic Vectors: Translating Visions into Action, in:
    Stage by Stage, Jg. 7, 1987, Heft 3, S. 1-8

[Noth/Kretzschmar 1986]
    Noth, Th., Kretzschmar, M., Aufwandsschätzung von DV-Projekten, 2.
    Aufl., Springer, Berlin 1986

[Olle e. a. 1988]
    Olle, T.W. u.a., Information Systems Methodologies: A Framework for
    Understanding, Addison -Wesley, Wokingham 1988

[Österle 1989a]
    Österle, H., Forschungsprogramm Informationsmanagement 2000: Kon-
    zeption und Kompetenzzentren, Arbeitsbericht Nr. IM2000/CCIM2000/2,
    Institut für Wirtschaftsinformatik an der Hochschule St. Gallen, St.Gallen
    1989

[Österle 1989b]
    Österle, H., Wettbewerbsfähigkeit durch Informationssystem-Architek-
    turen, Management Summary, Arbeitsbericht Nr. IM2000/CCIM2000/1.2,
    Institut für Wirtschaftsinformatik an der Hochschule St. Gallen, St.Gallen
    1989

[Österle 1990]
    Österle, H., Unternehmensstrategie und Standardsoftware: Schlüssel-
    entscheidungen für die 90er Jahre, in: Österle, H., (Hrsg.), Integrierte
    Standardsoftware: Entscheidungshilfen für den Einsatz von Softwarepake-
    ten, Bd. 1, AIT, Angewandte Informationstechnik, Hallbergmoos 1990,
    S. 11-36

[Österle/Brenner/Hilbers 1990]
    Österle, H., Brenner, W., Hilbers, K., Information Management 2000
    Research Program: The Implementation of Information Systems Archi-
    tectures, Arbeitsbericht Nr. IM2000/CCIM2000/6, Institut für Wirtschafts-
    informatik an der Hochschule St. Gallen, St. Gallen 1990

[Österle/Brenner/Hilbers 1991]
    Österle, H., Brenner, W., Hilbers, K., Forschungsprogramm IM2000:
    Umsetzung von Informationssystem-Architekturen, Arbeitsbericht Nr.
    IM2000/CCIM2000/7 Institut für Wirtschaftsinformatik an der Hochschule
    St. Gallen, St.Gallen 1991

[Pálffy 1991]
Pálffy, Th., Denormalisierung beim Datenbankentwurf, in: Information Management, Jg. 6, 1991, Heft 1, S. 48-55

[Parker/Trainor/Benson 1989]
Parker, M., Trainor, E., Benson, R., Information Strategy and Economics, Prentice Hall, Englewood Cliffs 1989

[Parsons 1983]
Parsons, G.L., Information Technology: A New Competitive Weapon, in: Sloan Management Review, Jg. 25, 1983, Heft 1, S. 3-14

[Pendleton 1982]
Pendleton, A.D., BMT - A Business Modeling Technology, in: Goldberg, R., Lorin, H., (Hrsg.), The Economics of Information Processing, Bd. 1, Management Perspectives, Wiley, New York 1982, S. 71-83

[Popper 1982]
Popper, K.R., Logik der Forschung, 7. Aufl., Mohr, Tübingen 1982

[Porter 1989]
Porter, M., Wettbewerbsvorteile, Campus, Frankfurt 1989

[Porter/Millar 1985]
Porter, M.E., Millar, V.E., How Information Gives You Competitive Advantage, in: Harvard Business Review, Jg. 63 1985, Heft 4, S. 149-160

[Pümpin 1982]
Pümpin, C., Management strategischer Erfolgspositionen - das SEP-Konzept als Grundlage wirkungsvoller Unternehmensführung, Haupt, Bern 1982

[QED 1989]
QED (Hrsg.), Information Systems Planning for Competitive Advantage, QED Information Science, Wellesley 1989

[Reiß 1990]
Reiß, H., Informationsmanagement und strategische Wertschöpfung - Neue Methoden der Nutzwertbeurteilung im Hause Hewlett Packard, in: IDG (Hrsg.), Informationssysteme-Controlling. Methoden und Verfahren in der Anwendung, IDG-Communications, München 1990, S. 209-230

[Reschke/Schelle/Schnopp 1989]
Reschke, H., Schelle, H., Schnopp, R., (Hrsg.), Handbuch Projekt Management, Band 1 und 2, TÜV Rheinland, Köln 1989

[Rockart 1979]
Rockart, J.F., Chief Executives Define Their Own Data Needs, in: Harvard Business Review, Jg. 57, 1979, Heft 2, S. 81-93

[Rockart 1982]
Rockart, J.F., The Changing Role of the Information Systems Executive: A Critical Success Factors Perspective, in: Sloan Management Review, Jg. 24, 1982, Heft 1, S. 3-13

[Rockart 1988]
Rockart, J.F., The Line Takes the Leadership - IS Management in a Wired Society, in: Sloan Management Review, Jg. 29, 1988, Heft 4, S. 57-64

[Rockart/Crescenzi 1984]
Rockart, J.F., Crescenzi, A.D., Engaging Top Management in Information Technology, in: Sloan Management Review, Jg. 25, 1984, Heft 4, S. 3-16

[Rockart/Short 1989]
Rockart, J.F., Short, J.E., IT in the 1990s: Managing Organizational Interdependence, in: Sloan Management Review, Jg. 30, 1989, Heft 2, S. 7-17

[Rockness/Zmud 1989]
Rockness, H.O., Zmud, R.W., Information Technology Management, Evolving Managerial Roles, Financial Executive Research Foundation, Morristown, New Jersey 1989

[Ruthekolck 1990]
Ruthekolck, Th., Informations-Controlling - Optionen der organisatorischen Gestaltung, in: Information Management, Jg. 5, 1990, Heft 3, S. 28-33

[Scheer 1988]
Scheer, A.-W., Wirtschaftsinformatik: Informationssysteme im Industriebetrieb, 2. Aufl., Springer, Berlin 1988

[Scheer 1990]
Scheer, A.-W., EDV-orientierte Betriebswirtschaftslehre, 4. Aufl., Springer, Heidelberg 1990

[Schierenbeck 1983]
Schierenbeck, H., Grundzüge der Betriebswirtschaftslehre, 7. Aufl., Oldenbourg, München 1983

[Schillinger 1983]
Schillinger, G., Die Metaplantechnik - eine Methode, mit der man strategische Pläne in die Tat umsetzt, in: IO Management-Zeitschrift, Jg. 52, 1983, Heft 11, S. 9-12

[Schwarze 1988]
Schwarze, J., Zum Berufsbild des Informations-Managers, in: Informationsmanagement, Jg. 3, 1988, Heft 1, S. 48-53

[Schwarze 1990]
Schwarze, J., Betriebswirtschaftliche Aufgaben und Bedeutung des Infor-

mationsmanagements, in: Wirtschaftsinformatik, Jg. 32, 1990, Heft 2, S. 104-115

[Scott Morton 1989]
Scott Morton, M.S., Introduction, in: MIT (Hrsg.), Management in the 1990s Research Program, Final Report, MIT, Cambridge 1989, S. 1-18

[Seibt 1990]
Seibt, D., Controlling des Lebenszyklus von DV-Anwendungen, in: BIFOA-Fachseminar DV-Controlling: Sicherung einer wirksamen und wirtschaftlichen Datenverarbeitung, 8./9. Februar 1990, Köln 1990

[Sharpiro 1987]
Sharpiro, B.P., Functional Integration: Getting all the Troops to Work Together, Harvard Business School (Hrsg.), Lecturers Note No. 9-587-122, 11/9/89, Boston 1987

[Simon/Davenport 1989]
Simon, J., Davenport, Th., Managing Information Technology: Organization and Leadership, Harvard Business School (Hrsg.), Lecturers Notes No. 9-189-130 bis 133, Boston 1989

[Spremann/Zur 1989]
Spremann, K., Zur, E., (Hrsg.), Informationstechnologie und strategische Führung, Gabler, Wiesbaden 1989

[Staehle 1985]
Staehle, W.H., Management: Eine verhaltenswissenschaftliche Einführung, 2. Aufl., Vahlen, München 1985

[Stalk/Hout 1990]
Stalk, G., Hout, Th., M., Competing Against Time. How Time-Based Competition is Reshaping Global Markets, Free Press, New York 1990

[SVD 1988]
Schweizerische Vereinigung für Datenverarbeitung, SVD (Hrsg.), Berufe der Wirtschaftsinformatik in der Schweiz, Verlag der Fachvereine (VDF) an den Schweizerischen Hochschulen und Techniken, Zürich 1988

[Swanson/Beath 1989]
Swanson, E.B., Beath, C.M., Maintaining Information Systems in Organizations, Wiley, Chichester 1989

[Trauth 1989]
Trauth, E.M., The Evolution of Information Resource Management, in: Information & Management, Jg. 16, 1989, Heft 5, S. 257-268

[Ulrich/Krieg 1974]
Ulrich, H., Krieg, W., St. Galler Management-Modell, 3. Aufl., Haupt, Bern 1974

[Ulrich 1984]
Ulrich, H., Management, Haupt, Bern 1984

[Umbaugh 1984]
Umbaugh, R.E., Defining A Corporate Information Policy, in: Journal of Information Systems Management, Jg. 1, 1984, Heft 1, S. 3-8

[Umbaugh 1988]
Umbaugh, R.E., (Hrsg.), Handbook of MIS Management, 2. Aufl., Auerbach Publishers, Boston 1988

[Vetter 1990]
Vetter, M., Informationssysteme in der Unternehmung, Eine Einführung in die Datenmodellierung und Anwendungsentwicklung, Teubner, Stuttgart 1990

[Ward/Griffiths/Whitmore 1990]
Ward, J., Griffiths, P., Whitmore, P., Strategic Planning for Information Systems, Wiley, Chichester 1990

[Wiseman 1985]
Wiseman, C., Strategy and Computers: Information Systems As Competitive Weapons, Dow Jones, Homewood 1985

[Wöhe 1990]
Wöhe, G., Einführung in die allgemeine Betriebswirtschaftslehre, 17. Aufl., Vahlen, München 1990

[Wunderer/Grunwald 1980]
Wunderer, R., Grunwald, W., Führungslehre, de Gruyter, Berlin 1980

[Zachman 1987]
Zachman, J.A., A Framework for Information Systems Architecture, in: IBM Systems Journal, Jg. 26, 1987, Heft 3, S. 276-292

[Zangenmeister 1976]
Zangenmeister, C., Nutzwertanalyse in der Systemtechnik, 4. Aufl., Wittemannsche Buchhandlung, München 1976

[Zehnder 1986]
Zehnder, C.A., Informatik-Projektentwicklung, 2. Aufl., Verlag der Fachvereine (VDF) an den Schweizerischen Hochschulen und Techniken, Zürich 1986

[Ziener 1985]
Ziener, M., Controlling in multinationalen Unternehmen, Moderne Industrie, Landsberg/Lech 1985

[Zillessen 1989]
Zillessen, W., Der Notstand der heutigen DV ist durch Umbau nicht zu beenden, in: Computerwoche, Jg. 16, 1989, Heft 42, S. 8-9

Index

Informatik
und Unternehmensführung

Bauknecht: **Informatik-Anwendungsentwicklung:**
Praxiserfahrungen mit CASE
ca. 320 Seiten. Geb. ca. DM 68,–

Hanker: **Die strategische Bedeutung der Informatik**
für Organisationen
460 Seiten. Geb. DM 78,–

Ludewig: **Software- und Automatisierungsprojekte –**
Beispiele aus der Praxis
II, 232 Seiten. Geb. DM 58,–

Österle/Brenner/Hilbers: **Unternehmensführung**
und Informationssysteme
2. Aufl. 398 Seiten. Geb. DM 98,–

Strauß: **Informatik – Sicherheitsmanagement**
277 Seiten. Geb. DM 58,–

Unseld: **Künstliche Intelligenz und Simulation**
in der Unternehmung
II, 174 Seiten. Geb. DM 58,–

Vetter: **Informationssysteme in der Unternehmung**
252 Seiten. Geb. DM 58,–

Die Reihe wird fortgesetzt.
Preisänderungen vorbehalten.

B. G. Teubner Stuttgart

Printed in Poland
by Amazon Fulfillment
Poland Sp. z o.o., Wrocław